电气图识读入门

赵玲玲　杨奎河　编

中国电力出版社
CHINA ELECTRIC POWER PRESS

内 容 提 要

本书是电气图识读入门读物，全书由简到繁、循序渐进地介绍了电气图的识读基本方法和技能。主要内容包括：电气图识读基础知识、电工常用测量电路图识读、电力系统工程图识读、电动机控制电路图识读、机床电气控制图识读、电梯控制线路图识读、建筑电气施工图识读、起重机控制线路图识读。

本书内容丰富，形式新颖，图文并茂，浅显易懂，实用性强，配有大量的工程实例。本书可作为工矿企业电工和电气自动化从业人员的入门读物，也可作为职业院校、各类培训班的教材及参考书。

图书在版编目（CIP）数据

电气图识读入门/赵玲玲，杨奎河编. —北京：中国电力出版社，2014.1 (2015.2 重印)
ISBN 978-7-5123-4855-4

Ⅰ.①电… Ⅱ.①赵… ②杨… Ⅲ.①电路图-识别 Ⅳ.①TM02

中国版本图书馆 CIP 数据核字（2013）第 200080 号

中国电力出版社出版、发行
（北京市东城区北京站西街 19 号　100005　http://www.cepp.sgcc.com.cn）
北京博图彩色印刷有限公司印刷
各地新华书店经售

*

2014 年 1 月第一版　2015 年 2 月北京第二次印刷
787 毫米×1092 毫米　16 开本　15.75 印张　376 千字
印数 3001—5000 册　定价 35.00 元

前　言

　　电气图是电气技术领域广泛应用的一种技术资料，是从事电气工作人员进行设计施工、计划备料、分析查找电气故障的重要依据，也是电气工作人员的通用语言。

　　在生产实践中，广大电气工作人员都要接触到各种各样的电气图。为使广大初学者能够尽快掌握识图技能，特编写了这本《电气图识读入门》。本书从识图的角度出发，以常用的电气图为实例，主要介绍了识读电气图的常用基础知识、方法和技巧，以通俗易懂的语言具体介绍了常用电气图的识图方法和步骤，帮助广大电气工作人员提高识读电气图的能力。本书在介绍识图基本知识的基础上，结合大量的实际图纸进行分析讲解，旨在让读者能够边看边学，真正学以致用。本书主要内容如下。

　　第1章　电气图识读基础知识，主要介绍电气图的基本知识，掌握电气图形符号，了解电气图的构成、种类和特点以及看图的基本方法和步骤，为识读电气图打下基础。

　　第2章　电工常用测量电路图识读，主要介绍万用表的使用，电流、电压、电能、功率等参数测量电路和电流互感器、电压互感器测量线路及其识读。

　　第3章　电力系统工程图识读，主要介绍了供配电系统的构成，企业供配电系统常用电气一、二次接线图的要求以及相应的图形符号及电气接线图的识读方法，并对典型的一、二次接线图进行了分析识读。

　　第4章　电动机控制电路图识读，主要介绍了电动机控制电路图的分类和特点，对电动机的起动控制电路、常用典型控制电路、制动控制电路、调速控制电路等进行了详细地分析识读。

　　第5章　机床电气控制图识读，重点介绍卧式车床、平面磨床、摇臂钻床、万能铣床、卧式镗床的电气控制电路图的识读方法，通过对电路的分析，掌握机床电气控制的工作原理和工作过程，提高对复杂控制电路的识图技能。

　　第6章　电梯控制线路图识读，主要介绍电梯的基本结构、电梯的分类等基本知识，在此基础上详细地介绍电梯控制电路图的识读技巧。

　　第7章　建筑电气施工图识读，首先介绍建筑电气图的分类、特点和照明基本知识，然后分别介绍了动力工程图、建筑电气平面布置和安装图、典型的照明电路、防雷接地平面布置图、建筑消防安全系统电气图的识读知识。

第8章 起重机控制线路图识读，主要介绍电动葫芦、桥式起重机和塔式起重机控制系统电气图的识读。

本书每章都精心选取电气工作人员常用的电气图作为示例，通过识读说明图中元器件的功能、作用和电路的工作过程，帮助广大读者熟悉和掌握识读这些基本电气图的方法和技巧。为便于教学及读者自学，编写本书时注意贯彻我国最新的标准和规范，内容力求贴近实际，注重实用。本书内容浅显易懂，语言简练，条理清晰，讲解透彻，适合维修电工、安装电工、农电工及电气类工程技术人员参考阅读，也可作为技校、中高等职业技术教育电气类专业和电气工作人员岗位技能培训的教材。

本书由赵玲玲、杨奎河编。李雅丽、杨露、赵松杰、姜民英、孟祥慧、杨洁、张雅彤、王彦新、王艳华、蔡智明、董航、张铖、钮时金、马建敏、岳梦一、褚新、赵博、张芸为本书做了很多基础性工作，在此向他们表示诚挚的谢意。

由于编者水平有限，书中难免有错误和考虑不周之处，欢迎读者予以批评、指正。

编 者

2013 年 8 月

目　录

第 1 章

电气图识读基础知识

1.1 电气图的组成和分类

电气图是用来阐述电气工作原理，描述电气产品的构造和功能，并提供产品安装和使用方法的一种简图，主要以图形符号、线框或简化外表，来表示电气设备或系统中各有关组成部分的连接方式。电气图利用各种电气符号、图线来表示各种电气设备、装置、元件的相互关系或连接关系，描述电气产品的构成和功能，是电气设计、安装和操作人员的工程语言。

1.1.1 电气图的组成

电气图主要由电气图表、技术说明、主要电气设备（或元件）明细表和标题栏四部分组成。

通过电气图表可以了解系统中各部分之间的关系、工作原理、动作顺序等，是用来表示设计思想和设计意图的图形。

技术说明也称技术要求，是用来注明电气接线图中有关要点、安装要求及未尽事项等。书写位置通常是，在主电路图中，图面的右下方，标题栏的上方；副电路图中，在图面的右上方。

明细表用来注明电气接线图中电气设备（或元件）的代号、名称、型号、规格、数量和说明等。书写位置通常是在主电路图中，在图面的右上方，由上而下逐项列写；副电路图中，在图面的右下方，紧接标题栏之上，由下而上逐项列写。明细表是识图、订货、安装等的重要依据。

标题栏是电气图的重要技术档案，用来标注电气工程名称、设计类别、设计单位、图名、图号、比例、尺寸单位以及设计人、制图人、描图人、审核人、批准人的签名和日期等。标题栏放在图面的右下角，识图时应首先看标题栏，栏目中的签名人对图中的技术内容承担相应的责任。

1.1.2 电气图的分类

按照表达形式和用途不同，经过综合统一，可将电气图分为系统图、框图、功能图、逻辑图、功能图表、电路图、等效电路图、端子功能图、程序图、设备元件表、接线图、接线表、数据单、位置简图、位置图 15 类图纸。实际中接触最多的就是系统图、电路图、逻辑图、接线图和电气平面图等。

1. 电气系统图

电气系统图又称概略图或框图，是用符号或图框概略表示系统基本组成、相互关系、主要特征的一种简图。系统图采用单线表示法，可分不同层次绘制。其中较高层次的系统图用来反映对象的概况，较低层次的系统图可将对象表达得更加详细。

2. 电路图

用图形符号、文字符号、项目代号等表示电路各个电气元件之间的关系和工作原理的图称为电路图，又称电气原理图或原理接线图。电气原理图结构简单、层次分明，适用于研究和分析电路工作原理，并可为寻找故障提供帮助，同时也是编制电气安装接线图的依据，因此在设计部门和生产现场得到广泛应用。

3. 平面布置图

平面布置图是表示电气工程项目的电气设备、装置和线路的平面布置图，它一般是在建筑平面图或设备平面图的基础上制作出来的。

4. 逻辑图

逻辑电路图主要用二进制逻辑单元图形符号绘制的电路简图。

5. 电气安装接线图

电气安装接线图主要用于电气设备的安装配线、线路检查、线路维修和故障处理。在图中要表示出各电气设备、电器元件之间的实际接线情况，并标注出外部接线所需的数据。在电气安装接线图中各电器元件的文字符号、元件连接顺序、线路号码编制都必须与电气原理图一致。

6. 产品使用说明书的电气图

生产厂家往往随产品使用说明书附上电气图，供用户了解该产品的组成和工作过程及注意事项，以达到正确使用、维护和检修的目的。

1.2 电气符号

电气图是通过电气符号来表示其工作原理、结构、功能及相互连接的，它是由国家统一规定用于表示电气元器件的特定符号。电气符号包括图形符号、文字符号、项目代号和回路标号等，它们相互关联、互为补充，以图形和文字的形式从不同角度为电气图提供各种信息。只要弄清电气符号的含义、构成方法及使用方法，才能准确地读懂和理解实际的电气图。

1.2.1 图形符号

图形符号是指以图形为主要特征，用以传递某种信息的视觉符号。图形符号具有直观、简明、易懂、易记的特征，便于信息的传递，使不同年龄，具有不同文化水平和使用不同语言的人都容易接受和使用，因而它广泛应用在社会生产和生活的各个领域，涉及各个部门、各个行业。

1. 图形符号的种类和组成

图形符号是用来表示一个设备或一个概念的图形、标记或字符的符号。图形符号通常是由一般符号、基本符号、符号要素、限定符号和方框符号等组成。

（1）一般符号。一般符号通常很简单，用来表示一类产品或此类产品特征的符号。如"○"为电动机的一般符号。

（2）基本符号。基本符号不表示独立的电器或元器件，只用来说明电路的某些特征。如"N"表示中性线，而"＋"和"－"分别表示直流电的正、负极。常用基本符号见表1-1。

表 1-1　　　　　　　　　　　　　　常用基本符号举例

图形符号	说　明	图形符号	说　明
⎓	直流		故障
∼	交流		闪络、击穿
＋	正极	N	中性线
－	负极	M	中间线
	正脉冲		接地一般符号
	负脉冲		等电位
	正阶跃函数		保护接地
	负阶跃函数		

（3）符号要素。符号要素是具有确定意义的简单图形，必须同其他图形组合，从而构成一个设备或概念的完整符号。符号要素举例见表1-2，符号要素及其组合示例如图1-1所示。

表 1-2　　　　　　　　　　　　　　　　符号要素举例

符号要素	说　明	符号要素	说　明
形式1 □ 形式2 ▭ 形式3 ◯	物件，例如：设备、器件、功能单元、元件、功能 符号轮廓内应填入或加上适当的符号或代号，以表示物件的类别 如果设计需要，可以采用其他形状的轮廓		屏蔽，护罩 例如为了减弱电场或电磁场的穿透程度，屏蔽符号可画成任何方便的形状
形式1 ◯ 形式2 ⬭	外壳（球或箱），罩 如果设计需要，可以采用其他形状的轮廓	—·—·—	边界线 此符号用于表示物理上、机械上或功能上相互关联的对象组的边界

（4）限定符号。限定符号是一种加在其他符号上提供附加信息的符号。限定符号的附加限定信息一般是电流和电压的种类、可变性、力和运动的方向、能量或信号流动方向机材料的类型等。限定符号的使用使图形符号更具多样性。常见限定符号见表1-3。

限定符号不能单独使用，必须同其他符号组合使用构成完整的图形符号。限定符号使用示例如图1-2所示。

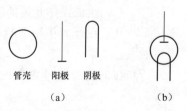

管壳　阳极　阴极

(a)　　　　　　　(b)

图 1-1　符号要素及其组合示例

(a) 符号要素；(b) 二极管

表 1-3 常见限定符号

类 别	限定符号	说 明	类 别	限定符号	说 明
力或运动的方向	→	按箭头方向的：单向力，单向直线运动	效应或相关性	⌐	热效应
	↔	双向力，双向直线运动		×	磁场效应或磁场相关性
	⌒→	按箭头方向的：单向环形运动，单向旋转，单向扭转		⌐	电磁效应
	⌢↔	双向环形运动，双向旋转，双向扭转		⊢⊣	延时（延迟）
流动方向	→—	单向传送，单向流动，例如能量、信号、信息		⊥	半导体效应
	→→	同时双向传送，同时发送和接收		//	具有电隔离的耦合效应
	⇄	非同时双向传送，交替发送和接收	辐射	⤩	非电离的电磁辐射
	⊢→	能量从母线（汇流排）输出		⤨	非电离的相干辐射
	⊢•→	能量向母线（汇流排）输入		⤳	电离辐射
	→•→	发送	信号波形	∿	交流脉冲
	→•—	接收		⋀	锯齿波
特种量的动作相关性	＞	特征量值大于整定值时动作	印刷、凿孔和传真		纸带打印
	＜	特征量值小于整定值时动作		- - - -	纸带打孔或使用打孔纸带
	＝0	特征量值等于零时动作		— - — -	在纸带上同时打印和打孔
材料的类型	▨	固体材料		☐	纸页打印
	▢	液体材料		••	键盘
	▢	气体材料			
	▶	半导体材料			
	▨	绝缘材料			

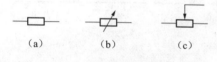

（a） （b） （c）

图 1-2 限定符号示例图

（a）电阻器的一般符号；（b）可调电阻器的符号；（c）滑动电阻器的符号

（5）方框符号。方框符号一般用在使用单线表示法的图中，如系统图和框图中由方框符号内带有限定符号以表示对象的功能和系统的组成，如整流器图表符号由方框符号内带有交流和直流的限定符号以及可变性限定符号组成。

2. 图形符号使用一般规定

使用图形符号的一般规定和注意事项如下：

（1）所规定的图形符号均按无电压、非激励、无外力、不工作的正常状态示出。如按钮未按下，继电器、接触器的线圈未通电。断路器和隔离开关在断开位置。带零位手动控制开关在零位置，不带零位的手动控制开关在图中规定的位置。机械操作开关，如行程开关在非工作的状态。机械操作开关的工作状态与工作位置的对应关系表示在其触点符号的附近。正常状态断开，在外力作用下趋于闭合的触点，称为动合（常开）触点；反之称为动断（常闭）触点。

（2）在不改变符号含义的前提下，符号可根据图面布置的需要旋转，但文字应水平书写。

（3）使用触点符号时，一般是：当图形符号垂直放置时从左往右，即动触点在静触点左侧时为动合（常开），在右侧时为动断（常闭）；当图形符号水平放置时为从下向上，即动触点在静触点下方时为动合（常开），在上方时为动断（常闭）。动合和动断触点符号的常用画法如图 1-3 所示。

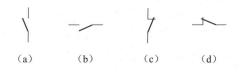

图 1-3　动合和动断触点符号的常用画法

(a) 动合触点的垂直放置；(b) 动合触点的水平放置；
(c) 动断触点的垂直放置；(d) 动断触点的垂直放置

（4）图形符号可根据需要缩小或放大。当一个符号用以限定另一符号时，该符号一般缩小绘制。符号缩小或放大时，各符号间及符号本身的比例应保持不变。

（5）有些图形符号具有几种图形形式，使用时应优先采用"优选形"，尽量选择形式最简单的。在同一张电气图中只能选用同一种图形形式。图形符号的大小和线条的粗细均要求基本一致。

（6）图形符号中的文字符号、物理量符号等，应视为图形符号的组成部分。

（7）同一图形符号表示的器件，当其用途或材料不同时，应在图形符号的右下角用大写英文名称的字头表示其区别。

（8）为了突出主次或区别不同的用途，相同的图形符号允许采用大小不同、宽度不同的形式用来加以区别。如主电路与副电路、变压器与电流互感器、母线与一般导线的表示等。

（9）在对同类设备、元器件进行表示时，要求其图形符号大小一致、排列均匀、图线等宽。

3. 图形符号的分类

按照表示的对象和用途不同，图形符号分为两大类：电气图用图形符号和电气设备用图形符号。其中电气图用图形符号是构成电气图的基本单元，种类繁多。在国家标准 GB/T 4728—2005《电气简图用图形符号》中将其分为 11 类，即：导线和连接件；基本无源元件；半导体和电子管；电能的发生和转换；开关控制和保护器件；测量仪表、灯和信号器件；电信、交换和外围设备；电信、传输；建筑安装平面布置图；二进制逻辑元件；模拟元件。常用电气图用图形符号见附录 A。

电气设备用图形符号主要适用于各种类型的电气设备或电气设备的部件上，主要用途为识别、限定、说明、命令、警告和指示等。在国家标准 GB/T 5465—1996《电气设备用图形符号》中将电气设备用图形符号分为 6 个部分，即：通用符号；广播电视及音响设备符号；通信、测量、定位符号；医用设备符号；电化教育符号；家用电器及其他符号。常用电气设备用图形符号见附录 B。

电气设备用图形符号与电气图用图形符号大多数不相同。即使个别符号相同，但表示的意义也不相同。如变压器的电气图用图形符号和电气设备用图形符号在形式上是相同的，但变压器的电气图用图形符号表示的是电路中的一类变压器设备，承担着变压器的功能；而电气设备用图形符号中的变压器符号则表示电器设备可通过变压器与电力线路相连接的开关、接触器、连接器等，在平面布置图上则表示变压器的安装位置。

1.2.2　文字符号

文字符号用于电气技术领域中技术文件的编制，也可以标注在电气设备、装置和元器件上或近旁，以表示电气设备、装置和元器件的名称、功能、状态和特性。文字符号分为基本文字符号和辅助文字符号。

1. 基本文字符号

基本文字符号有单字母符号与双字母符号两种。单字母符号按拉丁字母顺序将各种电气设备、装置和元器件划分为 23 大类，每一类用一个专用单字母符号表示，如"C"表示电容器类，"R"表示电阻器类等。

双字母符号由一个表示种类的单字母符号与另一个字母组成，且以单字母符号在前，另一个字母在后的次序排列，如"F"表示保护器件类，则"FU"表示熔断器，"FR"表示热继电器。电气设备常用基本文字符号表见附录 C。

2. 辅助文字符号

辅助文字符号用来表示电气设备、装置和元器件以及电路的功能、状态和特征。如"L"表示限制，"RD"表示红色等。辅助文字符号也可以放在表示种类的单字母符号之后组成双字母符号，如"SP"表示压力传感器等。辅助字母还可以单独使用，如"ON"表示接通，"M"表示中间线，"PE"表示保护接地等。电气设备常用辅助文字符号见附录 D。

3. 常用图形符号和文字符号对照

电气图用图形符号和文字符号较多，初学者容易搞混，现把常用图形符号和文字符号对照表列出来，见附录 E。

1.2.3 项目代号

在电气图中用一个图形符号表示的基本件、部件、功能单元、设备、系统等称为项目。项目可大可小，大到电力系统、配电装置等，小到二极管、电阻器、连接片等。

项目代号是用来识别设备上和图形、表图、系统中的项目种类，并提供项目层次关系、实际位置等信息的特定代码。它是由拉丁字母、阿拉伯数字和特定的前缀符号按一定的规则组合而成。通过项目代号可以将不同的图或其他技术文件上的项目与实际设备中的该项目一一对应联系起来。如某照明灯的项目代号为"＝S9＋301－E3:2"，它所表示的是 9 号车间变电站的 301 室 3 号照明灯的 2 号端子。

项目代号包括 4 个代号段，分段名称和前缀符号见表 1-4，某 10kV 线路过电流保护的项目代号、前缀符号及其分解图如图 1-4 所示。

表 1-4　　　　　　　　　　　分段名称和前缀符号

分　段	名　　称	前缀符号	分　段	名　　称	前缀符号
第一段	高层代号	＝	第三段	种类代号	－
第二段	位置代号	＋	第四段	端子代号	:

（1）高层代号。对给予代号的项目而言，设备或系统中任何较高层次的代号称为高层代号。高层代号具有项目总代号的含义，其命名是相对的。由于各类子系统或成套设备的划分方法不同，某些项目对其所属的下一级项目就是高层。如电力系统对所属的变电站而言，其代号就是高层代号。而变电站对其站中的某一开关而言，变电站的代号就是高层代号。

（2）位置代号。位置代号通常由自行规定的拉丁字母和数字组成，是项目在系统、组件、设备及建筑物中的实际位置的代号。使用位置代号时，应画出表示该项目的位置示意图。

（3）种类代号。种类代号是指用来识别种类的代号。项目种类是将各种元器件、设备、装置等，根据结构和在电路中的作用来分类的。相近的项目归为一类，常用单字母 A、B、

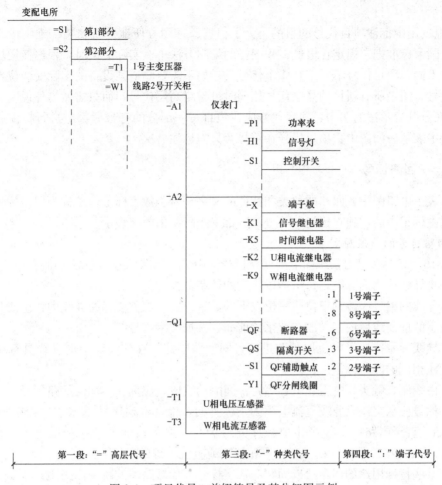

图1-4 项目代号、前缀符号及其分解图示例

C等表示。

种类代号的表示方法有三种。第一种表示方法由字母代码和数字组成。这是最常用的、最容易理解的一种表示方法，如－A1、－B3、－K5等。其中字母代码为规定的单字母、双字母或辅助字母符号，一般采用单字母表示。如201室内1号高压柜（A1）上的第1个继电器（K1）可表示为"＋201＝A1－K1"。

第二种表示方法是用顺序数字1、2、3…给图中的每个项目规定一个统一的数字序号，同时将这些顺序数字和它所表示的项目列表于图中或其他说明中，如－1、－2、－3等。

第三种表示方法是将不同类的项目分组编号，并将编号所代表的项目列表于图中或其他说明中，如继电器用11、12、13…，信号灯用21、22、23…，电阻用31、32、33…表示等。

（4）端子代号。端子代号是指用于同外电路进行电气连接的接线端子的代号。端子代号是构成项目代号的一部分，当项目端子有标记时，端子代号必须与项目上端子的标记相一致；当项目端子没有标记时，应在图上自行设立端子代号。

项目代号在使用时注意事项如下：

1）项目代号是用来识别项目的、由代号段组成的特定代码，一个项目可以由一个或几个代号段组成，通常项目代号可以单独表示一个项目，其余大多应与种类代号组合起来，较完整地表示一个项目。

2）电气图中标注项目代号的目的是为了根据原理图方便地进行安装、维修或查找事故等，所以国家标准把它规定在电气工程图样的编制方法中。实际应用时，根据使用场合和详略要求的不同，项目代号不一定有 4 个代号段。如不需要知道某设备的实际安装位置时可省略位置代号，图中所有项目的高层代号相同时可省略高层代号，而只需做另外说明。

3）在分开表示法的图中，项目代号应在项目每一部分的符号旁都应进行标注。但在集中和半集中表示法的图中，项目代号在符号旁只需标注一次。

1.2.4 回路标号

用来表示电路图中各回路的种类和特征的文字符号和数字标号，统称为回路标号。属于导线识别主标记中的"独立标记"符号，通常采用阿拉伯数字表示。

1. 回路标号的一般原则

GB 316—1964《电力系统图上的回路标号》中关于回路标号的一般规则如下：

（1）将导线按用途分组，每组给以一定的数字范围。

（2）导线的编号一般有三位或三位以下的数字组成，当需要标明导线的相组或其他特征时，在数字的前面或后面（一般在数字的前面）添加文字符号。

（3）导线标号按"等电位原则"进行，即回路中连接在同一点上的导线具有相同的电位，应标注相同的回路标号。

（4）由线圈、触头、电阻、电容等器件间隔的线段，应标注不同的回路标号。

（5）标号应从交流电源或直流电源的正极开始，以奇数顺序号 1、3、5…或 101、103、105…开始，直至电路中的一个主要减压元件为止。之后按偶数顺序…6、4、2 或…106、104、102 至交流电源的中性线（或另一相线）或直流电源的负极。

（6）某些特殊用途的回路给以固定的数字标号。如短路器的跳闸回路用 33、133 等。

2. 回路标号的分类

根据标识电路的内容不同，回路标号分为直流回路标号、交流回路标号和电力拖动、自动控制回路标号。

其中直流回路标号在直流一次回路中用个位数字的奇偶性区分回路的极性，用十位数字的顺序区分回路的不同线段。如正极回路用 1、11、21、31…顺序标号，负极回路用 2、12、22、32…顺序标号。而百位数字区分不同供电电源的回路，如 A 电源的正负极回路分别用 101、111、121…和 102、112、122…顺序标号，B 电源的正负极回路分别用 201、211、221…和 202、212、222…顺序标号。直流二次回路中，正负极回路的线段分别用奇数 1、3、5…和偶数 2、4、6…顺序标号。

交流回路标号在交流一次回路中用个位数字的顺序区分回路的相别，用十位数字的顺序区分回路的不同线段。如第一相回路用 1、11、21…顺序标号，第二相回路用 2、12、22、…顺序标号。交流二次回路标号规则同直流二次回路。值得注意的是，回路中主要减压元件两侧的不同线段分别按奇数和偶数顺序标号。对不同供电电源的回路可用百位数字区分。

电力拖动、自动控制回路标号时，一次回路的标号由文字符号和数字标号组成，文字符号用于标明一次回路电器元件和线路的技术特性。如三相异步电动机定子绕组的首端和尾端分别用 U1、V1、W1 和 U2、V2、W2 表示。数字标号用于区分同一文字标号回路中的不同线段。如三相交流电源端分别用 L1、L2、L3 标号，开关以下用 U11、V12、W13 标号。为简明起见，在二次回路中，除设备、线路、电器元件标注文字符号外，其他只标注回路标号。

1.3　电气制图的一般规定

电气图是用图形符号和其他图示法绘制的表示电气系统、装置和设备各组成部分的相互关系及其连接关系，用以表达电气工作原理，描述电气产品的构成和功能，并提供产品装接和使用信息的一种简图。电气图是电气工程中通用的技术语言和重要的技术交流工具。

1.3.1　图纸幅面的尺寸规定

电气图的图纸幅面一般分为五种：0 号图纸、1 号图纸、2 号图纸、3 号图纸和 4 号图纸，分别表示为 A0、A1、A2、A3 和 A4。图纸幅面尺寸规定见表 1-5。

表 1-5　图纸幅面尺寸规定　　　　　　　　　　　　　　　　　　　　　　　　（mm）

幅面代号	A0	A1	A2	A3	A4
宽×长（$B×L$）	841×1189	594×841	420×594	297×420	210×297
边宽（c）	10			5	
装订侧边宽（a）	25				

绘制电气图时，一般规定图纸幅面的四周要留有一定距离的侧边，表 1-5 中图幅尺寸代号的意义如图 1-5 所示。

在绘制图纸时，要根据图纸表达内容的规模、要求和复杂程度，从布局紧凑、清晰、匀称和方便的原则出发，选用较小幅面的图纸。特殊情况下，按照规定加大图纸的幅面。

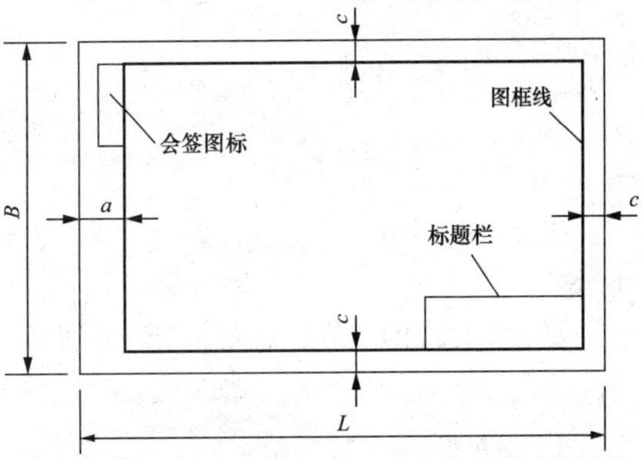

1.3.2　电气图图形用线的规定

国家规定的八种图形用线包括粗实线、细实线、波浪线、双折线、虚线、粗点画线、细点画线和双点画线，其中粗实线、细实线、虚线和细点画线是电气图中使用较多的用线。电气图各种图线的形式及应用见表 1-6。

图 1-5　图幅尺寸代号的意义

表 1-6　电气图图线的形式及应用

序　号	名　称	形　　式	宽　度	应　用　举　例
1	粗实线	——————	b	可见过渡线，可见轮廓线，电气图中简图主要内容用线，图框线，可见导线
2	中实线	——————	约 $b/2$	土建图上门、窗等的外轮廓线
3	细实线	——————	约 $b/3$	尺寸线，尺寸界线，引出线，剖面线，分界线，范围线，指引线，辅助线
4	虚线	– – – – – –	约 $b/3$	不可见轮廓线，不可见过渡线，不可见导线，计划扩展内容用线，地下管道，屏蔽线

续表

序 号	名 称	形 式	宽 度	应 用 举 例
5	双折线	～	约 $b/3$	被断开部分的边界线
6	双点划线	— · · —	约 $b/3$	运动零件在极限或中间位置时的轮廓线，辅助用零件的轮廓线及其剖面线，剖视图中被剖去的前面部分的假想投影轮廓线
7	粗点划线	— · —	b	有特殊要求的线或表面的表示线，平面图中大型构件的轴线位置线
8	细点划线	— · —	约 $b/3$	物体或建筑物的中心线，对称线，分界线，结构围框线，功能围框线

图线的宽度一般为 0.25、0.35、0.5、0.7、1.0、1.4mm。以粗实线 b 为准，在同一张图中只选用 2～3 种宽度的图线。其中粗线的宽度是细线的 2～3 倍。平行线的最小间隔不小于粗线宽度的 2 倍，且不小于 0.7mm。

导线表示和标注方法如图 1-6 所示。单根导线可用一般的图线表示，多根导线，可分别画出，也可只画一根图线，但必须加以标志。若导线少于 4 根，可用短划线数量代表根数；若导线多于 4 根，可在短划线旁加数字表示，如图 1-6（a）所示。

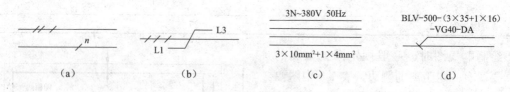

（a） （b） （c） （d）

图 1-6 导线表示方法

（a）多根导线表示；（b）交换号表示；（c）导线特征表示；（d）导线型号和截面等表示

要表示电路相序的变换、极性的反向、导线的交换，可采用交换号表示，如图 1-6（b）所示。

要表示导线的型号、截面、安装方法等，可采用短划指引线指引，加标导线属性和敷设方法，如图 1-6（c）所示。该图表示导线的型号为 BLV（铝芯塑料绝缘线）；其中 3 根截面积为 25mm^2，1 根截面积为 16mm^2；敷设方法为穿入塑料管（VG），塑料管管径为 40mm，沿地板暗敷。

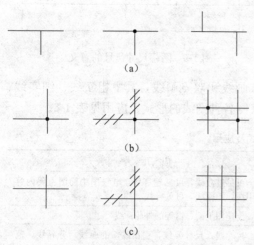

（a）

（b）

（c）

图 1-7 导线连接点表示方法

（a）"T"形连接点；（b）"+"形连接点；

（c）交叉但不连接

导线特征的表示方法是：横线上面标出电流种类、配电系统、频率和电压等；横线下面标出电路的导线数乘以每根导线截面积（mm^2），当导线的截面不同时，可用"+"将其分开，如图 1-6（d）所示。

导线连接点表示方法如图 1-7 所示。导线的连接点有"T"形连接点和多线的"+"形连接点。对于"T"形连接点可加实心圆点，也可不加实心圆点，如图 1-7（a）所示。对于

"＋"形连接点，必须加实心圆点，如图 1-7（b）所示。对于交叉不连接的，不能加实心圆点，如图 1-7（c）所示。

电气图中的指引线是用来注释某一元器件或某一部分的指向线，用细实线表示。指向被标注处，根据不同情况在其末端加注不同的标记。指引线的画法如图 1-8 所示。

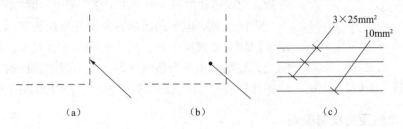

图 1-8　指引线的画法

（a）指引线末端在轮廓线上；（b）指引线末端在轮廓线以内；（c）指引线末端在回路线上

电气图中各种图形符号的相互连线称为连接线，一般用实线表示，计划扩展的内容用虚线表示。有时为了突出或区分不同电路的功能，可采用不同宽度的图线表示。一般在连接线的上方或中断处标注其识别标记，如图 1-9 所示。

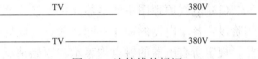

图 1-9　连接线的标记

有多根平行线或一组线时，为了避免图面复杂，一般采用如图 1-10 所示的单线表示。

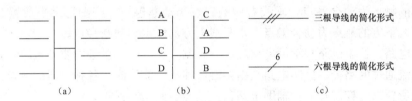

图 1-10　多根导线或连接线的简化画法

（a）多根导线的单线表示；（b）两端处于不同位置的平行线的单线表示；（c）多根导线的简化画法

1.3.3　电气图字体和尺寸标注的规定

在图中标注汉字、字母和数字时，按照 GB/T 14691—1993《技术制图 字体》规定，必须做到字体端正、笔划清楚、排列整齐、间隔均匀。其中汉字采用国家正式公布的简化体，写成长仿宋体。按字高分为 20、14、10、7、5、3.5、2.5 号和 1.8 号八种字号，字宽约为字高的 2/3。字母书写时有大写、小写、正体和斜体之分，而数字通常采用正体。电气图中字体的最小高度见表 1-7。

表 1-7　　　　　　　　　　　　　电气图中字体的最小高度

图纸的幅面代号	字体最小高度（mm）	图纸的幅面代号	字体最小高度（mm）
A0	5	A3	2.5
A1	3.5	A4	2.5
A2	2.5		

各种工程图的尺寸标注时，一般以毫米（mm）为单位，且尺寸单位不需标注。当采用其他单位时，必须标明单位的代号或名称。除建筑电气图允许标注重复尺寸外，在同一图样中，每个尺寸一般只标注一次。尺寸箭头一般用实心箭头表示，在电气图中，为了区分不同的含义，规定开口箭头用来表示电气能量、电气信号的传递方向；实心箭头用来表示可变性物理量、力及运动方向。电气图中箭头使用示例如图 1-11 所示。

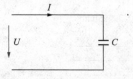

图 1-11　电气图中箭头使用示例

由图可见，电流的指示方向用开口箭头表示，电压的指示方向用实心箭头表示。尺寸数字标注在尺寸线的上方或中断处。在绘制用于安装电气设备及布线的简图时，常选择的绘图比例有 1∶10、1∶20、1∶50、1∶100 和 1∶200。

1.3.4　电气图的绘制原则

1. 电气原理图的绘制原则

电气原理图的绘制原则如下：

（1）电气原理图中的电器元件是按未通电和没有受外力作用时的状态绘制。在不同的工作阶段，各个电器的动作不同，触点时闭时开。而在电气原理图中只能表示出一种情况。因此，规定所有电器的触点均表示在原始情况下的位置，即在没有通电或没有发生机械动作时的位置。对接触器来说，是线圈未通电，触点未动作时的位置；对按钮来说，是手指未按下按钮时触点的位置；对热继电器来说，是动断触点在未发生过载动作时的位置。

（2）触点的绘制位置。使触点动作的外力方向必须是：当图形垂直放置时为从左到右，即垂线左侧的触点为动合触点，垂线右侧的触点为动断触点；当图形水平放置时为从下到上，即水平线下方的触点为动合触点，水平线上方的触点为动断触点。

（3）主电路、控制电路和辅助电路应分开绘制。主电路是设备的驱动电路，是从电源到电动机大电流通过的路径；控制电路是由接触器和继电器线圈、各种电器的触点组成的逻辑电路，实现所要求的控制功能；辅助电路包括信号、照明、保护电路。

（4）动力电路的电源电路绘成水平线，受电的动力装置（电动机）及其保护电器支路应垂直于电源电路。

（5）主电路用垂直线绘制在图的左侧，控制电路用垂直线绘制在图的右侧，控制电路中的耗能元件画在电路的最下端。

（6）图中自左而右或自上而下表示操作顺序，并尽可能减少线条和避免线条交叉。

（7）图中有直接电联系的交叉导线的连接点（即导线交叉处）要用黑圆点表示。无直接电联系的交叉导线，交叉处不能画黑圆点。

（8）在原理图的上方将图分成若干图区，并标明该区电路的用途与作用；在继电器、接触器线圈下方列有触点表，以说明线圈和触点的从属关系。

（9）GB 6988.2—1986《电气制图一般规则》第 3.4 条规定："大多数符号的取向是任意的，为了避免导线折弯或交叉，在不会引起错误理解的情况下，可以把符号旋转或取镜象形态"。绘制各种电气图时要用到许多图形符号，其中大部分在国家标准 GB 4728《电气图用图形符号》中已有规定。实际绘图用到某个图形符号时，如果按图面布置需要该符号的方位与 GB 4728 中示出的一致，则可直接采用；如果根据图面布置的要求，所用符号的方位与 GB 4728 示出的不一致，水平方位还是采用逆时针旋转 90°为宜。

例如，图 1-12 就是根据上述原则绘制出的某电动机电气控制原理图。

2. 电气原理图图面区域的划分

(1) 电气原理图图面区域的划分。图面分区时，竖边从上到下用英文字母，横边从左到右用阿拉伯数字分别编号。分区代号用该区域的字母和数字表示，如 A3、C6 等。图面上方的图区横向编号是为了便于检索电气线路，方便阅读分析而设置的。图区横向编号的下方对应文字（有时对应文字也可排列在电气原理图的底部）表明了该区元件或电路的功能，以利于理解全电路的工作原理。

(2) 电气原理图符号位置的索

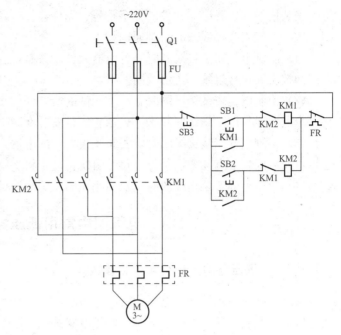

图 1-12　电动机电气控制原理图

引。在较复杂的电气原理图中，对继电器、接触器线圈的文字符号下方要标注其触点位置的索引；而在其触点的文字符号下方要标注其线圈位置的索引。符号位置的索引，用图号、页次和图区编号的组合索引法，索引代号的组成如下：

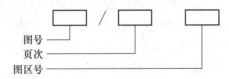

　　　　图号 ——

　　　　页次 ——

　　　　图区号 ——

当与某一元件相关的各符号元素出现在不同图号的图样上，而每个图号仅有一页图样时，索引代号可以省去页次；当与某一元件相关的各符号元素出现在同一图号的图样上，而该图号有几张图样时，索引代号可省去图号。依此类推，当与某一元件相关的各符号元素出现在只有一张图样的不同图区时，索引代号只用图区号表示。

3. 电器元件布置图的绘制原则

电器元件布置图的绘制原则如下：

(1) 绘制电器元件布置图时，机床的轮廓线用细实线或点划线表示，电器元件均用粗实线绘制出简单的外形轮廓。

(2) 绘制电器元件布置图时，电动机要和被拖动的机械装置画在一起；行程开关应画在获取信息的地方；操作手柄应画在便于操作的地方。

(3) 绘制电器元件布置图时，各电器元件之间，上、下、左、右应保持一定的间距，并且应考虑器件的发热和散热因素，应便于布线、接线和检修。

4. 电气安装接线图的绘制原则

电气安装接线图主要用于电气设备的安装配线、线路检查、线路维修和故障处理。在图中要表示出各电气设备、电器元件之间的实际接线情况，并标注出外部接线所需的数据。在电气安装接线图中各电器元件的文字符号、元件连接顺序、线路号码编制都必须与电气原理图一致。电气安装接线图的绘制原则如下。

（1）绘制电气安装接线图时，各电器元件均按其在安装底板中的实际位置绘出。元件所占图面按实际尺寸以统一比例绘制。

（2）绘制电气安装接线图时，一个元件的所有部件绘在一起，并用点划线框起来，有时将多个电器元件用点划线框起来，表示它们是安装在同一安装底板上的。

（3）绘制电气安装接线图时，安装底板内外的电器元件之间的连线通过接线端子板进行连接，安装底板上有几条接至外电路的引线，端子板上就应绘出几个引线的接点。

（4）绘制电气安装接线图时，走向相同的相邻导线可以绘成一股线。

1.4　电气图中常用低压控制电器

1.4.1　低压电器的分类和主要参数

低压电器是指用于交流电压为 1200 V 及以下、直流电压为 1500 V 及以下的电路内起通断、保护、控制、调节作用的电器。低压电器被广泛用于生产和日常生活中，是使用量最大的电器元件。低压电器常用的分类方法有以下几种。

（1）按用途不同分为配电电器和控制电器。配电电器主要用于配电电路，对电路及设备进行保护以及通断、转换电源或负载的电器，控制电器主要用于控制受电设备，使其达到预期要求的工作状态的电器。

（2）按动力不同分为自动电器和非自动电器。自动电器指不需人工直接操作，而是按照电或非电的信号自动完成指令任务的电器，如低压断路器、接触器、继电器、高压断路器等。非自动电器指需要人工直接操作才能完成指令任务的电器，如刀开关、按钮、转换开关等。

（3）按输出形式不同分为有触头电器和无触头电器。有触头电器指电器通断电路的功能由触头来实现，如接触器、刀开关等。无触头电器指电器通断电路的功能不是通过接触，而是根据输出信号的高低电平实现的，如晶闸管的导通与截止等。

低压电器的型号表示如下所示：

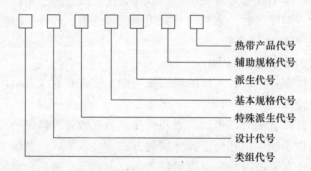

其中，类组代号包括类别代号和组别代号，用汉语拼音字母表示。设计代号用数字表示，且所用数字的位数不限。特殊派生代号用汉语拼音字母表示，一般用一位表示。基本规格代号用数字表示，且所用数字的位数不限。派生代号用汉语拼音字母表示，一般用一位表示。辅助规格代号用数字表示，且所用数字的位数不限。

类组代号和设计代号的组合表示产品的系列，一般称为低压电器的系列号，同一系列的低压电器的工作原理、用途和结构基本相同。

低压电器的主要技术参数和主要技术指标如下。

1. 额定电压

额定电压分额定工作电压、额定绝缘电压、额定脉冲耐受电压三种。

额定工作电压是与额定工作电流共同决定使用类别的一种电压。对三相电路，此电压是指相间电压，即线电压。

额定绝缘电压是与介电性能试验、漏电距离（电器中具有电位差的相邻两导电物体间沿绝缘体表面的最短距离，也称爬电距离）相关的电压，在任何情况下都不低于额定工作电压。

额定脉冲耐受电压是反映电器当其所在系统发生最大过电压时所能耐受的能力。额定绝缘电压和额定脉冲耐受电压，共同决定了该电器的绝缘水平。

2. 额定电流

额定电流分额定工作电流、约定发热电流、约定封闭发热电流及额定不间断电流四种。

额定工作电流是在规定条件下保证电器正常工作的电流值。

约定发热电流和约定封闭发热电流是电器处于非封闭和封闭状态下，按规定条件试验时，其部件在工作制下的温升不超过极限值时所能承载的最大电流。

额定不间断电流是指电器在长期工作制下，各部件温升不超过极限值时所能承载的电流值。

3. 通断能力和短路通断能力

通断能力是开关电器在规定条件下，能在给定电压下接通和分断的预期电流值。短路通断能力是开关电器在规定条件（包括出线端短路）下的接通能力和分断能力。此外，接通能力与分断能力可能相等，也可能不相等。

4. 绝缘强度

它指电器元件的触头处于分断状态时，动静触头之间耐受的电压值（无击穿或闪络现象）。低压电器应能承受标准所规定的各项相关条件，如使用场所的海拔、电器的使用电压、电器触头的开距及 50Hz 交流耐压试验。

5. 耐潮湿性能

它指保证电器可靠工作而允许的环境潮湿条件。低压电器在形式试验中都要按耐潮湿试验周期条件进行考核。电器经过几个周期试验，其绝缘水平不应低于前项要求的绝缘水平。

6. 极限允许温升

电器的导电部件通过电流时将引起发热和温升。极限允许温升指为防止过度氧化和烧熔而规定的最高温升值（温升值=测得实际温度−环境温度）。

低压电器内部的零部件由各种材质制成。电器运行中的温升对不同材质的零部件会产生一定的影响，如温升过高会影响正常工作、降低绝缘水平及使用寿命。为此，低压电器要按零部件的材质、使用场所的海拔及不同的工作制，规定电器内各部位的允许温升。

7. 操作频率

它指电器元件在单位时间内允许操作的最高次数，即每小时允许最多操作次数。

1.4.2 熔断器

熔断器在电路中主要起短路保护作用；熔断器由熔体和安装熔体的熔断管（或座）等部分组成。当电路发生短路故障时，熔体被瞬时熔断而分断电路，从而起到保护线路的作用。常用的熔断器有瓷插式熔断器、螺旋式熔断器、管式熔断器等，几种常见熔断器的外形与结构图和符号如图 1-13 和图 1-14 所示。

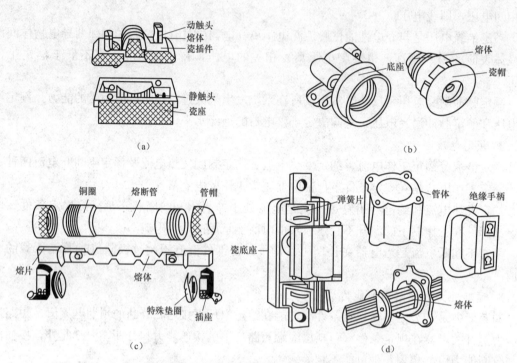

图 1-13　几种常见熔断器的外形与结构图

（a）插入式熔断器；（b）螺旋式熔断器；（c）无填料密闭管式熔断器；（d）有填料封闭管式熔断器

图 1-14　熔断器的图形和文字符号

瓷插式熔断器也叫插入式熔断器。这种熔断器具有结构简单、价格便宜、更换熔体方便等优点。被广泛用于低压线路和小容量电动机的短路保护，瓷插式熔断器的新型系列产品是 RC1A 系列。

螺旋式熔断器适用于交流 50Hz、380V 或直流 400V 的低压线路，具有较高的分析能力，使用安全，更换熔体方便，保护特性稳定，常用的有 RL5、RL6、RL8 系列。其中 RL5 系列适用于矿用电器设备控制电路中，主要作为短路保护；RL6 系列适用于交流 50Hz 的配电电路中，主要作为过载或短路保护；RL8 系列适用于交流 50Hz 的电路中，主要作为电缆导线的过载或短路保护。

无填料密闭管式熔断器是一种可拆卸的熔断器。主要有 RM7 和 RM10 两个系列，适用于交流 50Hz，额定电压分别为 380V 和 500V 及直流 440V 的电网。熔断器熔体熔断之后，用户可自行拆开，换上新熔体再使用，故适用于故障发生较多的场合。但在几次动作之后，熔断器灭弧效能会降低，为了工作可靠和防止爆炸，按规定 RM10 系列熔断器在切断过三次相当于断流能力的电流后必须换管，旧管可降容使用。

快速熔断器是一种与 RT0 系列熔断器结构相似的熔断器，它采用变截面的纯银片作熔体，电路短路时能快速切断短路电流。适用于频率为 50Hz，电压为 750V 或 750V 以下交流电路，主要用作硅和可控硅整流元件及其成套装置的短路保护和过载保护。目前，快速熔断器主要有 RS0 和 RS3 两个系列产品。RS0 系列用于大容量硅整流元件的短路保护，RS3 系列用于可控硅元件的短路保护。

1.4.3　刀开关

刀开关是一种手动电器，常用的刀开关有 HD 型单投刀开关、HS 型双投刀开关、HR型熔断器式刀开关、HZ 型组合开关、HK 型闸刀开关、HY 型倒顺开关等。

HD 型单投刀开关、HS 型双投刀开关、HR 型熔断器式刀开关主要用于在成套配电装置中作为隔离开关，装有灭弧装置的刀开关也可以控制一定范围内的负荷线路。HZ 型组合开关、HK 型闸刀开关一般用于电气设备及照明线路的电源开关。HY 型倒顺开关、HH 型铁壳开关装有灭弧装置，一般可用于电气设备的起动、停止控制。

1. HD 型单投刀开关

HD 型单投刀开关按极数分为 1、2、3 极几种，HD 型单投刀开关的示意图及图形符号如图 1-15 所示。

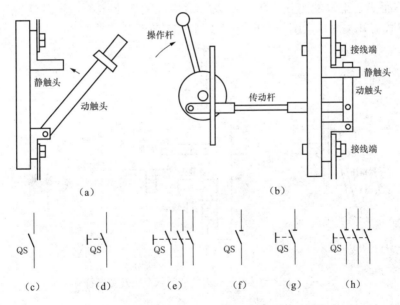

图 1-15　HD 型单投刀开关的示意图及图形符号

(a) 直接手动操作；(b) 手柄操作；(c) 一般图形符号；(d) 手动符号；(e) 三极单投刀开关符号；

(f) 一般隔离开关符号；(g) 手动隔离开关符号；(h) 三极单投刀隔离开关符号

2. HS 型双投刀开关

HS 型双投刀开关也称转换开关，其作用和单投刀开关类似，常用于双电源的切换或双供电线路的切换等。由于双投刀开关具有机械互锁的结构特点，因此可以防止双电源的并联运行和两条供电线路同时供电。HS 型双投刀开关的示意图及图形符号如图 1-16 所示。

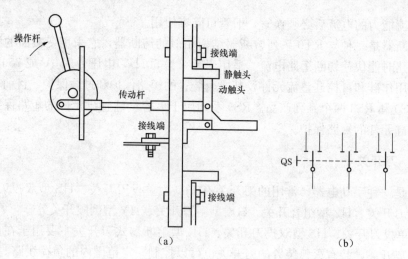

图 1-16　HS 型双投刀开关的示意图及图形符号

（a）示意图；（b）图形符号

3. HR 型熔断器式刀开关

HR 型熔断器式刀开关也称刀熔开关，它实际上是将刀开关和熔断器组合成一体的电器。刀开关操作方便，并简化了供电线路，在供配电线路上应用很广泛。刀开关可以切断故障电流，但不能切断正常的工作电流，所以一般应在无正常工作电流的情况下进行操作。HR 型熔断器式刀开关的示意图及图形符号如图 1-17 所示。

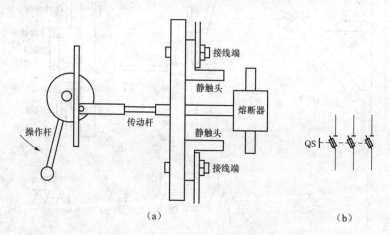

图 1-17　HR 型熔断器式刀开关的示意图及图形符号

（a）示意图；（b）图形符号

4. HK 型负荷开关

HK 型开启式负荷开关俗称闸刀或胶壳刀开关，主要由熔丝、触刀、触点座和底座组成，具有结构简单、价格便宜、使用维修方便等优点。该开关主要用作电气照明电路和电热电路、小容量电动机电路的不频繁控制开关，也可用作分支电路的配电开关。HK 型封闭式负荷开关俗称铁壳开关，主要由钢板外壳、触刀开关、操作机构、熔断器等组成。刀开关带有灭弧装置，能够通断负荷电流，熔断器用于切断短路电流。一般用于小型电力排灌、电热器、电气照明线路的配电设备中，用于不频繁地接通与分断电路，也可以直接用于异步电动机的非频繁全压启动控制。负荷开关的结构图和图形文字符号如图 1-18 所示。

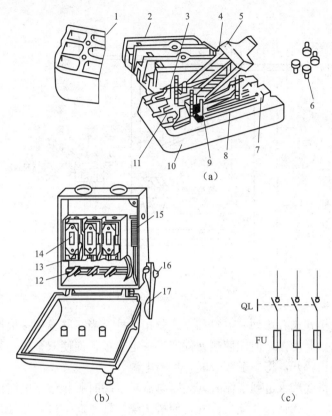

图 1-18　HK 型负荷开关的结构图和图形文字符号

（a）开启式负荷开关；（b）封闭式负荷开关；（c）图形文字符号

1—上胶盖；2—下胶盖；3—插座；4—触刀；5—操作手柄；6—固定螺母；7—进线端；8—熔丝；9—触点座；
10—底座；11—出线端；12—触刀；13—插座；14—熔断器；15—速断弹簧；16—转轴；17—操作手柄

　　开启式负荷开关在安装时手柄要向上，不得倒装或平装，以避免由于重力自动下落而引起误动合闸。接线时，应将电源线接在上端，负载线接在下端，这样拉闸后刀开关的刀片与电源隔离，既便于更换熔丝，又可防止可能发生的意外事故。

　　封闭式负荷开关的操作结构有两个特点：一是采用储能合闸方式，即利用一根弹簧以执行合闸和分闸的功能，使开关的闭合和分断时的速度与操作速度无关。它既有助于改善开关的动作性能和灭弧性能，又能防止触点停滞在中间位置。二是设有联锁装置，以保证开关合闸后不能打开箱盖，而在箱盖打开后，不能再合开关，起到安全保护的作用。

1.4.4　空气断路器

　　空气断路器是一种只要电路中电流超过额定电流就会自动断开的断路器。因为绝缘方式有很多，有油断路器、真空断路器和其他惰性气体（六氟化硫气体）的断路器。空气断路器就是使用空气灭弧的断路器，所以叫做空气断路器。空气断路器是低压配电网络和电力拖动系统中非常重要的一种电器，它集控制和多种保护功能于一身。

1. 空气断路器的工作原理

空气断路器原理图如图 1-19 所示。

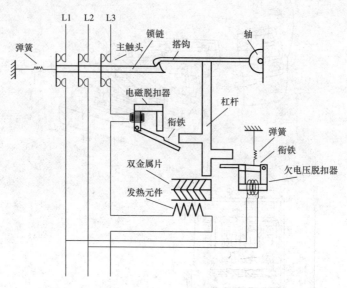

图 1-19　空气断路器原理图

空气断路器脱扣方式有热动、电磁和复式脱扣 3 种。当线路发生一般性过载时，过载电流虽不能使电磁脱扣器动作，但能使热元件产生一定热量，促使双金属片受热向上弯曲，推动杠杆使搭钩与锁扣脱开，将主触头分断，切断电源。

当线路发生短路或严重过载电流时，短路电流超过瞬时脱扣整定电流值，电磁脱扣器产生足够大的吸力，将衔铁吸合并撞击杠杆，使搭钩绕转轴座向上转动与锁扣脱开，锁扣在反力弹簧的作用下将三副主触头分断，切断电源。

断路器的脱扣机构是一套连杆装置。当主触点通过操动机构闭合后，就被锁钩锁在合闸的位置。如果电路中发生故障，则有关的脱扣器将产生作用使脱扣机构中的锁钩脱开，于是主触点在释放弹簧的作用下迅速分断。按照保护作用的不同，脱扣器可以分为过电流脱扣器及失压脱扣器等类型。

2. 空气断路器的作用

在正常情况下，过电流脱扣器的衔铁是释放着的。一旦发生严重过载或短路故障时，与主电路串联的线圈就将产生较强的电磁吸力把衔铁往下吸引而顶开锁钩，使主触点断开。欠压脱扣器的工作恰恰相反，在电压正常时，电磁吸力吸住衔铁，主触点才得以闭合。一旦电压严重下降或断电时，衔铁就被释放而使主触点断开。当电源电压恢复正常时，必须重新合闸后才能工作，实现了失压保护。

3. 内部附件

（1）辅助触头。辅助触头是断路器主电路分、合机构机械上连动的触头，主要用于断路器分、合状态的显示，接在断路器的控制电路中通过断路器的分合，对其相关电器实施控制或联锁。例如向信号灯、继电器等输出信号。塑壳断路器壳架等级额定电流 100A 为单断点转换触头，225A 及以上为桥式触头结构，约定发热电流为 3A；壳架等级额定电流 400A 及以上可装两常开、两常闭，约定发热电流为 6A。操作性能次数与断路器的操作性能总次数相同。

（2）报警触头。用于断路器事故的报警触头，且此触头只有当断路器脱扣分断后才动作，主要用于断路器的负载出现过载短路或欠电压等故障时而自由脱扣，报警触头从原来的常开位置转换成闭合位置，接通辅助线路中的指示灯或电铃、蜂鸣器等，显示或提醒断路器的故障脱扣状态。由于断路器发生因负载故障而自由脱扣的几率不太多，因而报警触头的寿命是断路器寿命的1/10。报警触头的工作电流一般不会超过1A。

（3）分励脱扣器。是一种用电压源激励的脱扣器，它的电压可与主电路电压无关。分励脱扣器是一种远距离操纵分闸的附件。当电源电压等于额定控制电源电压的70％～110％之间的任一电压时，就能可靠分断断路器。分励脱扣器是短时工作制，线圈通电时间一般不能超过1s，否则线会被烧毁。塑壳断路器为防止线圈烧毁，在分励脱扣线圈串联一个微动开关，当分励脱扣器通过衔铁吸合，微动开关从常闭状态转换成常开，由于分励脱扣器电源的控制线路被切断，即使人为地按住按钮，分励线圈始终不再通电就避免了线圈烧损情况的产生。当断路器再扣合闸后，微动开关重新处于常闭位置。

（4）欠电压脱扣器。欠电压脱扣器是在它的端电压降至某一规定范围时，使断路器有延时或无延时断开的一种脱扣器，当电源电压下降（甚至缓慢下降）到额定工作电压的35％～70％范围内，欠电压脱扣器应运作，欠电压脱扣器在电源电压等于脱扣器额定工作电压的35％时，欠电压脱扣器应能防止断路器闭合；电源电压等于或大于85％欠电压脱扣器的额定工作电压时，在热态条件下，应能保证断路器可靠闭合。因此，当受保护电路中电源电压发生一定的电压降时，能自动断开断路器切断电源，使该断路器以下的负载电器或电气设备免受欠电压的损坏。

1.4.5　转换开关

转换开关又称组合开关，也是一种刀开关。其结构示意图如图1-20所示。

它具有体积小、接线方式多、使用方便等特点。与闸刀开关比较，灭弧性能有所改善，常用作接通或分断电路，测量三相电压，换接电源或负载，控制小容量电动机的正反转和星—三角起动等。

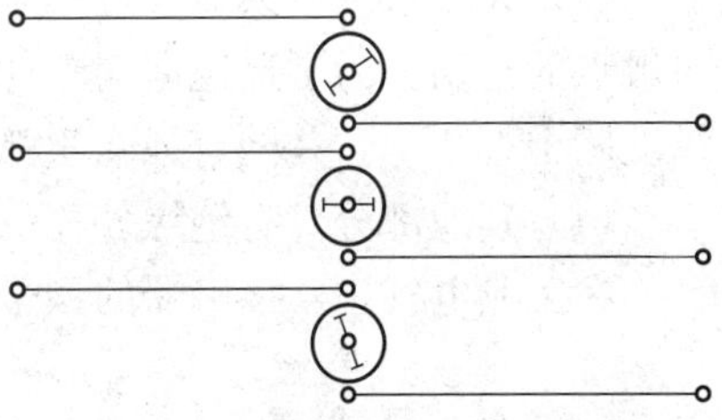

1.4.6　按钮

发送控制命令或信号的低压电器称为主令电器，主要包括按钮开关、行程开关、万能转换开关等。

图1-20　转换开关结构示意图

按钮开关又称控制按钮，是一种手动且一般可以自动复位的低压电器。通常用于电路中发出起动或停止指令，以控制电磁起动器、接触器、继电器等电器线圈电流的接通和断开。按防护方式和结构分，按钮开关分为开启式、防水式、紧急式、旋钮式、防振式、防爆式、钥匙式等。按用途和触头结构分，按钮开关分为启动按钮（动合按钮）、停止按钮（动断按钮）和复合按钮（动合和动断组合按钮）。按钮开关的结构图和图形文字符号如图1-21所示。

按钮开关主要由静触点、动触点、复位弹簧、按钮帽、外壳等组成。当按下按钮时，动断触点断开、动合触点闭合。当按钮松开时，弹性力使触桥复位，触点状态复原。

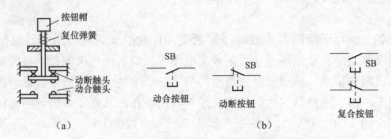

图 1-21 按钮开关的结构图和图形文字符号

（a）按钮开关的结构图；（b）按钮开关的图形文字符号

1.4.7 接触器

接触器是一种通用性很强的电磁式电器，它可以频繁地接通和分断交、直流主电路，并可实现远距离控制，主要用来控制电动机，也可控制电容器、电阻炉和照明具等电力负载，是电力拖动系统中使用最广泛的电器元件之一。接触器按被控电流的种类可分为交流接触器和直流接触器。这里主要介绍常用的交流接触器。

1. 接触器结构

接触器主要由电磁系统（铁心、静铁心、电磁线圈）、触点系统（常开触头和常闭触头）、灭弧系统及其他部分组成。

（1）电磁系统。电磁系统包括电磁线圈和铁心，是接触器的重要组成部分，依靠它带动触点的闭合与断开。

（2）触点系统。触点是接触器的执行部分，包括主触点和辅助触点。主触点的作用是接通和分断主回路，控制较大的电流，而辅助触点是在控制回路中，以满足各种控制方式的要求。

（3）灭弧系统。灭弧装置用来保证触点断开电路时，产生的电弧可靠的熄灭，减少电弧对触点的损伤。为了迅速熄灭断开时的电弧，通常接触器都装有灭弧装置，一般采用半封式纵缝陶土灭弧罩，并配有强磁吹弧回路。

（4）其他部分。有绝缘外壳、弹簧、短路环、传动机构等。

在工业电气中，接触器的型号很多，电流在 5～1000A 的不等，其用处相当广泛。常用的交流接触器有 CJ0、CJ10、CJ20 系列。

2. 接触器工作原理

接触器工作原理如图 1-22 所示。当接触器的电磁线圈通电后，会产生很强的磁场，使静铁心产生电磁吸力吸引衔铁，并带动触头动作：动断触头断开；动合触头闭合，两者是联动的。当线圈断电时，电磁吸力消失，衔铁在释放弹簧的作用下释放，使触头复原：动断触头闭合；动合触头断开。接触器原理与电压继电器相同，只是接触器控制的负载功率较大，故体积也较大。交流接触器广泛用作电力的开断和控制电路。

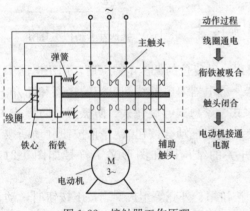

图 1-22 接触器工作原理

接触器的图形文字符号如图 1-23 所示。

交流接触器利用主接点来开闭电路，用辅助接点来导通控制回路。主接点一般只有动合接点，而辅助接点常有两对具有动合和动断功能的接点，小型的接触器也经常作为中间继电器配合主电路使用。交流接触器的主触头通常有 3 对，直流接触器为 2 对。接触器的动、静触头一般置于灭弧罩内，有一种真空接触器则是将动触头密闭于真空泡中，它具有分断能力高、寿命长、操作频率高、体积小及质量轻等优点。

图 1-23　接触器的图形文字符号

3. 接触器选择方法

选择接触器时应从其工作条件出发，主要考虑下列因素：

（1）控制交流负载应选用交流接触器；控制直流负载则选用直流接触器。

（2）接触器的使用类别应与负载性质相一致。

（3）主触头的额定工作电压应大于或等于负载电路的电压。

（4）主触头的额定工作电流应大于或等于负载电路的电流；还要注意的是接触器主触头额定工作电流是在规定条件下（额定工作电压、使用类别、操作频率等）能够正常工作的电流值，当实际使用条件不同时，这个电流值也将随之改变。

（5）吸引线圈的额定电压应与控制回路电压一致，接触器在线圈额定电压 85％ 及以上时应能可靠地吸合。

4. 简单的接触器控制示例

一个简单的接触器控制电路如图 1-24 所示。按起动按钮可以接触器触点闭合起动电动机，并通过自保持电路进行自保持，按停止按钮可以使接触器的触点断开，切断电动机的电源。使用接触器的特点是小电流控制大电流。

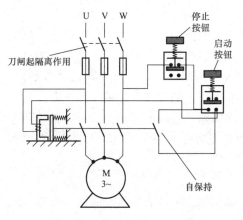

图 1-24　简单的接触器控制电路

1.4.8　行程开关

行程开关是位置开关（又称限位开关）的一种，是一种常用的小电流主令电器。利用生产机械运动部件的碰撞使其触头动作来实现接通或分断控制电路，达到一定的控制目的。通常，这类开关被用来限制机械运动的位置或行程，使运动机械按一定位置或行程自动停止、反向运动、变速运动或自动往返运动等。

行程开关的种类很多，按触头性质分为有触头式和无触头式。按结构分为直动式、滚动式和微动式。按用途分为一般用途行程开关和起重设备用行程开关，其中一般用途行程开关主要用于机床、自动生产线等生产机械的限位和程序控制，起重设备用行程开关主要用于控制起重机及各种冶金辅助设备的行程。常用的行程开关有 JLXK1 和 LX19 等系列。行程开关的结构图和图形文字符号如图 1-25 所示。选择行程开关时，应根据使用场合和控制对象来确定行程开关的种类。

在电气控制系统中，位置开关的作用是实现顺序控制、定位控制和位置状态的检测。用于控制机械设备的行程及限位保护。它由操作头、触点系统和外壳组成。

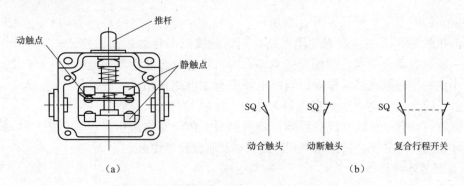

图 1-25 行程开关的结构图和图形文字符号

(a) 行程开关的结构图；(b) 行程开关的图形文字符号

在实际生产中，将行程开关安装在预先安排的位置，当装于生产机械运动部件上的模块撞击行程开关时，行程开关的触点动作，实现电路的切换。因此，行程开关是一种根据运动部件的行程位置而切换电路的电器，它的作用原理与按钮类似。

行程开关广泛用于各类机床和起重机械，用以控制其行程、进行终端限位保护。在电梯的控制电路中，还利用行程开关来控制开关轿门的速度、自动开关门的限位，轿厢的上、下限位保护。

行程开关可以安装在相对静止的物体（如固定架、门框等，简称静物）上或者运动的物体（如行车、门等，简称动物）上。当动物接近静物时，开关的连杆驱动开关的触点引起闭合的触点分断或者断开的触点闭合。由开关触点开、合状态的改变去控制电路和机构的动作。

1.4.9　继电器

继电器是一种常用的控制电器，输入端通常是电压、电流等电量，也可以是温度、压力等非电量。而输出端是继电器触点的动作，对电路起着控制、保护、调节及传输等作用。

继电器是电气图中常用的控制电器。继电器是一种电控制器件，是当输入量（激励量）的变化达到规定要求时，在电气输出电路中使被控量发生预定的阶跃变化的一种电器。它具有控制系统（又称输入回路）和被控制系统（又称输出回路）之间的互动关系。通常应用于自动化的控制电路中，它实际上是用小电流去控制大电流运作的一种"自动开关"。在电路中起着自动调节、安全保护、转换电路等作用。

1. 继电器分类

继电器的种类很多，按输入信号的性质分：电压继电器、电流继电器、时间继电器、温度继电器、速度继电器、压力继电器；按工作原理分：电磁式继电器（电压，电流）、感应式继电器、电动式继电器、电子式继电器、热继电器；按输出形式分：有触点和无触点继电器；按用途分：控制用和保护用继电器。

2. 电磁式继电器工作原理

电磁继电器一般由铁心、线圈、衔铁、触点簧片等组成的，其工作原理图如图 1-26 所示。

只要在线圈两端加上一定的电压，线圈中就会流过一定的电流，从而产生电磁效应，衔铁就会在电磁力吸引的作用下克服返回弹簧的拉力吸向铁心，从而带动衔铁的动触点与静触点（常开触点）吸合。当线圈断电后，电磁的吸力也随之消失，衔铁就会在弹簧的反作用力下返回原来的位置，使动触点与原来的静触点（常闭触点）释放。这样吸合、释放，从而达

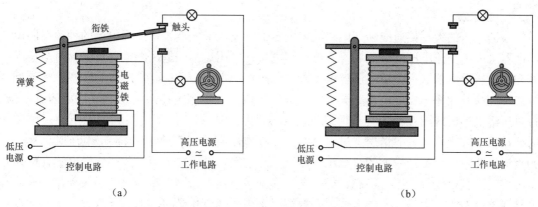

图 1-26　电磁继电器工作原理

（a）控制电路通电前；（b）控制电路通电后

到了在电路中的导通、切断的目的。对于继电器的"动合、动断"触点，可以这样来区分：继电器线圈未通电时处于断开状态的静触点，称为"动合触点"；处于接通状态的静触点称为"动断触点"。

电磁式继电器结构与工作原理和接触器基本相同。电磁式继电器与接触器不同点：继电器可以对各种输入量的变化作出反应，而接触器只在一定的电压信号下动作；继电器用于切换小电流的控制和保护电路，无灭弧装置，而接触器用来控制大电流电路。

电磁式继电器按吸引线圈的电流种类分为直流电磁式和交流电磁式；按继电器反映的参数分为电流、电压、中间和时间继电器。

3. 电流继电器

根据电流的大小接通或断开电路的继电器是电流继电器，电流继电器的线圈与被测量电路串联，以反映电路电流的变化。按线圈电流的种类不同，电流继电器可分为交流电流继电器和直流电流继电器，按用途不同电流继电器可分为过电流继电器和欠电流继电器。过电流继电器的作用是当电路发生短路或严重过载时，即电流继电器的线圈通过的电流超过整定值时，电流继电器动作，立即将电路切断，主要用于电动机主电路的过载和短路保护；欠电流继电器与过电流继电器相反，当电流继电器的线圈通过的电流小于整定值时，电流继电器动作将电路切断，主要用于直流电动机和电磁吸盘的失磁保护。电流继电器的结构图和图形文字符号如图 1-27 所示。

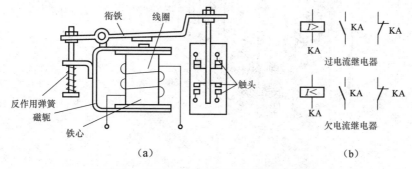

图 1-27　电流继电器的结构图和图形文字符号

（a）电流继电器的结构图；（b）电流继电器的图形文字符号

4. 电压继电器

根据电压的大小接通或断开电路的继电器称为电压继电器，按线圈电流的种类不同电压继电器可分为交流电压继电器和直流电压继电器；按用途不同电压继电器可分为过电压继电器和欠电压继电器（也称零电压继电器）；按原理不同电压继电器可分为电磁型、整流型和静态型。另外相序电压继电器又分为正序电压继电器、负序电压继电器和零序电压继电器。过电压继电器的线圈在额定电压时动铁心不产生吸合动作，只有当线圈的电压超过整定值时，动铁心才吸合。一般情况下过电压继电器在电压升至 1.1~1.2 倍额定电压时动作。因为直流电路不产生波动较大的过电压，所以没有直流过电压继电器。欠电压继电器在电路正常工作时，其衔铁处于吸合状态，如果电压降低至整定值，则衔铁释放，触头动作，从而控制接触器及时断开电气设备的电源。一般情况下欠电压继电器在电压降至 0.4~0.7 倍额定电压时动作。零电压继电器在电压降至 0.05~0.25 倍额定电压时动作。电压继电器图形文字符号如图 1-28 所示。

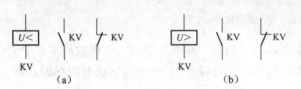

(a)　　　　　　　　　　(b)

图 1-28　电压继电器图形文字符号

(a) 欠压继电器；(b) 过压继电器

5. 中间继电器

中间继电器实质上是一种电压继电器，结构和工作原理与接触器相同。但它的触点数量较多，在电路中主要起扩展触点数量的作用。另外其触头的额定电流较大。中间继电器的结构图和图形文字符号如图 1-29 所示。

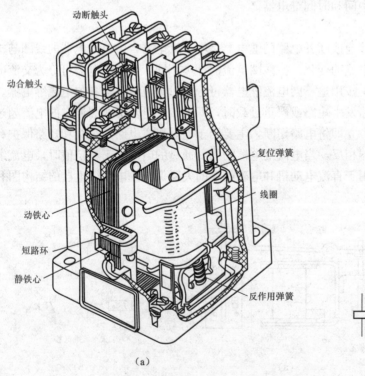

动断触头

动合触头

复位弹簧

线圈

动铁心

短路环

静铁心

反作用弹簧

(a)　　　　　　　　　　(b)

图 1-29　中间继电器的结构图和图形文字符号

(a) 中间继电器的结构图；(b) 中间继电器的图形文字符号

中间继电器在电路中起到中间转换的作用,当其他继电器的触头数量或触头容量不够时,可借助中间继电器增加它们的触头数量或增大触头容量。另外,将多个中间继电器组合起来,可构成各种逻辑运算与计数功能的电路。

6. 时间继电器

时间继电器是利用电磁原理或机械动作原理实现触头延时接通或断开的自动控制电器,用于控制动作时间。时间继电器在接受信号后,需要经过一定的时间,它的执行部分才会动作,可以是延迟触头闭合,也可以是延迟触头断开。

时间继电器的种类很多,按原理分类可分为电磁式、空气阻尼式、电子式、电动式、晶体管式等,其中电磁式时间继电器结构简单,价格低廉,但延时较短;电动式时间继电器的延时精度高,延时可调范围大,但价格较贵;空气阻尼式时间继电器的结构简单,价格低,延时范围较大,但延时误差较大;晶体管式时间继电器又分为阻容式和数字式,其特点是延时可达几分钟到几十分钟,比空气阻尼式长,比电动式短,延时精度比空气阻尼式高,比电动式略差,随着电子技术的发展,它的应用日益广泛。

按延时方式分类可分为通电延时时间继电器和断电延时时间继电器。其中通电延时时间继电器的特点是接受信号后延迟一定的时间,输出信号才发生变化,当输入信号消失后,输出瞬时复位;断电延时时间继电器的特点是接受信号后瞬时产生相应的输出信号,当输入信号消失后,延迟一定的时间输出复位。时间继电器的结构图和图形文字符号如图 1-30 所示。

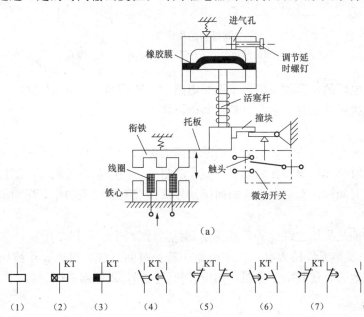

(a)

(b)

图 1-30　时间继电器的结构图和图形文字符号

(a) 时间继电器的结构图;(b) 时间继电器的图形文字符号

(1) 线圈一般符号;(2) 通电延时线圈;(3) 断电延时线圈;(4) 通电延时闭合动合(常开)触点;(5) 通电延时断开动断(常闭)触点;(6) 断电延时断开动合(常开)触点;(7) 断电延时闭合动断(常闭)触点;(8) 瞬动触点

选择时间继电器时,应主要考虑控制电路所需要延时触头的延时方式、延时触头的数目、瞬时触头数目以及吸引线圈的电压等级等因素。

7. 速度继电器

速度继电器又称反接制动继电器，与接触器配合可以用来实现对电动机的反接制动。使用时其动合触头串接于控制电路中，转子部分与电动机同轴安置。当反接制动的转速下降到接近零值时，它能自动及时切断电源。速度继电器的结构图和图形文字符号如图 1-31 所示。

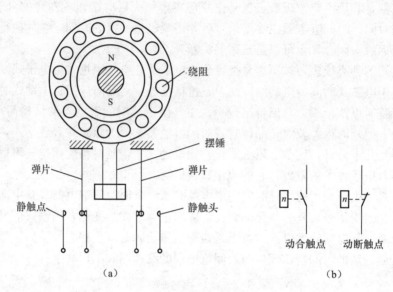

<table>
<tr><td>（a）</td><td>（b）</td></tr>
</table>

图 1-31 速度继电器的结构图和图形文字符号

（a）时间继电器的结构图；（b）时间继电器的图形文字符号

使用时速度继电器的动合触头串接于控制电路中，转子部分与电动机同轴安置。当反接制动的转速下降到接近零值时，它能自动切断电源。

8. 热继电器

热继电器是一种利用电流的热效应来切断电路的保护电器。热继电器主要由热元件和触点系统组成，使用时热元件串接在电动机的定子绕组中，当电动机过载时，流过热元件的电流增大，经过一段时间后，双金属片弯曲而推动导板使继电器触点动作，切断电动机的控制线路。

热继电器的功能是提供过载保护，热继电器结构示意图如图 1-32 所示，热继电器的符号如图 1-33 所示。发热元件接入电动机主电路，若长时间过载，双金属片被烤热。因双金属片的下层膨胀系数大，使其向上弯曲，扣板被弹簧拉回，动断触头断开。

图 1-32 热继电器结构示意图　　　　　图 1-33 热继电器的符号

热继电器的种类很多，但目前使用较普遍的是双金属片式热继电器。电动机在运行过程中往往会因过载、频繁起动、欠电压运行导致绕组温度过高，从而缩短电动机寿命甚至烧毁电动机，因此必须对电动机采用过热保护措施。最常用的是利用热继电器进行过热保护。

1.5　电气原理图的识读要点

电气原理图是表示电气控制线路工作原理的图形，所以熟练识读电气原理图，是掌握设备正常工作状态、迅速处理电气故障的必不可少的环节。

生产机械的实际电路往往比较复杂，有些还和机械、液压（气压）等动作相配合来实施控制。因此在识读电气原理图之前，首先要了解生产工艺过程对电气控制的基本要求，例如需要了解控制对象的电动机数量、各台电动机是否有起动、反转、调速、制动等控制要求，需要哪些连锁保护、各台电动机的起动、停止顺序的要求等具体内容，并且要注意机、电、液（气）的联合控制。

在阅读电气原理图时，大致读图要点可以归纳为以下几点。

（1）必须熟悉图中各器件符号和作用。

（2）阅读主电路。应该了解主电路有哪些用电设备（如电动机、电炉等），以及这些设备的用途和工作特点。并根据工艺过程，了解各用电设备之间的相互联系，采用的保护方式等。在完全了解主电路的这些工作特点后，就可以根据这些特点再去阅读控制电路。

（3）阅读控制电路。控制电路有各种电器组成，主要用来控制主电路工作的。在阅读控制电路时，一般先根据主电路接触器主触点的文字符号，到控制电路中去找与之相应的吸引线圈，进一步弄清楚电动机的控制方式。这样可将整个电气原理图划分为若干部分，每一部分控制一台电动机。另外控制电路依照生产工艺要求，按动作的先后顺序，自上而下、从左到右、并联排列。因此读图时也应自上而下、从左到右，一个环节、一个环节地进行分析。

（4）对于机、电、液配合得比较紧密的生产机械，必须进一步了解有关机械传动和液压传动的情况，有时还要借助于工作循环图和动作顺序表，配合电器动作来分析电路中的各种联锁关系，以便掌握其全部控制过程。

（5）阅读照明、信号指示，监测、保护等各辅助电路环节。

对于比较复杂的控制电路，可按照先简后繁、先易后难的原则，逐步解决。因为无论怎样复杂的控制线路，总是由许多简单的基本环节所组成。阅读时可将它们分解开来，先逐个分析各个基本环节，然后再综合起来全面加以解决。

概括地说，阅读的方法可以归纳为：从机到电、先"主"后"控"、化整为零、连成系统。

第 2 章

电工常用测量电路图识读

2.1 电工测量仪表的基本知识

2.1.1 电工测量仪表的分类

电路中的各个物理量（如电压、电流、功率、电能及电路参数等）的大小，除用分析与计算的方法外，常用电工测量仪表去测量。电工测量仪表的结构简单，使用方便，并有足够的精确度，可以灵活地安装在需要进行测量的地方，并可实现自动记录。

电工测量仪表的分类方法如下。

（1）按工作原理分：有电磁式、磁电式、电动式、感应式、整流式、热电式、静电式、电子式等。

（2）按被测量性质分：有电流表、电压表、功率表、欧姆表、电能表、功率因数表、频率表、万用表等。

（3）根据使用方式分：有开关板式和可携式。开关板式仪表通常固定在开关板或配电盘上，误差较大。可携式仪表一般误差较小，准确度高。

（4）根据工作电流分：有直流仪表、交流仪表、交直流两用仪表。

2.1.2 电工仪表的符号

电工仪表的面板上都标注有电工符号，了解这些符号对正确使用电工仪表非常重要。GB 776—1976《电气测量指示仪表通用技术条件》规定的常用仪表符号见表 2-1。

表 2-1　　　　　　　　　　　　　　常用仪表的符号

分　类	符　号	名　称	分　类	符　号	名　称
电流种类	——	直流	端钮	+	正端钮
	∼	交流		−	负端钮
	≅	直流和交流		✳	公共端钮
测量对象	Ⓐ	电流表	调零器	⌒	调零器
	Ⓥ	电压表	工作位置	⊓	标尺位置为水平
	Ⓦ	功率表		⊥	标尺位置为垂直
	kWh	电能表			

续表

分　类	符　号	名　称	分　类	符　号	名　称
工作原理	⊓	磁电式仪表	绝缘试验	☆2（或 ⚡ 2kV）	绝缘强度试验电压
	⊓▷	整流式仪表	准确度等级	1.5	以标尺量限百分数表示
	⌇	电磁式仪表		① .5	以指示值的百分数表示
	⊤	电动式仪表			
	⊠	磁电式比率计			

2.1.3　电工仪表的准确度等级

1. 仪表的误差

仪表的误差是指仪表的指示值与被测量的真实值之间的差异，它有三种表示形式。

(1) 绝对误差，是仪表指示值与被测量的真实值之差，即

$$\Delta X = X - X_0 \tag{2-1}$$

式中，X 为被测物理量的指示值；X_0 为真实值；ΔX 为绝对误差。

(2) 相对误差，是绝对误差 ΔX 对被测量的真实 X_0 值的百分比，用 δ 表示

$$\delta = \frac{\Delta X}{X_0} \tag{2-2}$$

(3) 引用误差，是绝对误差 ΔX 对仪表量程 A_m 的百分比。引用误差 γ 的定义式为

$$\gamma = \frac{\Delta X}{C_1 - C_2} \tag{2-3}$$

式中，C_1 为测量范围的上限，C_2 为测量范围的下限。

仪表的误差分为基本误差和附加误差两部分。基本误差是由于仪表本身特性及制造、装配缺陷所引起的，基本误差的大小是用仪表的引用误差表示的。附加误差是由仪表使用时的外界因素影响所引起的，如外界温度、外来电磁场、仪表工作位置等。

2. 仪表的准确度等级

仪表的准确度实际上就是仪表的最大引用误差。最大引用误差越小，仪表的准确度就越高。根据国家标准，我国电工仪表的准确度等级共分为七个等级，即 0.1、0.2、0.5、1.0、1.5、2.5、5.0。仪表准确度等级适用场合见表 2-2。

表 2-2　　　　　　　　　　　　　仪表准确度等级适用场合

准确度等级	引用误差（%）	适用场合
0.1	±0.1	用作标准表或进行精密测量
0.2	±0.2	
0.5	±0.5	多用于实验室做一般测量
1.0	±1.0	
1.5	±1.5	
2.5	±2.5	一般用于工程测量
5.0	±5.0	

选择仪表的准确度必须从测量的实际出发，不要盲目提高准确度，在选用仪表时还要选

择合适的量程，准确度高的仪表在使用不合理时产生的相对误差可能会大于准确度低的仪表。

2.2　电流和电压测量电路图的识读

2.2.1　电流测量电路

1. 直流电流测量电路

电流表是电工用来测量线路中电流大小的仪表。电流表需和被测电路串联。直流电流表的正极应与电源的正极接线端子相连。仪表的量限应为被测电流的 1.5～2 倍。应注意使电流表接在被测电路的低电位端，以免使电流表的通电线圈与外壳间形成高电位。

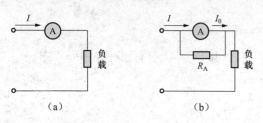

图 2-1　直流电流表测量电路
(a) 直接测量电路；(b) 单量程扩程测量电路

测量直流电流通常用磁电式电流表，直流电流表测量电路如图 2-1 所示。

当被测量电流小于电流表的满偏量程时，可采用图 2-1（a）的直接测量电路，该图为直流电流表的直接接入法（串入电路），用于测量电流表量限范围内的直流电流，电流表读数为线路电流 I。当被测量电流大于电流表的满偏量程时，可采用图 2-1（b）的单量程扩程测量电路，该图为带分流器的直流电流表接入法，其中通过电流表的电流

$$I_0 = \frac{R_A}{R_0 + R_A} I \tag{2-4}$$

分流电阻为

$$R_A = \frac{R_0}{\frac{I}{I_0} - 1} \tag{2-5}$$

式中，R_0 为测量机构的电阻。

除此之外，多量程扩程磁电式电流表的测量电路如图 2-2 所示。

多量程电流表的分流可以有两种连接方法，一种是开路连接方式，另一种是闭路连接方式。其中开路连接方式的优点是各量限具有独立的分流电阻，互不干扰，调整方便。但它存在严重的缺点，因为开关接触电阻包含在分流电阻支路，使仪表的误差增大，甚至会因开关接触不良引起电流过大而损坏表头，所以开路连接方式实际上是不采用的。

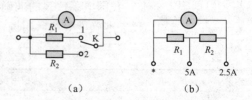

图 2-2　多量程扩程磁电式电流表的测量电路
(a) 开路连接方式；(b) 闭路连接方式

实用的多量程电流表的分流器都采用闭路连接方式，在这种电路中，对应每个量限在仪表外壳上有一个接线柱。在一些多用仪表（如万用表）中也有用转换开关切换量限的。它们的接触电阻对分流关系没有影响，即对电流表的误差没有影响，也不会使表头过载。但在这种电路中，任何一个分流电阻的阻值发生变化时，都会影响其他量限，所以调整和修理比较

麻烦。

在使用直流电流表进行直流电流测量时，要注意的是电流表的正负极性应与电源的相符。

2. 交流电流的测量电路

（1）单相交流电流测量电路。测量交流电流通常用电磁式交流电流表。测量单相交流电流的基本测量电路如图 2-3 所示。

图 2-3（a）为电流表直接接入测量，这时电流表读数为线路电流。其特点是电流表直接串接在被测电路中，这种接线方式常用于 380V 及以下低压、几十安培以下小电流的交流电路中。图 2-3（b）所示的是一相电流互感器测量电路，其特点是在线路中安装一只电流互感器，电流表串接在其二次侧。这种接线方式适用于测量高电压、大电流的单相交流电路，也适合测量三相平

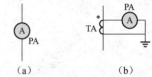

图 2-3　测量单相交流电流的电流表
测量电路

（a）直接接入法；（b）电流互感器接入法

衡电路的交流电流。电流表经电流互感器 TA 接入被测线路，电流表读数为 I/K_1（K_1 为电流互感器电流比）。一般情况下，所选用的电流表是配用专门互感器的，这时电流表读数为 I（直接读出）。在使用电流互感器时，不允许电流互感器二次侧开路，否则会产生高电压，对人身以及电气设备造成危害。

（2）三相交流电流测量电路。实际工程中广泛采用的是三相交流电路，两相电流互感器测量三相交流电流的测量电路和三相电流互感器测量三相交流电流的测量电路分别如图 2-4 和图 2-5 所示。

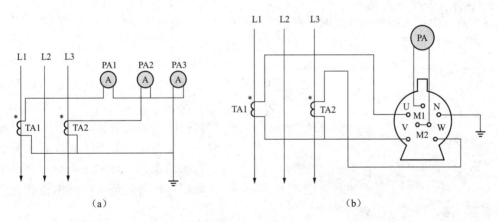

图 2-4　两相电流互感器测量三相交流电流的测量电路

（a）两相电流互感器三块电流表的测量电路；（b）两相电流互感器一块电流表的测量电路

图 2-4（a）所示的是两相电流互感器 TA1、TA2 和三块电流表 PA1、PA2、PA3 的测量电路，其特点是三块电流表分别串接在互感器的二次侧，可分别测出各相电流。

图 2-4（b）所示的是两相电流互感器 TA1、TA2 和一块电流表 PA 的测量电路，其特点是两个互感器的二次侧接一块电流表测量三相电流，电流表通过电流转换开关与两相 V 形连接的电流互感器连接，利用转换开关的切换，可分别测量三相电流。这种接线方式省去了两块电流表，适用于三相平衡或不平衡电路交流电流的测量。

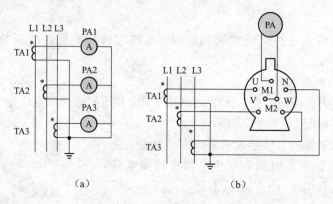

图 2-5 三相电流互感器测量三相交流电流的测量电路
（a）三相电流互感器三块电流表测量电路；（b）三相电流互感器一块电流表测量电路

图 2-5（a）所示的是三相电流互感器三块电流表测量电路。被广泛地用于测量三相三线制和三相四线制电路，也可用于继电保护。其特点是三块电流表分别串接在互感器的二次侧，可分别测出各相电流。

图 2-5（b）所示的是三相电流互感器一块电流表测量电路，其特点是电流表通过转换开关与丫形连接的三相电流互感器的二次侧相接。通过转换开关的切换，可达到分别测量三相电流的目的。

2.2.2 电压测量电路

1. 直流电压的测量电路

测量直流电压使用的是直流电压表，测量时只需将直流电压表并接到要测量的电路单元上，便可以测该电路单元两端的直流电压。测量时可将电压表直接接入线路，测量直流电压的电压表测量电路如图 2-6（a）所示。接线时应注意电压表上的正负极与线路中的电压正负极相对应。如果电压表测量机构的内阻不够大，测量电压又较高时，就需增加一个串联电阻 R 来降低仪表机构的电压，如图 2-6（b）所示。如果电源有接地的话，应将电压表接在靠

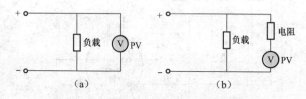

图 2-6 测量直流电压的电压表测量电路
（a）直接测量；（b）带附加电阻的测量

近接地的一端，即低电位端。

2. 交流电压的测量电路

（1）单相交流电压的测量电路。测量交流电压使用的是交流电压表，量限范围通常为 1～1000V。在测量高电压时，往往与电压互感器配合使用，以扩大交流电压表的量程。测量单相交流电压的电压表测量电路如图 2-7 所示。

图 2-7（a）为交流电压表直接并入线路，这时电压表的读数为该电路两点端电压有效值 U。这种测量线路主要用于三相电压平衡的低压电路的线电压或单相电压的测量。

图 2-7（b）为交流电压表经电压互感器 TV1 接入电路，适用于高电压的测量。这时电压表的读数为 U/K_u（K_u 为电压互感器的电压比），一般情况下，选用的是专用配电电压互

感器的电压表，这时电压表显示的读数就
等于电路电压 U。如果二次侧发生短路故
障，将产生很大的短路电流损坏电压互感
器，所以接入 FU 起短路保护。为防止绝
缘损坏，高电压窜入二次侧，危及人身及
设备，故铁心及二次侧绕组要采取接地
保护。

（2）三相交流电压的测量电路。三相
交流电压基本测量线路见图 2-8 所示。

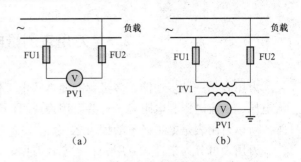

图 2-7　单相交流电压的测量电路
（a）直接并联测量电路；（b）单相电压互感器测量电路

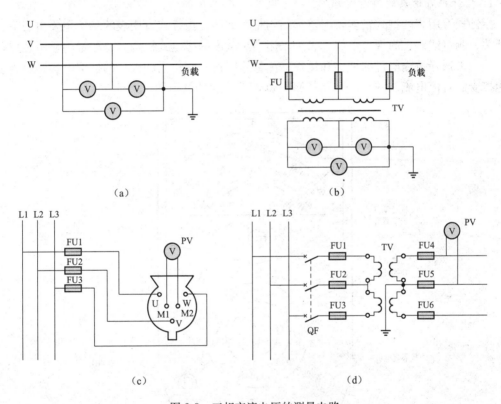

图 2-8　三相交流电压的测量电路
（a）三块电压表测量电压的直接接入法；（b）三块电压表测量电压的电压互感器 V/V 接入法；
（c）一块电压表测量电压的直接接入法；（d）三块电压表测量电压的电压互感器 V/V 接入法

图 2-8（a）为三块交流电压表直接并入三相电流分别测量三相电压，这时各电压表的读
数即为该相电路两点端电压有效值 U。图 2-8（b）为两块单相电压互感器 TV 接线的测量线
路，在接线中不允许二次绕组短路。为防止短路，保护电压互感器而串入熔断器 FU。图 2-8
（c）所示的电路特点是电压表 PV 经电压转换开关可分别测量三相电路的线电压。这种测量
线路主要用于低压三相四线制电路电压的测量。图 2-8（d）所示的电路特点是两块单相电
压互感器呈 V/V 形连接，供一块电压表测量电压。这种测量线路主要用于三相三线制电路
的高电压的测量。

2.3 万用表测量电路图的识读

万用表是一种多功能、多量程的便携式电工仪表,一般的万用表可以测量直流电流、直流电压、交流电压和电阻等。有些万用表还可测量电容、功率、晶体管共射极直流放大系数等。所以万用表是电工必备的仪表之一。

万用表可分为指针式万用表和数字式万用表。指针式万用表是以表头为核心部件的多功能测量仪表,测量值由表头指针指示读取。数字式多用表的测量值由液晶显示屏直接以数字的形式显示,读取方便,有些还带有语音提示功能。

1. 指针式万用表的测量电路

指针式万用表的型式很多,但基本结构是类似的。指针式万用表的结构主要由表头、转换开关、测量线路、面板等组成。表头采用高灵敏度的磁电式机构,是测量的显示装置;转换开关用来选择被测电量的种类和量程;测量线路将不同性质和大小的被测电量转换为表头所能接受的直流电流。图 2-9 所示为 MF-30 型万用表的外形图。

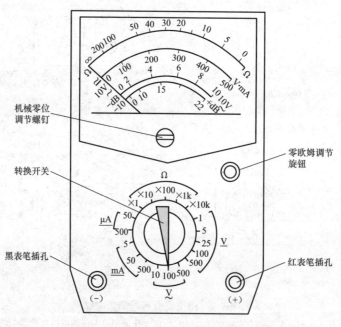

图 2-9   MF-30 型万用表的外形图

该万用表可以测量直流电流、直流电压、交流电压和电阻等多种电量。当转换开关拨到直流电流挡,可分别与 5 个接触点接通,用于测量 500、50、5mA 和 500、50μA 量程的直流电流。当转换开关拨到欧姆挡,可分别测量×1Ω、×10Ω、×100Ω、×1kΩ、×10kΩ 量程的电阻;当转换开关拨到直流电压挡,可分别测量 1、5、25、100、500V 量程的直流电压;当转换开关拨到交流电压挡,可分别测量 500、100、10V 量程的交流电压。

指针式万用表的测量原理图如图 2-10 所示。

(1) 电阻的测量。指针式万用表最简单的电阻测量原理见图 2-10。测电阻时把转换开关 SA 拨到"Ω"挡,使用内部电池作电源,由外接的被测电阻 R_X、内部电池作电源 E、R_P、

R_1 和表头部分组成闭合电路，形成的电流使表头的指针偏转。设被测电阻为 R_X，表内的总电阻为 R，形成的电流为 I，则

$$I = \frac{E}{R_X + R} \qquad (2\text{-}6)$$

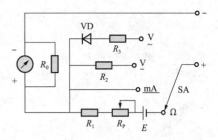

图 2-10　指针式万用表的测量原理图

从上式可知：I 与 R_X 不成线性关系，所以表盘上电阻标度尺的刻度是不均匀的。电阻挡的标度尺刻度是反向分度，即 $R_X = 0$，指针指向满刻度处；$R_X \to \infty$，指针指在表头机械零点上。电阻标度尺的刻度从右向左表示被测电阻逐渐增加，这与其他仪表指示正好相反，这在读数时应注意。

用万用表测量电阻时的注意事项如下：

1）不允许带电测量电阻，否则会烧坏万用表。

2）万用表内干电池的正极与面板上"—"号插孔相连，干电池的负极与面板上的"+"号插孔相连。在测量电解电容和晶体管等器件的电阻时要注意极性。

3）每换一次倍率挡，要重新进行电调零。

4）不允许用万用表电阻挡直接测量高灵敏度表头内阻，以免烧坏表头（万用表内电池电压也可能足以使表头过流烧坏）。

5）不准用两只手捏住表笔的金属部分测电阻，否则会将人体电阻并接于被测电阻而引起测量误差。

6）测量完毕，将转换开关置于交流电压最高挡或空挡。

（2）直流电流的测量。万用表测量直流电流的原理图如图 2-11 所示。

图 2-11 中转换开关 SA 拨在 50mA 挡，

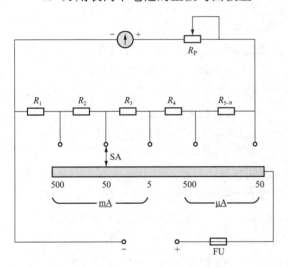

图 2-11　MF-30 型万用表测量直流电流的原理图

被测电流从"+"端口流入，经过熔断器 FU 和转换开关 SA 的触点后分成两路，一路经 R_3、R_4、$R_{5\text{-}9}$、R_P、及表头回到"—"端口；另一路经分流电阻 R_2、R_1 回到"—"端口。当转换开关 SA 选择不同的直流电流挡时，与表头串联的电阻值和并联的分流电阻值也随之改变，从而可以测量不同量程的直流电流。

（3）直流电压的测量。万用表测量直流电压的原理图如图 2-12 所示。

当转换开关 SA 置于直流电压 1V 挡时，与表头线路串联的电阻为 R_{11}，当转换开关 SA 置于直流电压 5V 挡时，与表头线路串联的电阻为 $(R_{11} + R_{12})$，串联电阻的增大使测量直流电压的量程扩大。选择不

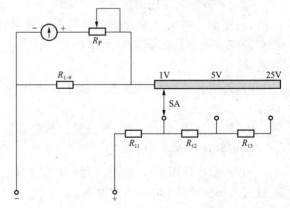

图 2-12　MF-30 型万用表测量直流电压的原理图

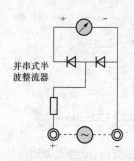

并串式半波整流器

图 2-13 万用表测量
交流电压的原理图

同的直流电压挡可改变电压表的量程。

（4）交流电压的测量。万用表测量交流电压的原理图如图 2-13 所示。

因为表头是直流表，所以测量交流时，需加装一个并、串式半波整流电路，将交流电进行整流变成直流电后再通过表头，这样就可以根据直流电的大小来测量交流电压。

用万用表测量电压或电流时的注意事项如下。

1）测量时，不能用手触摸表笔的金属部分，以保证安全和测量的准确性。

2）测直流量时要注意被测电量的极性，避免指针反打而损坏表头。

3）测量较高电压或大电流时，不能带电转动转换开关，避免转换开关的触点产生电弧而被损坏。

4）测量完毕后，将转换开关置于交流电压最高挡或空挡。

（5）检测二极管、三极管、稳压管的质量。测二极管、三极管、稳压管好坏：可以用万用表的 R×10Ω 或 R×1Ω 挡来在路测量 PN 结的好坏。测量时，用 R×10Ω 挡测 PN 结应有较明显的正反向特性（如果正反向电阻相差不太明显，可改用 R×1Ω 挡来测），一般正向电阻在 R×10Ω 挡测时表针应指示在 200Ω 左右，在 R×1Ω 挡测时表针应指示在 30Ω 左右（根据不同表型可能略有出入）。如果测量结果正向阻值太大或反向阻值太小，都说明这个 PN 结有问题，这个管子也就有问题了。

（6）二极管管脚极性判别。二极管是一种具有明显单向导电性或非线性伏安特性的半导体二极管器件。通常小功率锗二极管的正向电阻值为 300～500Ω，反向电阻为几十千欧；硅二极管正向电阻约为 1kΩ 或更大，反向电阻在 500kΩ 以上。正反向电阻差值越大越好。

测量时一般选 R×1k 挡或 R×100Ω 挡，不要用 R×1Ω 挡或 R×10k 挡。因为使用 R×1Ω 挡时电流过大，易使二极管烧毁，而使用 R×10k 挡时电压太高，易使二极管击穿。

用两表笔分别连接二极管两极，对两次测出的阻值进行比较，阻值较小时与黑表笔连接的管脚为二极管正极，因为在万用表的电阻测量电路中，红表笔端与表内电池负极连接，黑表笔端与表内电池正极连接。万用表测量二极管管脚极性的电路如图 2-14 所示。

指针式万用表使用的注意事项如下。

1）使用万用表之前，必须熟悉万用表的使用方法、测量原理、待测量种类和量程，核对转换开关、插孔是否正确。

2）万用表使用时必须水平放置，使用前先将机械调零。

3）测量完毕，将量程选择开关拨到最高挡位置，防止下次测量时不慎将表烧坏。

4）长期不使用的万用表，应将电池取出，避免电池存放过久而变质漏液，损坏电路板。

5）测量有感抗的电路中的电压时，必须在切断电源前先把万用表断开，防止由于自感

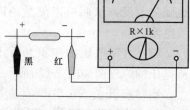

电阻较小

黑 红 R×1k

图 2-14 万用表测量二极管管脚
极性的电路

现象产生的高压损坏电压表。

　　2. 数字式万用表的测量电路

　　近年来数字万用表得到广泛的应用。与指针式万用表相比，具有准确度高、读数迅速准确、功能齐全等优点。图 2-15 所示为 DT-890 系列数字万用表的外形图。

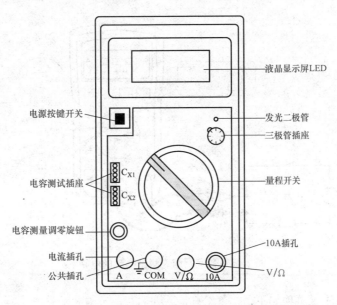

图 2-15　DT-890 系列数字万用表外形图

　　（1）电压的测量。将黑表笔插入 "COM" 插孔。红表笔插入 V/Ω/Hz 插孔；将量程开关转至相应的 DCV 挡位上，然后将测试表笔跨接在被测电路上，红表笔所接的该点电压与极性显示在屏幕上。数字万用表测量电压的电路如图 2-16 所示。

　　电压测量时的注意事项如下。

　　1）如果事先对被测电压范围没有概念，应将量程开关转到最高挡位，然后根据显示值转至相应挡位上。

　　2）改变量程时，表笔应与被测点断开。

　　3）未测量时小电压挡有残留数字，属正常现象不影响测试，如测量时高位显 "1"，表明已超过量程范围，须将量程开关转至较高挡位上。

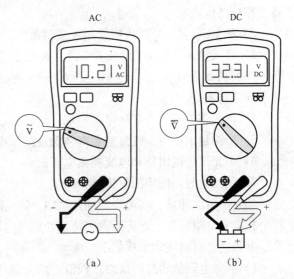

图 2-16　数字万用表测量电压的电路
(a) 交流电压的测量；(b) 直流电压的测量

　　4）测量交流电路时请选择挡位 ACV，直流电路请选择 DAV。

　　5）当测量电路时，注意避免身体触及高压电路。

　　6）不允许用电阻挡和电流挡测电压。

　　7）不测量时，应将挡位旋至 OFF。

（2）电流的测量。将黑表笔插入"COM"插孔。红表笔插入"mA"插孔中（最大为2A），或红笔插入"20A"中（最大为20A），将量程开关转至相应的DCA档位或ACA上，然后将仪表串入被测电路中，被测电流值及红色表笔点的电流极性将同时显示在屏幕上。数字万用表测量电流的电路如图2-17所示。

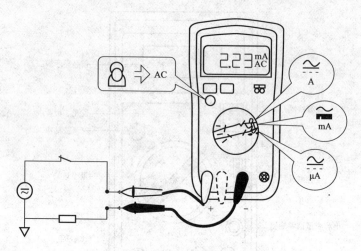

图2-17 数字万用表测量电流的电路

测量电流时的注意事项如下。

1）如果事先对被测电压范围没有概念，应将量程开关转到最高挡位，然后根据显示值转至相应挡位上。

2）如LCD显"1"，表明已超过量程范围，须将量程开关调高一挡。

3）最大输入电流为2A或者20A（视红表笔插入位置而定），过大的电流会将保险丝熔断，在测量20A要注意，该挡位没有保护，连续测量大电流将会使电路发热，影响测精度甚至损坏仪表。

4）严禁将电流表并联至电源两端。

5）当测量电路时，注意避免身体触及高压电路。

6）不允许用电阻挡和电流挡测电压。

7）不测量时，应将挡位旋至OFF。

（3）电阻的测量。将黑表笔插入"COM"插孔，红表笔插入V/Ω/Hz插孔将所测开关转至相应的电阻量程上，将两表笔跨接在被测电阻上。

电阻测量时的注意事项如下。

1）如果电阻值超过所选的量程值，则会显"1"，这时应将开关转高一挡；当测量电阻值超过1MΩ以上时，读数需几秒时间才能稳定，这在测量高电阻值时是正常的。

2）当输入端开路时，则显示过载情形。

3）测量在线电阻时，要确认被测电路所有电源已关断而所有电容都已完全放电时，才可进行。

4）请勿在电阻量程输入电压。

5）不测量时，应将挡位旋至OFF。

使用数字万用表时的注意事项如下。

1) 后盖没有盖好前严禁使用，否则有电击危险。

2) 量程开关应置于正确测量位置。

3) 检查表笔绝缘层应完好，无破损和断线。

4) 红、黑表笔应插在符合测量要求的插孔内，保证接触良好。

5) 输入信号不允许超过规定的极限值，以防电击和损坏仪表。

6) 严禁量程开关在电压测量或电流测量过程中改变挡位，以防损坏仪表。

7) 必须用同类型规格的保险丝更换坏保险丝。

8) 为防止电击，测量公共端 COM 和大地之间电位差不得超过 1000V。

9) 被测电压高于直流 60V 或交流 30V 的场合，均应小心谨慎，防止触电。

10) 测量完毕应及时关断电源。长期不用时应取出电池。

11) 不要在高温、高湿环境中使用，尤其不要在潮湿环境中存放，受潮后仪表性能可能变劣。

12) 请勿随意改变仪表线路，以免损坏仪表和危及安全。维护时请使用湿布和温和的清洁剂清洗外壳，不要使用研磨剂或溶剂。

2.4　功率表测量电路图的识读

功率表又称瓦特计，可以测量直流电路的功率，也可以测量正弦和非正弦交流电路的功率。功率表的测量机构主要由电流线圈和电压线圈组成，其中电流线圈匝数少、导线粗，在测量功率时把它与被测电路串联；电压线圈匝数多、导线细，在测量功率时把它与被测电路并联。电功率测量分为有功功率测量和无功功率测量两种。

2.4.1　直流电路功率测量电路

直流电路功率测量有电压、电流表法和功率表（瓦特表）法两种。前者功率 P 等于电压表和电流表读数的乘积，即 $P = UI$。为减少测量误差，在负载电阻 R_L、电压表内阻 R_V 和电流表内阻 R_I 相对值不同时，采用的接线方法不同，如图 2-18 所示。其中图 2-18 (c) 接线方法，功率表 PW 的读数就是被测负载的功率，电流必须同时从电流、电压端（标有 * ）流进。

2.4.2　有功功率的测量电路

1. 有功功率表示例和读数

以 D34-W 型功率表为例，功率表的面板图和线圈接线图如图 2-19 所示。

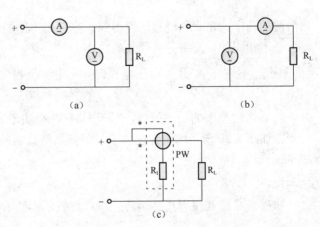

图 2-18　直流电路功率测量电路

(a) $R_V \gg R_L$ 时的接线；(b) $R_V \ll R_L$ 时的接线；

(c) 用功率表测量功率的接线

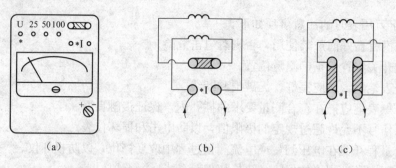

图 2-19 D34-W 型功率表的面板图和线圈接线图

(a) 功率表面板图；(b) 两电流线圈串联；(c) 两电流线圈并联

图 2-19 (a) 所示为 D34-W 型功率表面板图，该表有四个电压接线柱，其中一个带有"∗"标的接线柱为公共端，另外三个是电压量程选择端，有 25、50、100V 量程。四个电流接线柱，没有标明量程，需要通过对四个接线柱的不同连接方式改变量程，即：通过活动连接片使两个 0.25A 的电流线圈串联，得到 0.25A 的量程，如图 2-19 (b) 所示。通过活动连接片使两个电流线圈并联，得到 0.5A 的量程，如图 2-19 (c) 所示。

用功率表测量功率时，需使用四个接线柱，两个电压线圈接线柱和两个电流线圈接线柱，电压线圈要并联接入被测电路，电流线圈要串联接入被测电路。通常情况下，电压线圈和电流线圈的带有"∗"标端应短接在一起，否则功率表除反偏外，还有可能损坏。

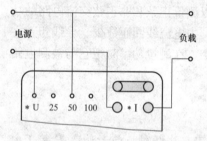

图 2-20 功率表的实际连线图

功率表的电压量程和电流量程根据被测负载的电压和电流来确定，要大于被测电路的电压、电流值。只有保证电压线圈和电流线圈都不过载，测量的功率值才准确，功率表也不会被烧坏。当根据电路参数，选择电压量程为 50V，电流量程为 0.25A 时，功率表的实际连线如图 2-20 所示。

功率表与其他仪表不同，功率表的表盘上并不标明瓦特数，而只标明分格数，所以从表盘上并不能直接读出所测的功率值，而须经过计算得到。当选用不同的电压、电流量程时，每分格所代表的瓦特数是不相同的，设每分格代表的功率为 C，则

$$C = \frac{\text{电压量程(V)} \times \text{电流量程(A)} \times \cos\varphi}{\text{表盘满刻度数}}(\text{W/ 格}) \qquad (2-7)$$

$\cos\varphi$ 为功率表的功率因数，对于 D34-W 型功率表，表盘满刻度数为 125。

在如图 2-20 所示的量程选择下，每分格所代表的瓦特数为

$$C = \frac{50 \times 0.25 \times 0.2}{125} = 0.02(\text{W/ 格}) \qquad (2-8)$$

知道了 C 值和仪表指针偏转后指示格数 α，即可求出被测功率：

$$P = C_\alpha \qquad (2-9)$$

功率表使用注意事项如下。

1) 功率表在使用过程中应水平放置。

2）仪表指针如不在零位时，可利用表盖上零位调整器调整。

3）测量时，如遇仪表指针反向偏转，应改变仪表面板上的"＋"、"－"换向开关极性，切忌互换电压接线，以免使仪表产生误差。

4）功率表与其他指示仪表不同，指针偏转大小只表明功率值，并不显示仪表本身是否过载，有时表针虽未达到满度，只要 U 或 I 之一超过该表的量程就会损坏仪表。故在使用功率表时，通常需接入电压表和电流表进行监控。

5）功率表所测功率值包括了其本身电流线圈的功率损耗。

2. 单相交流电路功率测量电路

（1）功率表电压线圈正确接线方式。功率表的正确接法必须遵守发电机端的接法规则，即功率表标有"＊"号的电流端必须接至电源的一端，而另一端必须接至负载端，电流线圈是串联接入线路；功率表上标有＊号的电压端子可以接至电流端子的任一端，而另一个电压端子必须接至负载的另一端。功率表的电压支路并联接入线路。

正确接线如图 2-21 所示，图中 Z 为负载电阻。当功率表电压线圈内阻远小于 Z 时，采用功率表电压线圈前接法，如图 2-21（a）所示；功率表电压线圈内阻远大于 Z 时，采用功率表电压线圈后接法，如图 2-21（b）所示。

（2）功率表量限的选择。功率表通常有 2 个电流量限，2 个或 3 个电压量限。根据使用电压和负载电流，选用不同的量限，获得不同的功率量限。

（3）功率表的读数。功率表的单位为 W（瓦特），但用功率表测量时，并不能从标度尺上直接读取瓦特数，这是由于功率表通常有几种电压和电流量限，但标尺只有一条，所以功率表标度尺都只标有分格数，而不标明瓦特数。功率表的标度尺每一格所代表的瓦特数称为分格常数。一般情况下，功率表的技术说明书上都给出了功率表在不同电流、电压量限下的分格常数，以供查用。

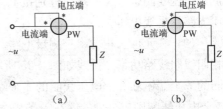

图 2-21　单相交流电路功率测量电路
(a) 功率表电压线圈前接法；
(b) 功率表电压线圈后接法

3. 两表法测量三相三线有功功率的电路

用两只单相功率表测量三相功率的方法称为两表法，如图 2-22 所示，这是用单相功率表测量三相三线制电路功率的常用方法，而且不管三相负载是否对称。图中功率表 PW1、PW2 的电流线圈串接入任意两相相线中，两只电压表电压支路的"＊"端必须接至电流线圈所接的相线上，而另外一端必须接到未接功率表电流线圈的第三条线上，使电压支路通过的是线电压。

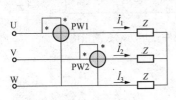

图 2-22　两表法测量三相三线有功功率的电路

在三相三线制电路中，由于三相电流的向量和等于零，因此，两只功率表测得的瞬时功率之和等于三相瞬时总功率，即两表所测得的瞬时功率之和在一个周期内的平均值等于三相瞬时功率在一个周期内的平均值，所以三相负载的有功功率就是两只功率表读数之和（$P=P_1+P_2$）。

在三相四线不对称负载电路中，因三相电流瞬时值之和不等于零，所以这种测量三相总功率的两表法只适用于三相三线制，而不适用于三相四线制不对称电路。

4. 三表法测量三相四线有功功率电路

三相四线制负载多数是不对称的，所以需要用 3 个单相功率表才能测量，其接线如图 2-23 所示。每个单相功率表的电流线圈相应地串接入每一相线，功率表电压支路的"＊"端接到该功率表电流线圈所在的线上，另一端都接到中性线上。这样，每个功率表测量了一相的功率，所以三相总功率就等于 3 块功率表读数之和（$P = P_1 + P_2 + P_3$）。

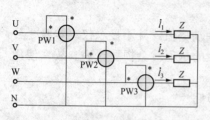

图 2-23　三表法测量三相四线有功功率电路

5. 三相功率表测量三相有功功率电路

（1）二元件三相功率表测量电路。三相功率表是利用两个功率表测量三相线路功率的原理制成的。它具有两个独立单元，每一个单元就相当于一个单相功率表，这两个单元的可动部分固定连接在同一轴上，可绕轴自由偏转，以直接测量三相三线线路功率。这种三相功率表通常称为二元件三相功率表。它有 7 个接线端钮，其中 4 个为电流端钮，3 个为电压端钮，接线如图 2-24 所示。接线时，电流线圈带"＊"端钮分别接至 U 和 W 相的电源侧，使电流线圈通过线电流；电压线圈带"＊"端钮分别接 U 和 W 相的电源侧，无"＊"标志的端钮接 V 相，使电压支路承受线电压。

（2）三元件三相功率表测量电路。三元件三相功率表包含有 3 个独立单元，用来测量三相四线制线路功率，接线如图 2-25 所示。仪表外壳上有 10 个接线端钮，包括了 3 个电流线圈的 6 个端钮和 3 个电压线圈的 4 个端钮。接线时将 3 个电流线圈分别串联在三相电路中；3 个电压线圈则应分别并联在三条相线和中性线上。

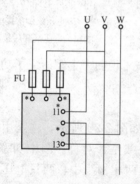

图 2-24　二元件三相功率表测量电路

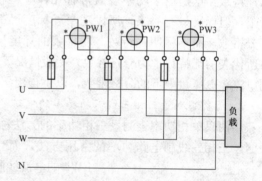

图 2-25　三元件三相功率表测量电路

2.4.3　无功功率的测量电路

1. 一表法测量三相无功功率电路

（1）有功功率表和无功功率表的关系。单相交流电路中的有功功率为

$$P = UI\cos\alpha \tag{2-10}$$

单相交流电路中的无功功率为

$$Q = UI\sin\alpha = UI\cos(90° - \alpha) \tag{2-11}$$

比较上面两式，如果改变接线方式，设法使有功功率表电压支路上的电压 U 与电流线

圈上的电流 I 之间的相位差接成（$90°-\alpha$），这样有功功率表读数就变成无功功率读数了。

（2）一个功率表测量三相无功功率的原理。在对称三相电路中，如果 U_L 和 I_L 分别为对称三相电路中的线电压和线电流，则对称三相电路中的无功功率为

$$Q_{对称三相电路} = \sqrt{3}U_L I_L \sin\alpha = \sqrt{3}U_L I_L \cos(90°-\alpha) \tag{2-12}$$

在如图 2-26 所示的对称三相电路中，线电压 U_{VW} 与相电压 U_U 之间有相位差，也就是当 U_U 和相电流 I_U 之间差 α 角时，U_{VW} 和 I_U 之间相差（$90°-\alpha$）相位角。把 U_{VW} 加到功率表的电压支路上，电流线圈仍然接在 U 相上，这时功率表的读数为

$$Q_{表} = U_{VW}I_U\cos(90°-\alpha) \tag{2-13}$$

由于在该电路中线电压 U_{VW} 等于线电压 U_L，相电流 I_U 等于线电流 I_L，比较上面两式可知，只要把上述功率表读数 $Q_{表}$ 乘以 $\sqrt{3}$ 倍，就可得到对称三相电路的总无功功率。

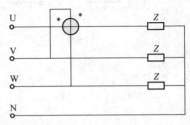

图 2-26　一表法测量三相无功功率电路

2. 二表法测量三相无功功率电路

用两只功率表测三相无功功率电路如图 2-27 所示，从一表法测量三相无功功率电路原理可知，二表法测量三相无功功率电路得到的三相线路无功功率为

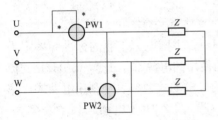

图 2-27　二表法测量三相无功功率电路

$$Q_{三相电路} = \frac{\sqrt{3}}{2}(Q_1+Q_2) \tag{2-14}$$

式中，Q_1 和 Q_2 为表读数。当电源电压不完全对称时，二表法测量三相无功功率电路比二表法测量三相无功功率电路测得的无功功率误差小，因此实际中常用二表法测量三相无功功率电路测量三相线路的无功功率。

3. 三表法测量三相无功功率电路

在实际被测电路中，三相负载大部分是不对称的，这就可以用三表法进行测量，三表法测量三相无功功率电路如图 2-28 所示。

三表法测量的三相无功功率为

$$Q_{三相电路} = \frac{\sqrt{3}}{3}(Q_1+Q_2+Q_3) \tag{2-15}$$

式中，Q_1、Q_2 和 Q_3 为表读数。三表法适用于电源对称、负载对称或不对称的三相三线制和三相四线制线路。

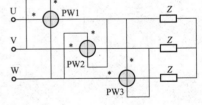

图 2-28　三表法测量三相无功功率电路

2.5　功率因数测量电路

电力系统的功率因数受负载的性质和参数大小的影响，为了使其符合规定要求，往往需要对电路进行无功补偿，从而要对电路的功率因数进行测量。功率因数表是测量交流电路中某一时刻功率因数的仪表，其标度尺是按相位角的余弦值 $\cos\phi$ 进行分度的。单相功率因数表的接线与功率表一样，也有 4 个接线端钮，其中两个电流端钮，两个电压端钮。单相功率

因数表在电流和电压端钮中的一个端钮上也有 * 记号，也分为电压线圈前接法和电压线圈后接法，如图 2-29 所示。

常用的三相功率因数测量电路如图 2-30 所示。

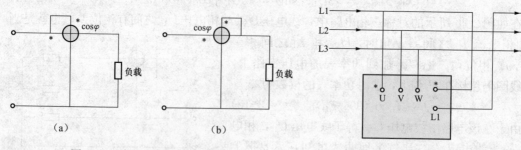

图 2-29　单相功率因数表的接线　　　　　图 2-30　电路功率因数测量电路
(a) 电压线圈前接法；(b) 电压线圈后接法

该测量电路适用于低压小电流电路功率因数的测量，如果被测电路为高压大电流电路，可在原电路中接入互感器，以实现测量的目的。

2.6　频率表测量电路

工频是指工业上用的交流电源的频率，单位赫兹（Hz），中国电力工业的标准频率定为 50Hz，有些国家或地区（如美国等）则定为 60Hz。我国使用的电源都是工频（50Hz）交流电，因此这里所说的频率表主要也是用来测量工作频率的。电动式频率表是利用电动式比率计的原理制成的，其转矩和反作用力矩都是由电磁力产生。图 2-31 为电动式频率表接线，仪表指针指示的值即为线路的频率数。

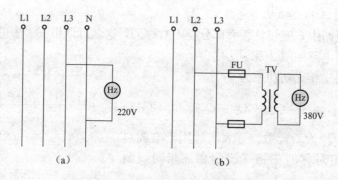

图 2-31　频率表接线电路
(a) 直接接入；(b) 经电压互感器接入

2.7　电能测量电路图的识读

用来测量电能的仪表叫电能表，电能表就是通常所说的电度表。工业生产中为了做到经济用电，发电厂、变电所和用户都需要安装电能表。常用的电能表有感应式电能表和电动式电能表两种，测量交流电路电能的电能表多为感应式电能表。电能表按相数不同分为单相电能表和三相电能表，按反映的电能的性质不同分为有功电能表和无功电能表。

2.7.1　有功电能测量电路

1. 单相有功电能测量电路

单相电能表的接线方式主要有直接接入式（直入式）和经电流互感器接入（带电流互感器）两种。

（1）直接接入式单相有功电能测量电路。直接接入式单相有功电能表测量电路如图 2-32 所示，其端子 1、2 为电流线圈，串联在相线中；端子 3、4 在表内短接后与电压线圈尾端相连，表外则与中性线（零线）相接。其特点是电流线圈与相线 L 串联，电压线圈与电路并联。该电路适用于低压小电流单相电路有功电能的测量。

直入式接线应按负荷电流大小，选择适当截面积的导线，电能表标定电流应等于或略大于线路电流。相线应接电流线圈首端（同名端），中性线（零线）应一进一出，相线（火线）、中性线（零线）不得接反；负荷装置的开关、熔断器应接负载侧。

（2）间接接入式单相有功电能测量电路。间接接入式单相有功电能表测量电路如图 2-33 所示，该电路适用于高压大电流电路的有功电能测量。其中三相电能为电能表读数与互感器电流比、电压比乘积的三倍。

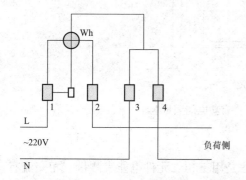

图 2-32　直接接入式单相有功电能测量电路

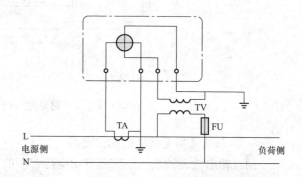

图 2-33　间接接入式单相有功电能测量电路

2. 三相四线制有功电能测量电路

三相四线制有功电能测量电路是用三相三元件电能表测量三相交流有功电能，接线方式如图 2-34 所示。其特点是有功电能表的三个电流线圈分别与三根相线串联，三个电压线圈与三根相线并联，公共线接中线 N 上，适用于平衡或不平衡三相四线制低压小电流电路有功电能的测量。

三相四线有功电能表的接线遵循接线端子 1、4、7 进线，3、6、9 出线的原则，如图 2-34 所示。中性线（零线）的接法，对于不同型号的电能表略有不同，一般情况下接一进一出两根中性线（零线），如 DT 型 25A 电能表，见图 2-34（a）。有的只有一个接中性线（零线）端子，如 DT 型 40～80A 电能表，见图 2-34（b），则接一根线即可。

如果是高压大电流电路，可通过加入互感器的方法，实现测量电能的目的，接线方式如图 2-35 所示。

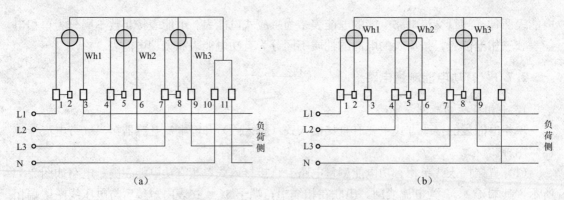

图 2-34 三相四线制有功电能测量电路

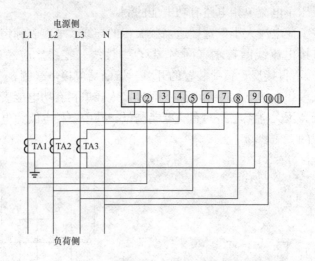

图 2-35 带电流互感器的三相三元件有功电能测量电路

3. 三相三线制有功电能测量电路

用三相电能表测量三相交流有功电能常用的方法是用三相二元件电能表测量三相交流有功电能,接线方式如图 2-36 所示。该电路是直接式有功电能测量电路,特点是电流线圈、电压线圈分别与电路串联和并联,该电路适用于平衡或不平衡三相三线制电路有功电能的测量。

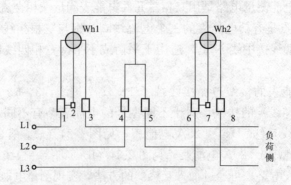

图 2-36 三相三线制有功电能测量电路

三相三线有功电能表的接线一般遵循接线端子 1、4、6 进线，3、5、8 出线的原则，如图 2-36 所示。

图 2-37 所示的是带电流互感器的三相二元件电能表测量三相交流有功电能电路。

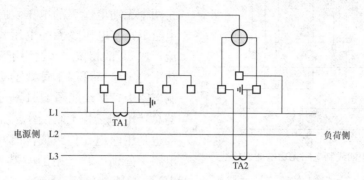

图 2-37　带电流互感器的三相二元件有功电能测量电路

4. 用 3 只单相电能表测量三相四线制有功电能电路

在三相负载不对称电路中，可采用 3 只单相电能表分别测出每相电路所消耗的电能 W_1、W_2、W_3，则三相总电能 $W = W_1 + W_2 + W_3$，其接线图如图 2-38 所示。

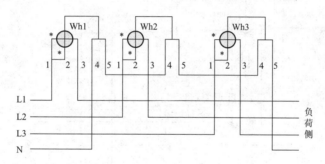

图 2-38　用 3 只单相电能表测量三相四线制有功电能电路

2.7.2　无功电能测量电路

1. 单相无功电能表接线电路

单相电路中无功电能的计量，一般都使用正弦式无功电能表，如图 2-39 所示，其中 RA、RB 为电压、电流线圈的附加电阻。

2. 三相四线制电路无功电能表接线

目前国产 DX1 型、DX15 型和 DX18 型等三相无功电能表适用于电源对称、负载不对称的三相三线制和三相四线制线路无功电能的测量，接线如图 2-40 所示。它由两组元件组成，其内部的基本结构和两元件有功电能表相似。不同的是，每个电流元件的铁心上除了基本线圈外还有附加线圈。基本线圈和串联后的附加线圈分别通入三相线电流，总转矩和三相无功功率 Q 成正比，通过积算机构，可测出三相的无功电能。

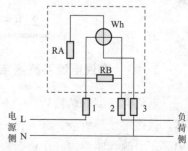

图 2-39　单相无功电能表接线电路

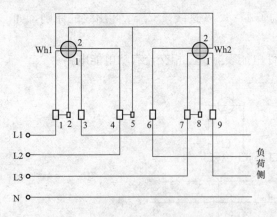

图 2-40 三相四线制电路无功电能表接线

3. 三相三线制电路无功电能表接线

DX2 和 DX8 型三相无功电能表,采用具有 60°相位差的三相无功电能表,电路的特点是两个无功电能表的电压线圈中分别串联了电阻 R,使电压线圈的电压和流过线圈的电流形成 60°的相位差。适用于三相三线制无功功率的测量。可用于负载不对称的三相三线制电路中,接线如图 2-41 所示。这种电能表的总转矩和三相无功功率成正比。这种电能表也是用两组元件组成,但两组电压元件的电路中分别串联了附加电阻 R,当负载功率因数 $\cos\phi = 1$ 时,电压工作磁通与电流磁通的相位差不是 90°,而是 60°,故称为具有 60°相位差的三相无功电能表。

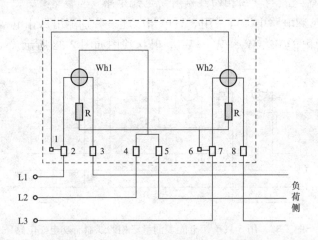

图 2-41 三相三线制电路无功电能表接线

值得提出的是使用电能表应注意正确的接线方式,配线应采用进端接电源端,出端接负载端,电流线圈应接相线,而不要接零线。当使用电压互感器和电流互感器进行测量时,实际消耗的电能应为电能表的读数乘以电压互感器和电流互感器的变化值。

2.8 **电流互感器测量电路图的识读**

2.8.1 普通电流互感器结构原理

电流互感器的结构较为简单,由相互绝缘的一次绕组、二次绕组、铁心以及构架、壳体、接线端子等组成。其工作原理与变压器基本相同,一次绕组的匝数(N_1)较少,直接串联于电源线路中,一次负荷电流(I_1)通过一次绕组时,产生的交变磁通感应产生按比例减小的二次电流(I_2);二次绕组的匝数(N_2)较多,与仪表、继电器、变送器等电流线圈的二次负荷(Z)串联形成闭合回路,如图 2-42 所示。

由于一次绕组与二次绕组有相等的安培匝数，即

$$I_1 N_1 = I_2 N_2 \qquad (2\text{-}16)$$

因此电流互感器额定电流比为

$$\frac{I_1}{I_2} = \frac{N_2}{N_1} \qquad (2\text{-}17)$$

电流互感器实际运行中负荷阻抗很小，二次绕组接近于短路状态，相当于一个短路运行的变压器。

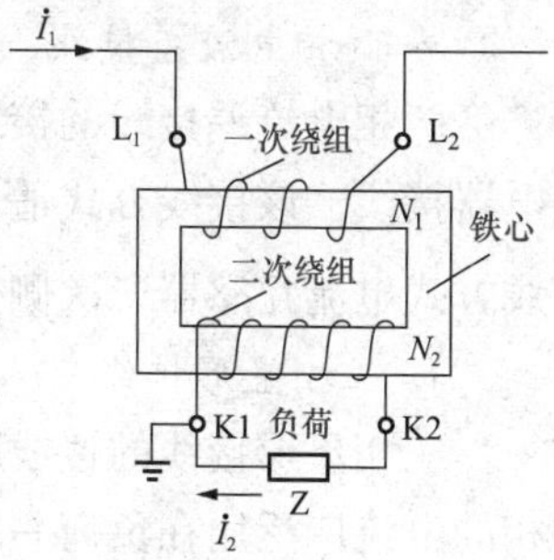

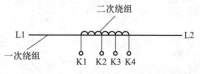

图 2-42　普通电流互感器
结构原理图

2.8.2　多抽头电流互感器

这种型号的电流互感器，一次绕组不变，在绕制二次绕组时，增加几个抽头，以获得多个不同变比。它具有一个铁心和一个匝数固定的一次绕组，其二次绕组用绝缘铜线绕在套装于铁心上的绝缘筒上，将不同变比的二次绕组抽头引出，接在接线端子座上，每个抽头设置各自的接线端子，这样就形成了多个变比，如图 2-43 所示。

图 2-43　多抽头电流互感器原理图

例如二次绕组增加两个抽头，K1、K2 为 100/5，K1、K3 为 75/5，K1、K4 为 50/5 等。此种电流互感器的优点是可以根据负荷电流变比，调换二次接线端子的接线来改变变比，而不需要更换电流互感器，给使用提供了方便。

2.8.3　计量用电流互感器的接线图

电流互感器在三相电路中的几种常见接线方案有以下几种。

1. 一相式接线

一相式接线的接线图如图 2-44 所示。该接线方式电流线圈通过的电流，反映一次电路相与相的电流。通常用于负荷平衡的三相电路如低压动力线路中，供测量电流、电能或接过负荷保护装置之用。

2. 两相 V 形接线

两相 V 形接线的接线图如图 2-45 所示。该接线方式也称为两相不完全星形接线。在继电保护装置中称为两相两继电器接线。在中性点不接地的三相三线制电路中，广泛用于测量三相电流、电能及作过电流继电保护之用。两 V 形接线的公共线上的电流反映的是未接电流互感器那一相的相电流。

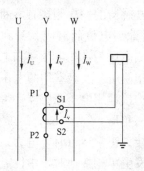

图 2-44　一相式接线的接线图

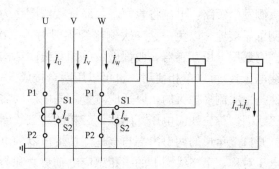

图 2-45　两相 V 形接线的接线图

3. 两相电流差接线

两相电流差接线的接线图如图 2-46 所示。在继电保护装置中，此接线也称为两相一继电器接线。该接线方式适于中性点不接地的三相三线制电路中作过电流继电保护之用。该接线方式电流互感器二次侧公共线上的电流量值为相电流的 $\sqrt{3}$ 倍。

4. 三相星形接线

三相星形接线的接线图如图 2-47 所示。这种接线方式中的三个电流线圈，正好反映各相的电流广泛用在负荷一般不平衡的三相四线制系统中，也用在负荷可能不平衡的三相三线制系统中，作三相电流、电能测量及过电流继电保护之用。

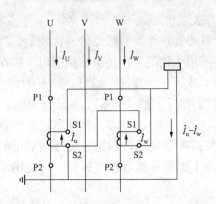

图 2-46　两相电流差接线的接线图

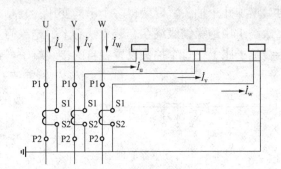

图 2-47　三相星形接线的接线图

2.9　电压互感器测量电路图的识读

2.9.1　电压互感器结构原理

按原理分为电磁感应式和电容分压式两类。电磁感应式多用于 220kV 及以下各种电压等级。电容分压式一般用于 110kV 以上的电力系统，330～765kV 超高压电力系统应用较多。电压互感器按用途又分为测量用和保护用两类。对前者的主要技术要求是保证必要的准确度；对后者可能有某些特殊要求，如要求有第三个绕组，铁心中有零序磁通等。

电磁感应式电压互感器工作原理与变压器相同，基本结构也是铁心和一、二次绕组。特点是容量很小且比较恒定，正常运行时接近于空载状态。电压互感器本身的阻抗很小，一旦二次侧发生短路，电流将急剧增长而烧毁线圈。为此，电压互感器的一次侧接有熔断器，二次侧可靠接地，以免一、二次侧绝缘损毁时，二次侧出现对地高电位而造成人身和设备事故。测量用电压互感器一般都做成单相双线圈结构，其一次侧电压为被测电压（如电力系统的线电压），可以单相使用，也可以用两台接成 V-V 形作三相使用。实验室用的电压互感器往往是一次侧多抽头的，以适应测量不同电压的需要。供保护接地用电压互感器还带有一个第三线圈，称三线圈电压互感器。三相的第三线圈接成开口三角形。

开口三角形的两引出端与接地保护继电器的电压线圈连接。正常运行时，电力系统的三相电压对称，第三线圈上的三相感应电动势之和为零。一旦发生单相接地时，中性点出现位移，开口三角形的端子间就会出现零序电压使继电器动作，从而对电力系统起保护作用。

电容分压式电压互感器在电容分压器的基础上制成。

2.9.2　电压互感器使用注意事项

电压互感器使用注意事项如下。

（1）应根据用电设备的需要，选择电压互感器型号、容量、变比、额定电压和准确度等参数。

（2）接入电路之前，应校验电压互感器的极性。

（3）接入电路之后，应将二次线圈可靠接地，以防一、二次侧的绝缘击穿时，高压危及人身和设备的安全。

（4）运行中的电压互感器在任何情况下都不得短路，其一、二次侧都应安装熔断器，并在一次侧装设隔离开关。

（5）在电源检修期间，为防止二次侧电源向一次侧送电，应将一次侧的刀闸和一、二次侧的熔断器都断开。

2.9.3　电压互感器接线

电压互感器在三相电路中常用的接线方式有如下四种。

1. 一个单相电压互感器的接线

一个单相电压互感器的接线，用于对称的三相电路，二次侧可接仪表和继电器，如图 2-48 所示。

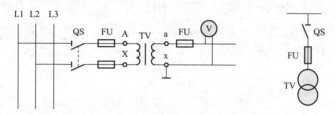

图 2-48　一个单相电压互感器的接线

2. 两个单相电压互感器接成的 V/V 形接线

两个单相电压互感器的 V/V 形接线，可测量相间线电压，但不能测相电压，它广泛应用在 20kV 以下中性点不接地或经消弧线图接地的电网中，如图 2-49 所示。

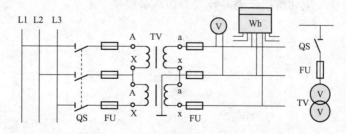

图 2-49　两个单相电压互感器的 V/V 形接线

3. 三个单相电压互感器接成的 Y_0/Y_0 形接线

三个单相电压互感器接成 Y_0/Y_0 形，如图 2-50 所示。可供给要求测量线电压的仪表和继电器，以及要求供给相电压的绝缘监察电压表。

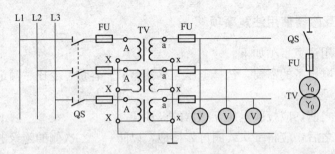

图 2-50　三个单相电压互感器接成的 Y_0/Y_0 形接线

4. 一台三相五芯柱电压互感器接成的 $Y_0/Y_0/\triangle$ 接线

一台三相五芯柱电压互感器或三个单相电压互感器接成 $Y_0/Y_0/\triangle$（开口三角形），如图 2-51 所示。接成 Y_0 形的二次线圈供电给仪表、继电器及绝缘监察电压表等。辅助二次线圈接成开口三角形，供电给绝缘监察电压继电器。当三相系统正常工作时，三相电压平衡，开口三角形两端电压为零。当某一相接地时，开口三角形两端出现零序电压，使绝缘监察电压继电器动作，发出信号。

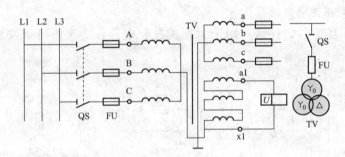

图 2-51　一台三相五芯柱电压互感器接成的 $Y_0/Y_0/\triangle$ 形接线

电压互感器一次侧端子标志为 A、X，二次侧标志为 a、x，其中 A 与 a、X 与 x 为同名端。

（1）如图纸上有标志，一定严格按照图纸标注，仔细核对电压互感器的对应端子接线。

（2）如图纸上没有标注，要坚持 A 与 a、X 与 x 为同名端这一原则。具体接线时电压互感器二次侧首端 a 端子应和所接仪表等装置的相线端连接，末端 x 应与仪表等装置的中性线连接并可靠接地。

第 3 章

电力系统工程图识读

3.1 电力系统概述

3.1.1 电力系统及其供配电过程

1. 电路系统供配电过程

电力系统的任务就是保证企业生产和办公的用电需要，作好计划用电、安全用电、节约用电等工作。电力系统是由发电厂、变电所、输电线、配电网以及用户所组成的发、供、用电的一个整体。电力系统的示意图如图 3-1 所示。

电力自发电机生产出来之后，经过升压变压器升压至 500kV 或 220kV 进行远距离传送，送达目的地变电站后降压为 110kV 或 35kV，之后再传送至各个小变电站，小变电站再将电压降为 10kV，小变电站将电压为 10kV 的电力送至用户处，再将电压降为 380V 供用户使用，而对用电大户直接进行 10kV 或 35kV 供电。从发电厂到用户的供电过程如图 3-2 所示。

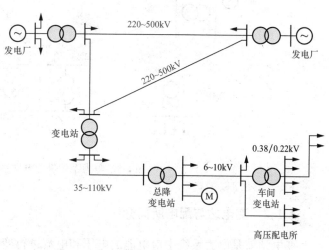

图 3-1　电力系统的示意图

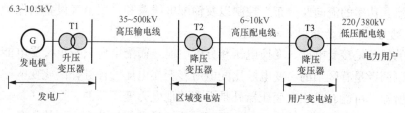

图 3-2　从发电厂到用户的供电过程

2. 电力系统供配电网络

电力系统的主体结构有电源（水电站、火电厂、核电站等发电厂）、变电站（升压变电站、负荷中心变电站等）、输电、配电线路和负荷中心。各电源点还互相连接以实现不同地区之间的电能交换和调节，从而提高供电的安全性和经济性。输电线路与变电站构成的网络通常称电力网络。电力系统的信息与控制系统由各种检测设备、通信设备、安全保护装置、自动控制装置以及监控自动化、调度自动化系统组成。电力系统的结构应保证在先进的技术装备和高经济效益的基础上，实现电能生产与消费的合理协调。电力系统供配电网络示意图如图 3-3 所示。

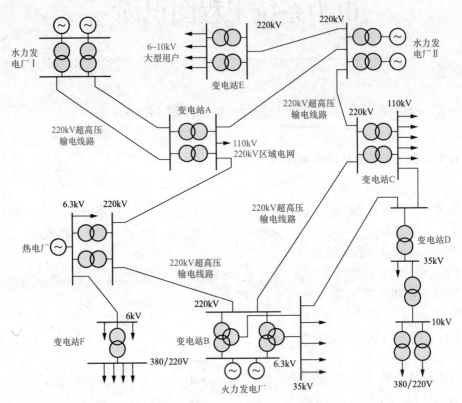

图 3-3　电力系统供配电网络示意图

3.1.2　变电站与配电所简介

变电站就是电力系统中对电能的电压和电流进行变换、集中和分配的场所。为保证电能的质量以及设备的安全，在变电站中还需进行电压调整、潮流（电力系统中各节点和支路中的电压、电流和功率的流向及分布）控制以及输配电线路和主要电气设备的保护。

1. 变电站与配电所的相同点与区别

变电站的任务是接受电能、变换电压和分配电能，而配电所只担负接受电能和分配电能的任务，所以两者是有区别的：变电站比配电所多变换电压的任务，因此变电站有电力变压器，而配电所除了可能有自用电变压器外是没有其他电力变压器的。

变电站和配电所的相同之处在于：一是都担负接受电能和分配电能的任务；二是电气线路中都有引入线（架空线或电缆线）、各种开关电器（如隔离开关、刀开关、高低压断路器）、母线、互感器、避雷器和引出线等。

2. 变电站分类

电力变电站又分为输电变电站、配电变电站和变频所。这些变电站按电压等级可分为中压变电站（60kV 及以下）、高压变电站（110～220kV）、超高压变电站（330～765kV）和特高压变电站（1000kV 及以上）。按其在电力系统中的地位可分为枢纽变电站、中间变电站和终端变电站。按用途上分为送电用变电站、配电用变电站、电气铁道用变电站（牵引变电站，电气铁路和电车用）、直流送电用变电站，按形式上分为屋外变电站、屋内变电站、地下式变电站、移动式变电站（变压器）。

变电站有升压和降压之分。升压变电站一般建在发电厂内，把电能电压升高后，再进行远距离传输。降压变电站多设在用电区域内，将高电压根据需要适当降低到相应的电压等级后，对某地区或用户供电。降压变电站又可分为地区降压变电站、终端变电站、工厂降压变电站寄车间变电站。

（1）地区降压变电站

地区降压变电站是一次变电站，位于一个大用电区附近。从 220～500kV 的超高压输电网或发电厂直接受电，通过变压器将电压降为 35～110kV，供给该区域的用户或大型工厂用电。其供电范围较大，若全地区降压变电站停电，将使该地区中断供电。

（2）终端变电站

终端变站也叫二次变电站，大多位于用电的负载中心，高压侧从地区降压变电站受电，经变压器降到 6～10kV，对某个市区或农村城镇用电供电。其供电范围较小，若全终端变电站停电，则只是该部分用户中断供电。

（3）工厂降压变电站寄车间变电站

工厂降压变电站又叫工厂总降压变电站，与终端变电站类似，它是企业内部输送电能的中心枢纽。车间变电站接受工厂降压变电站提供的电能，将电压降为 220/380V，对车间各用电设备直接供电。

3. 变电站组成

变电站由主接线，主变压器，高、低压配电装置，继电保护和控制系统，所用电和直流系统，远动和通信系统，必要的无功功率补偿装置和主控制室等组成。其中，主接线、主变压器、高低压配电装置等属于一次系统；继电保护和控制系统、直流系统、远动和通信系统等属二次系统。主接线是变电站的最重要组成部分。它决定着变电站的功能、建设投资、运行质量、维护条件和供电可靠性。一般分为单母线、双母线、一个半断路器接线和环形接线等几种基本形式。主变压器是变电站最重要的设备，它的性能与配置直接影响到变电站的先进性、经济性和可靠性。一般变电站需装 2～3 台主变压器；330kV 及以下时，主变压器通常采用三相变压器，其容量按投入 5～10 年的预期负荷选择。

3.1.3　电力系统的电压等级

1. 电网和电力设备的额定电压

额定电压是电力系统及电力设备规定的正常电压，即与电力系统及电力设备某些运行特性有关的标称电压。电力系统各点的实际运行电压允许在一定程度上偏离其额定电压，在这一允许偏离范围内，各种电力设备及电力系统本身仍能正常运行。

电压和频率是衡量电力系统电能质量的两个基本参数。电气设备应在其额定电压和额定频率下工作。按照标准规定，我国三相交流电网和电力设备的额定电压见表3-1。

表3-1　　　　　　　　　三相交流电网和电力设备的额定电压　　　　　　　　　kV

分类	电网和用电设备额定电压	发电机额定电压	电力变压器额定电压	
			一次绕组	二次绕组
低压	0.38	0.40	0.38	0.40
	0.66	0.69	0.66	0.69
高压	3	3.15	3，3，15	3.15，3.3
	6	6.3	6，6，3	6.3，6.6
	10	10.5	10，10.5	10.5，11
	—	13.8，15，75，18，20，22，24，26	13.8，15.75，18，20，22，24，26	—
	35	—	35	38.5
	66	—	66	72.5
	110	—	110	121
	220	—	220	242
	330	—	330	363
	500	—	500	550

(1) 电网的额定电压。电网的额定电压等级是国家根据国民经济发展的需要和电力工业水平，经全面的技术经济分析后而确定的，它是确定各类电力设备额定电压的基本依据。

(2) 用电设备的额定电压。由于电力线路在向用电设备输送电能时，要产生一定的电能损失，即产生电压降，使线路上各点电压都略有不同，往往线路首端电压高于线路末端电压。而电网标称的额定电压是首端与末端的平均电压 U_N。因此，用电设备的额定电压规定与同级电网的额定电压相同。

(3) 发电机的额定电压。由于电力线路允许电压偏差一般为±5%，线路首端的电压高于额定电压5%。由于发电机接在线路的首端，所以发电机额定电压高于同级电网额定电压的5%。一般我国发电机的额定电压为 6.3 或 10.5kV。

(4) 变压器的额定电压。变压器的额定电压分为一次绕组电压和二次绕组电压，其额定电压的大小规定如图 3-4 所示。其中 U_{1NT} 和 U_{2NT} 为变压器一次绕组和二次绕组额定电压，U_{NG} 为发电机额定电压，U_{NW} 为电网额定电压，U_N 表示额定电压。

变压器额定电压
- 一次绕组
  - 与发电机直接相连　　$U_{1NT}=U_{NG}=1.05U_{NW}$
  - 与输电线路末端相连　$U_{1NT}=U_{NW}$
- 二次绕组
  - 供电线路较长　　$U_{2NT}=1.1U_{NW}$
  - 供电线路不长　　$U_{2NT}=1.05U_{NW}$

图 3-4　变压器额定电压的大小规定

2. 常用电压等级及适用范围

目前我国常用的电压等级：220V、380V、6kV、10kV、35kV、110kV、220kV、330kV、500kV，1000kV。电力系统一般是由发电厂、输电线路、变电站、配电线路及用电设备构成。通常将 35kV 及 35kV 以上的电压线路称为送电线路。10kV 及其以下的电压线路称为配电线路。

电力系统的电压等级划分为高电压和低电压。将额定 1kV 以上电压称为"高电压"，额定电压在 1kV 以下电压称为"低电压"。按电力行业标准的规定，低压指设备对地电压在 250V 及 250V 以下；高压指设备对地电压在 250V 以上。我国规定安全电压为 36、24、12V 三种。

不同等级的电压有着不同的适用范围。220kV 及 220kV 以上的电压，一般为输电电压，完成电能的远距离传输。110kV 及 110kV 以下的电压，一般为配电电压，完成对配电电能进行降压处理并按一定的方式分配给电能用户。其中 35～110kV 配电网为高压配电网，10～35kV 配电网为中压配电网，1kV 以下为低压配电网。

3.1.4　电力电气图分类

1. 电路的分类

电路是泛指由电源、用电器、导线和开关等电器元件连接而成的电流通路，而回路是电流通过器件或其他导电介质后流回电源的通路，通常指闭合电路。电路按不同的划分标准通常可按图 3-5 进行分类。

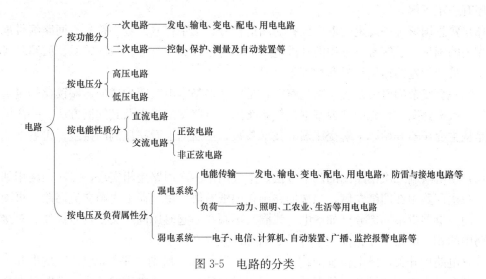

图 3-5　电路的分类

2. 电力系统的一次接线和二次接线

电气接线是指电气设备在电路中相互连接的先后顺序。电气接线一般可分为两大类：一类为电力电气接线，另一类为电子电气接线，与之对应的电气图纸一般可分为两大类：一类为电力电气图，它主要是表述电能的传输、分配和转换，如电网电气图、电厂电气控制图等。另一类为电子电气图，它主要表述电子信息的传递、处理，如电视机电气原理图。

按照电气设备的功能及电压不同，电气接线可分为一次接线和二次接线。电气一次接线泛指发、输、变、配、用电能电路的接线，也即电气主接线。供配电的变配电所中承担受电、变压、输送和分配电能任务的电路，称为一次电路，或一次接线、主接线。一次电路中的所有电气设备，如发电机、变压器、断路器、电动机、电抗器、电力电缆、电力母线、输电线等称为电气一次设备。为保证一次电路正常、安全、经济运行而装设的控制、保护、测量、监察等电路称为二次电路。二次电路中的设备，如控制开关、按钮、继电器、测量仪表、信号灯、自动装置等，称为二次设备。

与一次接线和二次接线对应，电力电气图分一次回路图、二次回路图。一次回路图表示一次电气设备（主设备）连接顺序。为对一次设备及其电路进行控制、测量、保护而设计安装的各类电气设备，如测量仪表、控制开关、继电器、信号装置、自动装置等称为二次设备。表示二次设备之间连接顺序的电气图称二次回路图。

表达一次电路接线的电气图一般指供配电系统图、电气主接线图、自备电源电气接线图、电力线路工程图、动力与照明工程图、电气设备或成套配电装置订货、安装图、防雷与接地工程图等，这里只讲述电气主接线图。

3.1.5　电力电气图识读要点

1. 识读电力电气图基本要求

（1）学习掌握一定的电子、电工技术基本知识，了解各类电气设备的性能、工作原理，并清楚有关触点动作前后状态的变化关系。

（2）对常用常见的典型电路，如过流、欠压、过负荷、控制、信号电路的工作原理和动作顺序有一定了解。

（3）熟悉国家统一规定的电力设备的图形符号、文字符号、数字符号、回路编号规定通则及相关的国标。了解常见常用的外围电气图形符号、文字符号、数字符号、回路编号及国际电工委员会规定的通用符号和物理量符号。

（4）一套复杂的电力系统一次电路图，是由许多基本电气图构成的。阅读比较复杂的电力系统一次电路图，首先应掌握基本电气系统图主电路图的特点及其阅读方法。一次电路图一般是从主变压器开始，了解变压器的技术参数，然后向上看高压侧的接线，再看低压侧的接线。

（5）了解绘制二次回路图的基本方法。电气图中一次回路用粗实线，二次回路用细实线画出。一次回路画在图纸左侧，二次回路画在图纸右侧。由上而下先画交流回路，再画直流回路。同一电器中不同部分（如触电、线圈）不画在一起时用同一文字符号标注。对接在不同回路中的相同电器，在相同文字符号后面标注数字来区别。

（6）电路中开关、触电位置均在"平常状态"绘制。所谓"平常状态"，是指开关、继电器线圈在没有电流通过及无任何外力作用时触电的状态。通常说的动合、动断触电都指开关电器在线圈无电、无外力作用时它们是断开或闭合的，一旦通电或有外力作用时触电状态随之改变。

2. 识读电力电气图的方法

（1）仔细阅读设备说明书、操作手册，了解设备动作方式、顺序，有关设备元件在电路中的作用。

（2）对照图纸和图纸说明大体了解电气系统的结构。并结合主标题的内容对整个图纸所表述的电路类型、性质、作用有较明确认识。

（3）识读系统原理图要先看图纸说明。结合说明内容看图纸，进而了解整个电路系统的大概状况，组成元件动作顺序及控制方式，为识读详细电路原理图做好必要准备。

（4）识读集中式、展开式电路图要本着先看一次电路，再看二次电路，先交流后直流的顺序，由上而下、由左至右逐步循环渐进的原则，看各个回路，并对各回路设备元件的状况及对主要回路的控制，进行全面分析，从而了解整个电气系统的工作原理。

（5）识读安装接线图要对照电气原理图，按照先一次回路、再二次回路的顺序识读，识读安装接线图要结合原理图详细了解其端子标志意义、回路符号。对一次电路要从电源端顺次识读，了解线路连接和走向，直至用电设备端。对二次回路要从电源一端识读直至电源另一端。接线图中所有相同线号的导线，原则上都可以连接在一起。

3.2　电气一次回路图识读

3.2.1　电气主接线的基本形式

1. 对电气主接线的基本要求

变电站的电气主接线是汇集和分配电能的通路。它应满足电气运行的可靠性和灵活性，使其具备操作简便、运行经济合理、便于扩建等基本条件。对电气主接线的基本要求包括：

（1）根据系统和用户的要求，电气主接线要保证必要的供电可靠性和电能质量。

（2）电气主接线不仅能适应各种运行方式，而且便于检修，在其中一部分电路进行检修时，应尽量保证未检修回路能继续供电。

（3）电气主接线应简单清晰，布置对称合理，运行方便，使设备切换所需的操作步骤最少。

（4）电气主接线在满足可靠性、灵活性、操作方便这三个方面的基本前提下，应力求投资省、维护费用少。

（5）电气主接线除能满足当前的运行检修要求外，还应考虑将来有发展的可能性。

2. 电气主接线的形式

常用的主接线形式可分为有母线和无母线的主接线两大类。有母线的主接线形式包括单母线和双母线接线。单母线又分为单母线无分段、单母线分段、单母线分段带旁路母线等形式；双母线又分为双母线无分段、双母线分段、三分之二断器双母线及带旁路母线的双母线等多种形式。无母线的主接线主要有桥形接线、单元接线和多角形接线等。

有无母线即母线的结构形式是区分不同电气主接线的关键。电气主接线的基本形式如图 3-6 所示。

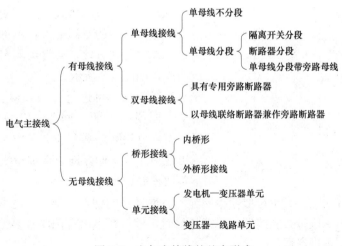

图 3-6　电气主接线的基本形式

3. 电气主接线图简介

电气主接线是指一次电路中各电气设备按顺序相互连接。用国家统一规定的电气符号按制图规则表示一次电路中各电气设备相互连接顺序的图形，就是电气主接线图。电气主接线图一般都用单线图表示，即一相线就代表三相接线。但在三相接线不相同的局部位置要用三线图表示。

一幅完整的电气主接线图包括电路图（含电气设备接线图及其型号规格）、主要电气设备材料明细表、技术说明及标题栏、会签表。

3.2.2　常用电气主接线形式

发电厂的电气主电路担负发电、升压、输电的任务。发电厂附近有电力用户时，还有直配供电的任务。变电站担负接受电能、变换电压、分配电能的任务，而配电站只承担接受电能和分配电参能的任务。变配电站的电气主接线是变配电站接受、汇集和分配电能的电路。根据变配电站的电压等级、用电范围、用户重要程度等，其电气主接线会采用不同的形式。在选择主接线类型时，应根据变电站在系统中的地位、进出线回路数、设备特点、负载性质等条件进行相应的选择。对于中小型工厂、住宅区及商住楼的变配电站来说，其主接线大都采用单母线接线。下面讲述几种应用较多的主接线形式。

1. 单母线接线

（1）单母线不分段接线。这是一种最原始、最简单的接线。所有电源及出线均接在同一母线上。单母线不分段的接线是最为简单和常见的主接线形式，它的每条引入线和引出线中都安装有隔离开关和断路器。单母线不分段接线图如图 3-7 所示。

单母线无分段接线优点是线路简单明显，采用设备少，操作方便，便于扩建，投资省，造价低。缺点是供电可靠性低，母线及母线隔离断路器等任一元件故障或检修时，都需要使整个配电装置停电。

（2）单母线分段接线。单母线分段接线是在单母线不分段接线的基础上，将单母线用断路器一分为二，来将母线分段，通常用隔离开关或断路器分成两段，如图 3-8 所示。

母线分段后可进行分段检修。对于重要用户，可从不同段引出两个回路，当一段母线发生故障时，由于分段断路器在继电保护作用下自动将故障段迅速切除，从而保证了正常母线段不间断供电和不致使重要用户停电。

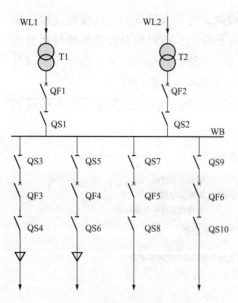

图 3-7　单母线不分段接线示例

单母线分段接线既具有单母线简单明显、方便经济的优点，又在一定程度上提高了供电可靠性。缺点是当一段母线断路器故障或检修时，该母线上所有回路都要停电，所以其连接的回路数一般可比单母线增加一倍。

（3）单母线分段接线带旁路母线。为了保证采用单母线分段在断路器检修或调试保护装置时，不中断对用户供电，可增设旁路母线。为了少用断路器，一般情况采用旁路断路器兼作分段断路器或分段断路器兼作旁路断路器的接线方式，如图 3-9 所示。

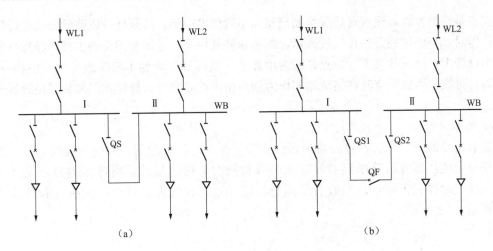

图 3-8　单母线分段接线示例

(a) 用隔离开关分段；(b) 用断路器分段

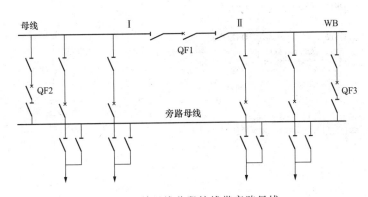

图 3-9　单母线分段接线带旁路母线

2. 双母线接线

单母线及单母线带分段接线的主要缺点是在母线或母线隔离断路器故障或检修时，连接在该母线上的回路都要在故障或检修期间长时间停电，而双母线接线则克服这一弊端。双母线接线如图 3-10 所示。

这种接线，每一回路都通过一台断路器和两组隔离开关断路器连接在两组母线上。母线Ⅰ和母线Ⅱ都属于工作母线，两组母线可以同时工作，并通过母线联络断路器并联运行，电源和引出线适当地分配在两组母线上。

双母线无分段接线与单母线分段接线相

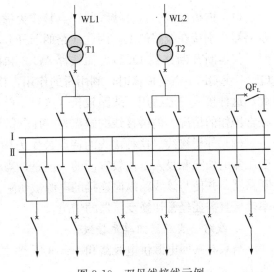

图 3-10　双母线接线示例

比，优点是轮换检修母线或母线联络断路器而不致供电中断；检修任一回路的母线或母线联络断路器时，只停该回路；母线故障后，能迅速恢复供电；电源和回路的负载可任意分配到某一组母线上，可灵活调度。缺点是因为增加了一组母线而增加了相应的一次设备和占地，造价高。母线故障或检修时联络断路器作为倒换操作电器容易误操作，需加装联锁装置加以克服。

3. 桥形接线

桥形接线的形式及其特点：桥形接线实质上是单母线分段的一种变形接线。这种接线中当任一台变压器或线路断路器发生故障或检修时，可使与其纵向连接的另一元件不停止或只是短时停止工作，从而改善了运行情况。这种接线形式可分为内桥式和外桥式两种，如图 3-11 所示。

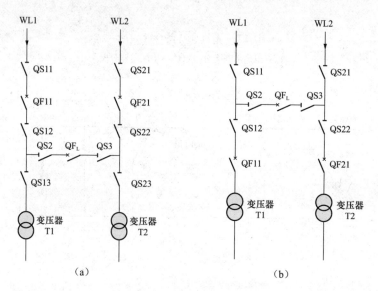

图 3-11　桥形接线图
(a) 内桥形接线；(b) 外桥形接线

（1）内桥接线。这种接线的特点是作为横向联系的桥断路器接在靠近变压器侧，另两台断路器分别接在线路侧上，因此线路的断开和投入比较方便。当线路 WL1 发生故障或检修时，仅需断开断路器 QF11，而线路 WL2 和两台变压器仍可以继续工作。同理，断路器 QF11 或 QF21 需要检修时，利用桥的作用，使两台变压器 T1 和 T2 均能保持正常工作。因此，这种接线一般适用于线路较长（这里一般相对于线路故障可能较多时）和变压器不需要经常操作的情况。内桥接线的缺点是变压器故障或检修时，将影响线路暂时停电。

（2）外桥接线。这种接线的特点是作为横向联系的桥断路器 QF$_L$ 是接在线路侧，这对变压器的切除和投入是比较方便的。但是，当线路发生故障时，将断开与该线路相连的两台断路器，并使与该线路纵向连接的电源被切除。因此，这种接线适用于线路较短、线路故障率较低且需要经常切换变压器的情况。

4. 线路—变压器组单元接线

当只有一回电源供电线路和一台变压器时，可采用线路—变压器组单元接线，如图 3-12 所示。

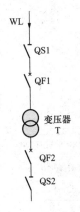

图 3-12　线路—变压器组单元接线

线路—变压器组单元接线的优点是接线简单，电气设备少，节约投资。缺点是当该单元中任何一个设备发生故障或需要检修时，全部设备都要停止工作。

3.2.3　小型发电厂的电气主接线图

发电厂的电气主电路担负发电、变电、输电的任务。同时，发电厂还有厂用电，厂用电低压负荷的电源是从厂用变压器降压后获取的。一小型发电厂的电气主接线图如图 3-13 所示。

对该图进行识读过程如下。

(1) 发电厂概况：该发电厂为小型水力发电厂，G1 和 G2 为两台水利发电机、装机容量为 2×2000kW。发电厂除了通过线路 WL1 向电网输送 35kV 电能外，还要通过线路 WL2 和线路 WL3 向附近地区负荷以 10kV 供电。发电厂 35kV 主变压器 T1 容量选为 5000kVA。近区负荷与发电厂距离不远，且与 10kV 系统连接，因此，将发电厂发电机电压 6.3kV 经升压变压器 T2 升为 10.5kV 后向近区供电。另外，该发电厂采用 1 台容量为 200kVA 的厂用变压器 T3，从 6kV 母线取得电源。

(2) 电气主接线的形式：该发电厂的电气主接线有单母线不分段接线和变压器线路单元接线两种形式。其中，3 台发电机的 6kV 汇流母线及 2 号变压器高压侧 10kV 母线，均采用了单母线不分段接线的形式。考虑到该发电厂 35kV 高压侧只有一回出线，采用了变压器一线路单元接线，不但可以简化接线，而且使 35kV 户外配电装置的布置简单紧凑，减少了占地面积和费用。

3.2.4　大型工厂 35kV 降压变电站电气主接线图

某大型工厂总降压变电站的电气主接线图如图 3-14 所示，下面对该图进行识读。

(1) 变电站概况：该变电站为一 35/6kV 的降压变电站，装有 10 000kVA、35/6.3kV 的主变压器两台，因为该厂负荷变动较大，主变需经常切换，而电源线路不长，检修和故障机会较少，因此 35kV 侧采用外桥形接线。6kV 侧采用单母线分段接线，提高了用电的可靠性。

(2) 负荷概况：该厂为大型工厂，由变电站引出的 6kV 线路或电缆分别给金工车间、铸钢车间、氧气站、水压机车间及煤气站等供电。各车间都有本车间自己的降压变压器，容量分别为 400、500、630kVA 等。另外，在氧气站及水压机车间都装有 6kV 的高压电动机。

(3) 运行方式：进线及主变压器台数因为该厂有相当数量的一级负荷，故采用两路互相独立的 35kV 线路供电，两台主变压器并列运行同时供电，当一台变压器检修或故障时，另一台主变压器可担负起工厂的大部分供电负荷。

3.2.5　高低压侧均采用单母线分段的 35kV 变电站主接线图

某单位降压 35kV 变电站一次电路图如图 3-15 所示。该变电站采用两回架空线路作为电源进线，高压和低压侧均采用单母线分段主接线，两台主变压器型号为 S7-4000/35。35kV 侧采用 JYN1-35 型高压开关柜，10kV 侧采用 KYN-10 型高压开关柜，

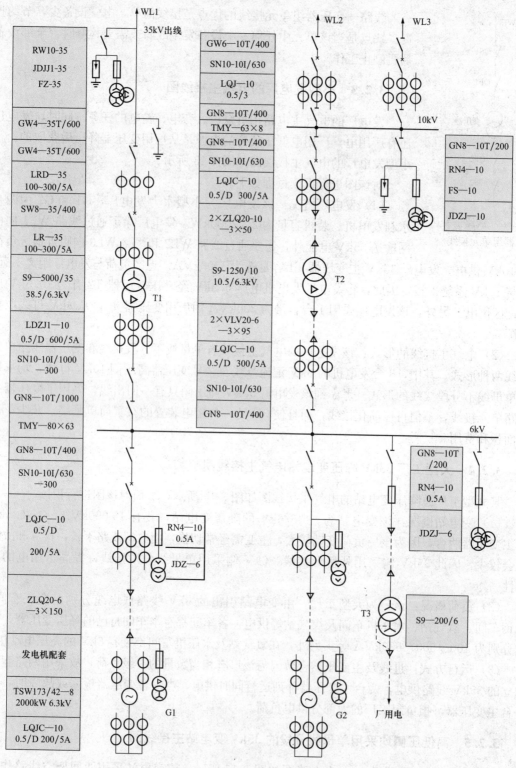

图 3-13 发电厂的电气主接线图示例

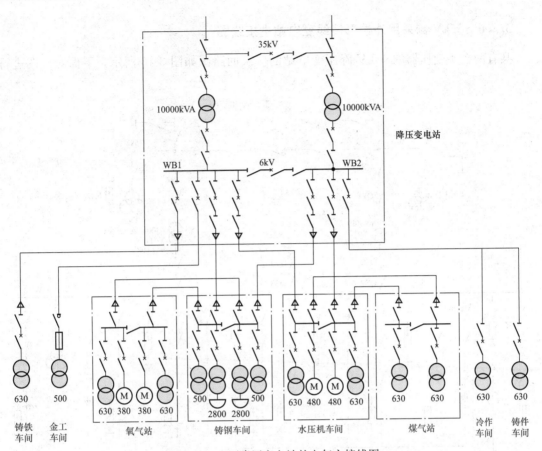

图 3-14　工厂降压变电站的电气主接线图

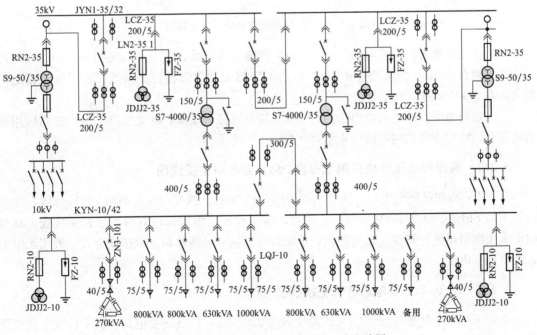

图 3-15　某单位降压 35kV 变电站一次电路图

3.2.6 35kV 侧采用外桥形接线变电站主接线图

某有两台主变压器的 35kV 降压变电站的一次回路图如图 3-16 所示，下面对该图进行识读。

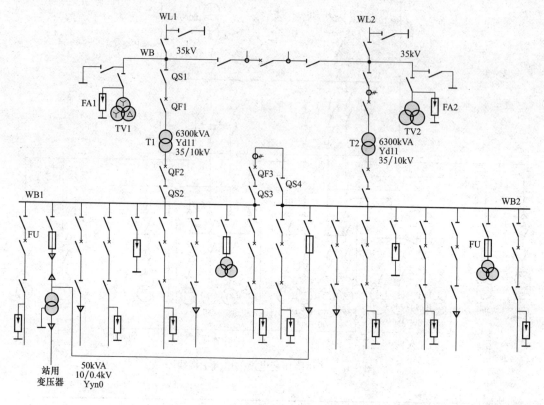

图 3-16 35kV 降压变电站的一次回路图

（1）变电站概况：该变电站为一 35/6kV 的降压变电站，装有 63 000kVA、35/10kV 的主变压器两台，35kV 侧采用外桥形接线，10kV 侧采用单母线分段接线。为了防止雷电的袭击，在 35kV 侧接有避雷器。

（2）负荷概况：由变电站引出的有 10kV 架空线路和 10kV 电缆线路。为了提高所用电的可靠性，所用变压器的电源分别引自两段 10kV 母线。

3.2.7 高压和低压侧均采用双母线 35kV 变电站主接线图

某 35kV 枢纽降压变电站一次电路图如图 3-17 所示。该变电站有两回 35kV 进线，主变压器采用 SFL1-20000/35kV 型变压器两台，高压和低压侧均采用双母线形式主接线，双母线均采用断路器进行联络，互为备用，系统的可靠性和灵活性高。该接线方式一般用于电力系统枢纽变电站。

3.2.8 10/0.4kV 变电站电气主接线图

小型工厂变电站是将 6～10kV 的高压降为 220/380V 的终端变电站，其主接线也比较简单，一般用 1～2 台主变压器，高低压侧一般都采用室内布置。考虑供电的可靠性及自发电

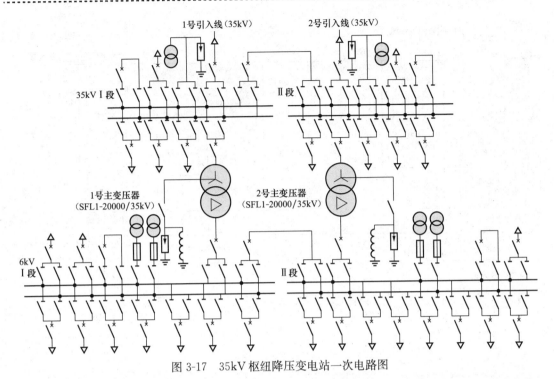

图 3-17　35kV 枢纽降压变电站一次电路图

等因素，小型工厂变电站的电气主接线要比车间变电站复杂。图 3-18、图 3-19 分别为某工厂 10/0.4kV 变电站高、低压侧电气主接线图，现简要识读如下。

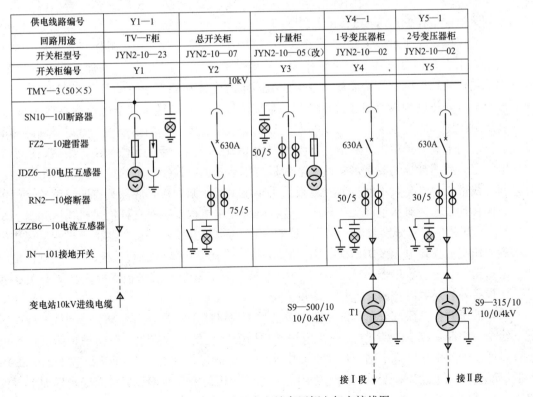

供电线路编号	Y1—1			Y4—1	Y5—1
回路用途	TV—F柜	总开关柜	计量柜	1号变压器柜	2号变压器柜
开关柜型号	JYN2-10—23	JYN2-10—07	JYN2-10—05（改）	JYN2-10—02	JYN2-10—02
开关柜编号	Y1	Y2	Y3	Y4	Y5

图 3-18　10/0.4kV 变电站高压侧电气主接线图

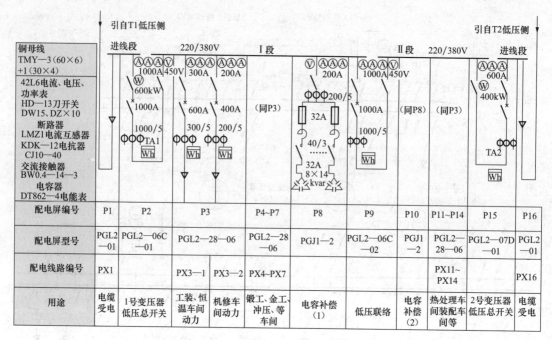

铜母线 TMY—3(60×6)+1(30×4) 42L6电流、电压、功率表 HD—13刀开关 DW15、DZ×10 断路器 LMZ1电流互感器 KDK—12电抗器 CJ10—40 交流接触器 BW0.4—14—3 电容器 DT862—4电能表										
配电屏编号	P1	P2	P3		P4~P7	P8	P9	P10	P11~P14	P15	P16
配电屏型号	PGL2—01	PGL2—06C—01	PGL2—28—06		PGL2—28—06	PGJ1—2	PGL2—06C—02	PGJ1—2	PGL2—28—06	PGL2—07D—01	PGL2—01
配电线路编号	PX1		PX3—1	PX3—2	PX4~PX7				PX11~PX14		PX16
用途	电缆受电	1号变压器低压总开关	工装、恒温车间动力	机修车间动力	锻工、金工、冲压、等车间	电容补偿(1)	低压联络	电容补偿(2)	热处理车间装配车间等	2号变压器低压总开关	电缆受电

图 3-19 10/0.4kV 变电站低压侧电气主接线图

（1）电源：该变电站电源用 10kV 电缆引入 10/0.4kV 变电站。

（2）主接线：主接线形式 10kV 高压侧为单母线隔离插头分段，220/380V 低压侧为单母线断路器分段。主变压器采用低损耗的 S9-500/10，S9-315/10 变压器各一台，降压后经电缆分别将电能输往低压母线 I、II 段。

（3）高压侧：采用 JYN2-10 型移开式高压开关柜 5 台。JYN2-10 型移开式交流金属封闭开关设备用于 3～10kV 单母线系统作为一般接受和分配电能的户内式金属封闭开关设备。开关柜的结构用钢板弯制焊接而成，整个柜由固定的壳体和装有滚轮的可移开部件（手车）两部分组成。壳体用钢板或绝缘板分隔成手车室、母线室、电缆室和继电仪表室四个分部，制成金属封闭间隔式开关设备。壳体的前上部是继电仪表室，下门内是手车室以及断路器的排气通道，门上装有观察窗，底部左下侧为二次电缆进线孔，后上部位为主母线室，后下部位为电缆室，后面封板上装有观察窗，下封板与接地开关有连锁，上封板下面装有电压显示灯，当母线带电时灯亮，不能拆卸上封板。手车用钢板弯制焊接，底部装有四只滚轮，能沿水平方向移动，还装有接地触头、导向装置、脚踏锁定机构及手车杠杆推进机构的扣盘。

5 台的开关柜编号分别为 Y1～Y5，其中：Y1 为电压互感器一避雷器柜，供测量仪表电压线圈、作交流操作电源及防雷保护用；Y2 为通断高压侧电源的总开关柜；Y3 是供计量电能及限电用（有电力定量器）；Y4、Y5 分别为两台主变压器的操作柜。以上高压开关柜除了一次设备外，还装有控制、保护、测量、指示等二次回路设备。

（4）低压侧：低压部分单母线断路器分段的两段母线 I、II 分别经 PGL2 型低压配电屏配电给全厂负荷。PGL2 型交流低压配电屏系户内安装、具有开启式、双面维护的低压配电装置，适用于发电厂、变电站、厂矿企业中作为交流 50Hz、额定工作电压不超过交流 380V 的低压配电系统中动力、配电、照明之用。基本结构用角钢和薄钢板焊接而成，屏面上方仪表板，为开启式的小门，可装设指示仪表，屏面中段可安装开关的操作机构，屏面下方有门。屏上装有母线防护罩，组合安装的屏左右两端有侧壁板。屏之间有钢板弯制而成的隔板。这样就减少了由于一个单元（一面屏）内因故障而扩大事故的可能。母线系垂直放置，用绝缘板固定于配电屏顶部，中性母线装在屏下部。

3.2.9　6kV 高压配电站电气主接线图

6kV 高压变电站和高压配电站的主要区别在于有主变压器进行变压，另外还有配电部分，而高压配电站则只有高压配电部分。某中型工厂高压配电站电气主接线如图 3-20 所示，下面对该电气主接线识读如下。

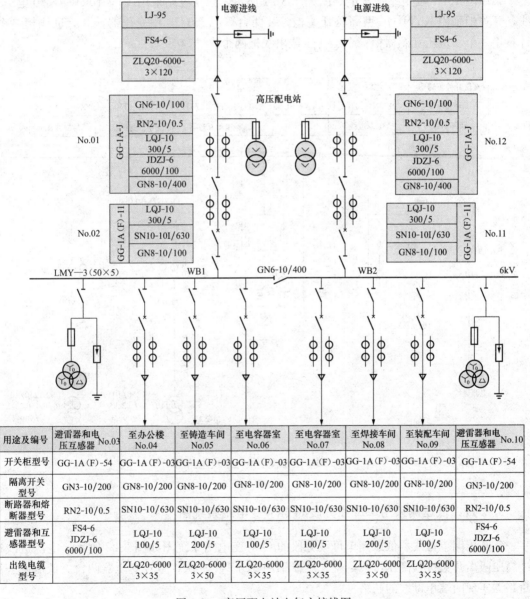

用途及编号	避雷器和电压互感器 No.03	至办公楼 No.04	至铸造车间 No.05	至电容器室 No.06	至电容器室 No.07	至焊接车间 No.08	至装配车间 No.09	避雷器和电压互感器 No.10
开关柜型号	GG-1A(F)-54	GG-1A(F)-03	GG-1A(F)-03	GG-1A(F)-03	GG-1A(F)-03	GG-1A(F)-03	GG-1A(F)-03	GG-1A(F)-54
隔离开关型号	GN3-10/200	GN8-10/200	GN8-10/200	GN8-10/200	GN8-10/200	GN8-10/200	GN8-10/200	GN3-10/200
断路器和熔断器型号	RN2-10/0.5	SN10-10/630	SN10-10/630	SN10-10/630	SN10-10/630	SN10-10/630	SN10-10/630	RN2-10/0.5
避雷器和互感器型号	FS4-6 JDZJ-6 6000/100	LQJ-10 100/5	LQJ-10 200/5	LQJ-10 100/5	LQJ-10 100/5	LQJ-10 200/5	LQJ-10 100/5	FS4-6 JDZJ-6 6000/100
出线电缆型号		ZLQ20-6000 3×35	ZLQ20-6000 3×50	ZLQ20-6000 3×35	ZLQ20-6000 3×35	ZLQ20-6000 3×50	ZLQ20-6000 3×35	

图 3-20　高压配电站电气主接线图

(1) 主接线形式：该高压配电所为一 6kV 高压配电站，有 2 回进线，6 回出线，均采用了 GG-1A（F）型高压开关柜，主接线形式为单母线分段，分段采用的不是断路器，而是用隔离开关 GN 6-10/400 分段。母线的型号为 LMY-3（50×5）。

(2) 电源进线：两回电源进线中 WL1 为采用 LJ-95 铝绞线的架空线路，WL2 为采用 ZLQ20-6000-3 X 120 电缆的电缆线路，两回互为备用。架空线路 WL1 的末端装设 FS4-6 型阀型避雷器防雷。

(3) 高压开关柜：各高压开关柜均采用 GG-1A（F）型固定式高压开关柜。

3.2.10 采用电缆进线 10kV 变电站主接线图

某单位 10kV 变电站一次电路图如图 3-21 所示。该变电站采用 YJV-10kV-3×70 电缆进线，开关柜采用 KYN1-10 型高压开关柜，装两台 S9-1250/10 型变压器，装有进线柜一个、计量柜一个、电压互感器柜一个、变压器出线柜两个。

高压开关柜编号	1	2	3	4	5
高压开关柜型号	KYN1-10/02	KYN1-10/33（改）	KYN1-10/41	KYN1-10/04	KYN1-10/04
回路名称	电源进线	计量	电压互感器	1号主变压器	2号主变压器

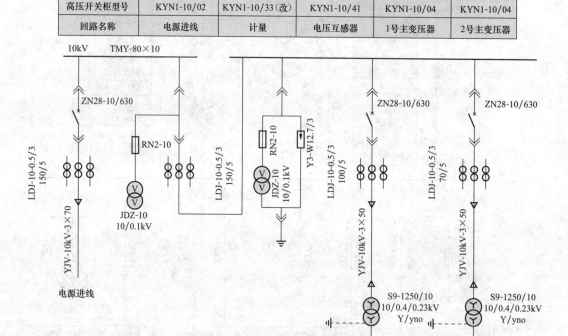

图 3-21　某单位变电站一次电路图

3.2.11 低压侧采用单母线分段的 6kV 变电站系统图

某高压侧单母线、低压侧单母线分段的 6kV 变电站系统图如图 3-22 所示。电源进线通过高压隔离开关进入高压母线，主变压器采用 BSJ-1000/6kV 型号变压器两台。低压侧采用断路器实现两端单母线的联络。

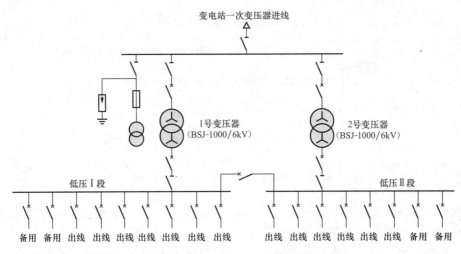

图 3-22　高压侧单母线、低压侧单母线分段的变电站系统图

3.3　电气二次回路图识读

3.3.1　电气二次回路图概述

1. 二次回路和二次设备

　　一次设备是构成电力系统的主体，它是直接生产、输送和分配电能的设备，包括发电机、电力变压器、断路器、隔离开关、电力母线、电力电缆和输电线路等。二次设备是对一次设备进行控制、调节、保护和监测的设备，它包括控制器具、继电保护和自动装置、测量仪表、信号器具等。二次设备通过电压互感器和电流互感器与一次设备取得电的联系。一次设备及其连接的回路称为一次回路。二次设备按照一定的规则连接起来以实现某种技术要求的电气回路称为二次回路。二次回路又称二次电路，依附于一次电路，根据一次电路的需要而配置，另一方面，它对一次电路的安全、正常、经济合理运行提供保障作用。因此，一、二次的划分并非重要程度的主、次之分，而是对它们功能、特点、属性等不同的区别。二次回路是电力系统安全生产、经济运行、可靠供电的重要保障，它是发电厂和变电所中不可缺少的重要组成部分。它们之间的关系如图 3-23 所示。二次回路一般分类如图 3-24 所示。

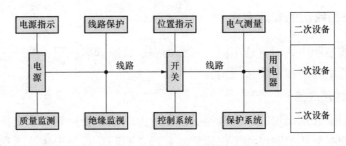

图 3-23　一次设备和二次设备关系框图

$$
二次回路
\begin{cases}
按电量分 \;\longrightarrow\; 电流回路、电压回路 \\[6pt]
按功能分 \;\longrightarrow\; 控制、保护、测量、监察、指示、自动装置回路 \\[6pt]
按电压高低及负荷属性分 \;\longrightarrow\; 强电回路、弱电回路 \\[6pt]
按电能性质分 \;\longrightarrow\; 直流回路、交流回路
\end{cases}
$$

图 3-24　二次回路的分类

2. 二次电路图的内容

二次回路的内容包括发电厂和变电站一次设备的控制、调节、继电保护和和自动装置、测量和信号回路以及操作电源系统。

（1）控制回路：控制回路是由控制开关和控制对象的传递机构及执行机构组成的。控制回路是对一次开关设备进行跳、合闸操作。控制回路按自动化程度可分为手动和自动控制两种；按控制距离可分为就地和距离控制两种；按控制方式可分为分散和集中控制两种；按操作电源性质可分为直流和交流操作两种。

（2）调节回路：调节回路是指调节型自动装置。它是由测量机构、传送机构、调节器和执行机构组成的。调节回路是根据一次设备运行参数的变化，实时在线调节一次设备的工作状态，以满足运行要求。

（3）继电保护和自动装置回路：继电保护和自动装置回路是由测量、比较部分、逻辑判断部分和执行部分组成的。继电保护和自动装置回路作用是在系统发生故障或异常运行时，自动跳开断路器，切除故障或发出故障信号，故障或异常运行状态消失后，快速投入断路器，恢复系统正常运行。

（4）测量回路：测量回路是由各种测量仪表及其相关回路组成的。测量回路作用是指示或记录一次设备的运行参数，以便运行人员掌握一次设备运行情况。

（5）信号回路：信号回路由信号发送机构、传送机构和信号器具构成。信号回路可以反映一、二次设备的工作状态。信号回路按信号性质可分为事故信号、预告信号、指挥信号和位置信号；按信号的显示方式可分为灯光信号和音响信号；按信号的复归方式可分为手动复归和自动复归。

（6）操作电源系统：操作电源系统是由电源设备和供电网络组成的。操作电源系统作用是供给控制、测量等回路工作电源，多采用直流电源系统。

3.3.2　二次回路图的表达方式

二次回路图按绘制表达的方法不同，可分为归总式原理接线图、展开式原理接线图、二次接线图、端子排图和二次安装接线图。

1. 归总式原理接线图

原理接线图用来表示出仪表、继电器、控制开关、辅助触点等二次设备和电源装置之间的电气连接及其相互动作的顺序和工作原理。它通常有归总式原理接线图和展开式原理接线图两种。

　　二次回路的归总式原理接线图有如下特点：归总式原理接线图是体现二次回路工作原理的图纸，并且是绘制展开式原理接线图和安装图的基础。归总式原理接线图中，与二次回路有关的一次设备和一次回路，是同二次设备和二次回路画在一起的。因此，所有的一次设备（例如变压器、断路器等）和二次设备（如继电器、仪表等），都以整体的形式在图纸中表示出来，例如相互连接的电流回路、电压回路、直流回路等都是综合在一起的。因此，这种接线图的特点是可清晰地表明二次回路对一次回路的辅助作用，能够使看图者对整个二次回路的构成以及动作过程，都有一个明确的整体概念。现以某 10kV 线路的继电保护装置为例加以说明，如图 3-25 所示。

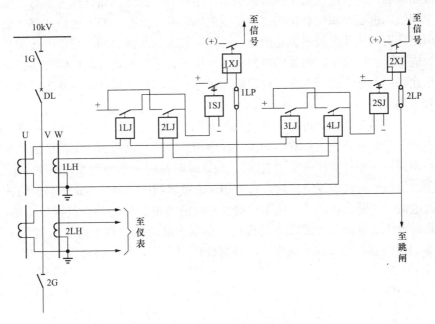

图 3-25　10kV 线路保护原理接线图

　　从图中可知，整套保护装置包括：时限速断保护，它由电流继电器 1LJ、2LJ，时间继电器 1SJ 及信号继电器 1XJ，连接片 1LP 所组成；过电流保护，它由电流继电器 3LJ、4LJ，时间继电器 2SJ，信号继电器 2XJ，连接片 2LP 所组成。当线路发生 U、V 两相短路时，其动作过程如下。

　　若故障点在时限速断及过流保护的保护范围内，因 U 相装有电流互感器 1LH，其二次反应出短路电流，使时限速断保护的电流继电器 1LJ 和过电流保护的电流继电器 3LJ 均起动。1LJ、3LJ 的动合触点闭合，将直流正电源分别加在 1SJ、2SJ 的线圈上，使两个时间继电器均起动。又因时限速断保护的动作时间小于过电流保护的动作时间，所以 1SJ 的延时动合触点先闭合，并经信号继电器 1XJ 及连接片 1LP 到断路器 DL 的跳闸线圈，跳开断路器，切除故障。

　　从图中可以看出，一次设备（如 DL、1G 等）和二次设备（如 1LJ、1SJ、1XJ 等）都以完整的图形符号表示出来，能使看图者对整套继电保护装置的工作原理有一个整体概念。但是这种图存在着一些不足：

（1）只能表示出继电保护装置的主要元件，而对细节之处则无法表示。

（2）不能反映继电器之间连接线的实际位置，不便维护和调试。

（3）没有反映出各元件内部的接线情况，如端子编号、回路编号及导线连接方法等。

（4）对于较复杂的继电保护装置很难用原理接线图表示出来。

因此，这种归总式原理接线图在实际工作中较少使用，在实际工作中广泛采用的是展开式原理接线图。

2. 展开式原理接线图

展开式原理接线图简称展开图，以分散的形式表示二次设备之间的电气连接。它是将二次设备按线圈和触点的接线回路展开分别画出，组成多个独立回路，作为制造、安装、运行的重要技术图纸，也是绘制安装接线图的主要依据。其特点是：交流电流回路、交流电压回路、直流回路分别画成几个彼此独立的部分；同一仪表的线圈、同一元件的线圈和触点分开画在各自相应不同的回路中，但采用相同的文字符号；图形右边有对应的文字说明，表明回路名称、用途等；各导线端子有统一规定的回路编号；其优点是清晰，便于了解整套装置的动作程序和工作原理。

直流回路展开图按其作用可分为继电保护回路、信号回路、控制回路等。在这种图中，设备的触点和线圈分散布置，按它们动作的顺序相互串联从电源的"＋"极到"－"极，或从电源的一相到另一相，算作一条"支路"。现以继电保护回路为例加以说明，如图 3-26 所示。图的左边为保护装置的逻辑回路，右边相对于逻辑回路标有继电保护装置的种类及回路名称。如过电流、速断、瓦斯等。从图中很容易看清继电保护的动作过程。例如速断保护，当速断保护的电流继电器 1LJ 或 2LJ 动作后，直流正电源就加到了信号继电器 3XJ 和保护出口继电器 1BCJ 线圈上。1BCJ 动作后，分别跳开 1DL、2DL 断路器。

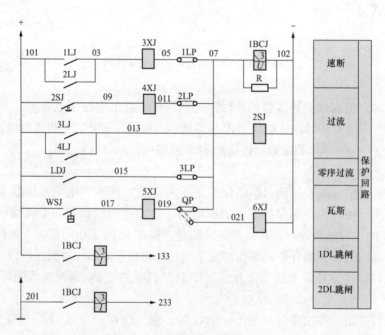

图 3-26　继电保护直流回路展开图

　　展开图的接线清晰、易于阅读，便于掌握整套继电保护装置的动作过程和工作原理，特别是在复杂的继电保护装置的二次回路中，用展开图绘制，其优点更为突出。展开式原理图容易跟踪回路的动作顺序；便于二次回路设计；容易发现接线中的错误回路，在电工装置中用得非常普遍，一般用来表示回路的某一部分或整个装置的工作原理。现在电气二次原理图施工图均采用展开式原理图。

　　为了更清楚地让读者看清归总式原理接线图和展开式原理接线图的关系，下面以定时限过电流保护为例，对应画出该电路的归总式原理接线图和展开式原理接线图，如图 3-27 所示。

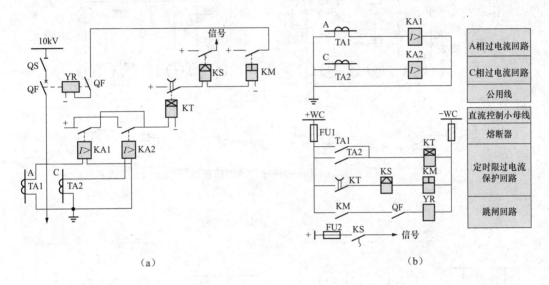

图 3-27　定时限过电流保护接线图
(a) 原理图；(b) 展开图

3. 二次接线图

　　二次接线图是用于表示二次设备安装接线的图形。它表示了二次设备之间相互连接的顺序，是二次设备和电路安装接线、调试维修的依据。某高压配电线路二次回路接线图如图 3-28 所示。

　　接线图中端子之间的导线连接有连续线绘制法和中断线绘制法两种绘制方法。连续线绘制法中端子之间的连接导线用连续线绘制，如图 3-29 (a) 所示。中断线绘制法中端子之间的连接不连线条，而是在需相连的两端子处标注对面端子的代号，即表示两端子之间需相互连接，如图 3-29 (b) 所示。

4. 端子排图

　　在屏体设备与屏外和屏顶设备连接、同一屏体中两个单元之间的设备连接时，都应经过端子排。端子排一般布置在屏后的两侧，端子排图通常表示在屏后接线上。同一屏内同一单元之间设备连接时不需要经过端子排。端子排分为普通端子、连接端子、实验端子、终端端子和特殊端子五种。端子排的数量应在满足接线需要的同时预留出足够的备用端子。端子排的符号标志如图 3-30 所示。

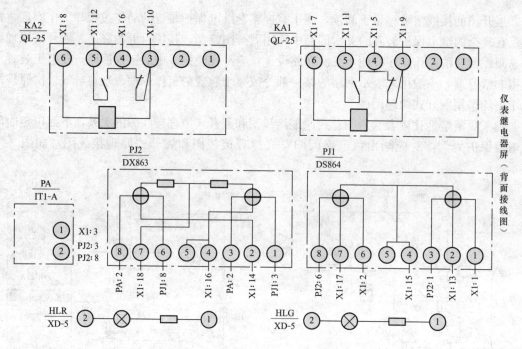

图 3-28　高压配电线路二次回路接线图

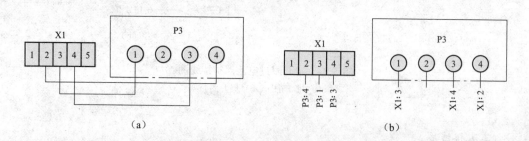

图 3-29　端子之间的导线连接有两种绘制方法

（a）连续线绘制法；（b）中断线绘制法

5. 二次安装接线图

二次安装接线图是二次回路设计的最后阶段，用来作为设备制造、现场安装的实用二次接线图，也是运行、调试、检修等的主要参考图。在这种图上设备和器具均按实际情况布置。设备、器具的端子和导线、电缆的走向均用符号、标号加以标志。两端连接不同端子的导线，为了便于查找其走向，采用专门的"对面原则"的标号方法。

二次安装接线图包括屏面布置图、屏后接线图和端子排图。屏面布置图表示设备和器具在屏面的安装位置，屏和屏上的设备、器具及其布置均按比例绘制，屏面布置图示例如图 3-31 所示。屏后接线图表示屏内的设备、器具之间和与屏外设备之间的电气连接。端子排图用于表示连接屏内外各设备和器具的各种端子排的布置及电气连接。

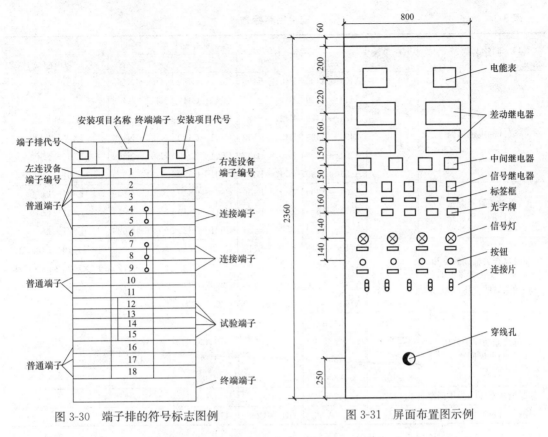

图 3-30　端子排的符号标志图例

图 3-31　屏面布置图示例

3.3.3 二次回路标号和小母线文字符号

在二次电路图中，各回路编号有一定的规定。发电厂与变电站电路图上的直流回路标号数据见表 3-2。发电厂与变电站电路图上的交流回路标号数据见表 3-3。控制电缆数字标号见表 3-4。常见直流小母线文字符号及其对应回路标号见表 3-5。常见交流电压信号辅助小母线文字符号及其对应回路标号见表 3-6。

表 3-2　　　　　　　　　　　　　　直流回路标号

回路名称	数字标号组			
	一	二	三	四
正电源回路	1	101	201	301
负电源回路	2	102	202	302
合闸回路	3～31	103～131	203～231	303～331
跳闸回路	33～49	133～149	233～249	333～349
保护回路	01～099			
发电机励磁回路	601～699			
信号及其他回路	701～999			
绿灯或合闸回路 监视继电器回路	5	105	205	305
红灯或跳闸回路 监视继电器回路	35	135	235	335
备用电源自动合闸回路	50～69	150～169	250～269	350～369
开关设备的位置信号回路	70～89	170～189	270～289	370～389
事故跳闸音响信号回路	90～99	190～199	290～299	390～399

表 3-3   交流回路标号

回路名称	电压等级	回路标号组				
		A组	B组	C组	中性线（N）	零序（L）
保护装置及测量表计的电流回路		A401～A409	B401～B409	C401～C409	N401～N409	L401～L409
		A411～A419	B411～B419	C411～C419	N411～N419	L411～L419
		A421～A479	B421～B429	C421～C429	N421～N429	L421～L429
		A491～A499	B491～B499	C491～C499	N491～N499	L491～L499
		A501～A509	B501～B509	C501～C509	N501～N509	L501～L509
		A591～A599	B591～B599	C591～C599	N591～N599	L591～L599
保护装置及测量表计的电压回路		A601～A609	B601～B609	C601～C609	N601～N609	L601～L609
		A611～A619	B611～B619	C611～C619	N611～N619	L601～L619
		A621～A629	B621～B629	C621～C629	N621～N629	L621～L629
在隔离开关辅助触点和隔离开关位置继电器触点后的电压回路	110kV	A710～A719	B710～B719	C710～C719	N710～N719	L(X)710～L(X)719
	220kV	A720～A729	B720～B729	C720～C729	N720～N729	L(X)720～L(X)729
	35kV	A730～A739	B730～B739	C730～C739	N730～N739	L730～L739
	6～10kV	A760～A769	B760～B769	C760～C760		
母线差动保护公用的电流回路	110kV	A310	B310	C310	N310	
	220kV	A320	B320	C320	N320	
	35kV	A330		C330	N330	
	6～10kV	A360		C360	N360	
绝缘监察电压表公用回路		A700	B700	C700	N700	
控制、保护、信号回路		A1～A399	B1～B399	C1～C399	N1～N399	

表 3-4   控制电缆数字标号

电缆数字标号	电缆起止点
110～110	主控制室到汽机房
111～115	主控制室到6～10kV配电装置
116～120	主控制室到35kV配电装置
121～125	主控制室到110kV配电装置
126～129 其中：126 127 128	主控制室到变压器 控制屏到变压器端子箱 控制屏到变压器调压装置 控制屏到变压器套管电流互感器
130～149 其中：145 146 147	主控制室内屏间联系电缆 6～10kV母线保护屏 35kV母线保护屏 110kV母线保护屏
150～159	汽机间内联系电缆
160～169	35kV配电装置内联系电缆
170～179	其他配电装置内联系电缆
180～189	110kV配电装置内联系电缆
190～199	变压器处联系电缆

表 3-5   常见直流小母线文字符号及其对应回路标号

名　　称	文字符号	回路标号
控制回路电源	＋WC　－WC	1，2；101，102；201，202；301，302；401，402
信号回路电源	＋WC　－WC	701，702
事故音响信号（不发遥信时）	WTS 或 WFS	708
事故音响信号（用于直流屏）	WTS1	728
事故音响信号（用于配电装置）	WTS2	727
事故音响信号（发遥信时）	WTS3	808
预告音响信号（瞬时）	WPS1，WPS2	709，710
预告音响信号（延时）	WPS3，WPS4	711，712
预告音响信号（用于配电装置）	WPS	729
预告音响信号（直流屏）	WPS5，WPS6	724，725
控制回路断线预告信号	（KDMⅠ，KDMⅡ，KDMⅢ）	713Ⅰ，713Ⅱ，713Ⅲ
灯光信号	－WS	726
配电装置信号	（XPM）	701
闪光信号	＋WFS	100
合闸电源	＋WOM，－WOM	
"掉牌未复归"光字牌	WAUX	703，716
指挥装置音响	WCS	715
自动调速脉冲	（1TZM，2TZM）	（717，718）
自动调压脉冲	（1TYM，2TYM）	Y717，Y718
同步装置起前时间	（1TQM，2TQM）	（719，720）
同步合闸	（1THM，2THM，3THM）	（721，722，723）
隔离开关操作闭锁	WQLA	880
旁路闭锁	WPB1，WPB2	881，900
厂用电源辅助信号	（＋CFM，－CFM）	（701，702）
母线设备辅助信号	（＋MFM，－MFM）	701，702

注 （ ）内为旧文字符号或回路标号。

表 3-6   常见交流电压信号辅助小母线文字符号及其对应回路标号

名　　称	文字符号	回路标号
同步电压（待并系统）小母线	TQMa，TQMc	（A610，C610）
同步电压（运行系统）小母线	（TQM^{1}a，TQM^{2}c）	（A620，C620）
自同步发电机残压小母线	（TQMj）	（A780）
第一组（或奇数）母线段电压小母线	1VBa，1VBb［VBb］，1VBc 1VBL，1VBX，1VBN	A630，B630，C630 L630，Sa630，N630
第二组（或偶数）母线段电压小母线	2VBa，2VBb［VBb］，2VBc 2VBL，2VBX，2VBN	A640，B640，C640 L640，Sa640，N640
6～10kV 备用段电压小母线	9YMa，9Ymb，9YMc	（A690，B690，C690）
转角小母线	ZMa，Zmb，ZMc	（A790，B790，C790）
低电压保护小母线	（1DYM，2DYM，3DYM）	（011，012，013）
电源小母线	（DYMa，DYMn）	X
旁路母线电压切换小母线	（YQMc）	（C712）

注 （ ）内为旧文字符号或回路标号。表中交流电压小母线的符号和标号，适用于 TV 二次侧中性点接地系统。［ ］中的适用于 TV 二次侧 V 相接地系统。

3.3.4 二次回路图的识读要点

1. 二次回路图识图方法

二次回路图与其他电气图相比，显得更复杂一些，阅读的难度较大。当准备识读一份二次图时，通常应掌握以下方法：

（1）概略了解图的全部内容，例如图样的名称、设备明细表、设计说明等，然后大致看一遍图样的主要内容，尤其要看一下与二次电路相关的主电路，从而达到比较准确地把握住图样所表现的主题。

（2）首先应知道在电路图中，各种开关触点都是按不带电的情况，即起始状态位置画的，如按钮未按下，开关未合闸，继电器线圈未通电，触点未动作等。这种状态称为图的原始状态。但看图时不能完全按原始状态来分析，否则很难理解图样所表现的工作原理。

（3）在二次电路图中，同一设备的各个元件位于不同的回路的情况比较多，在用分开表示法图中往往将各个元件画在不同的回路，甚至不同的图纸上。看图时应从整体观念上去了解各设备的作用。例如，辅助开关的开合状态就应从主开关开合状态去分析，继电器触点的开合状态就应从继电器线圈带电状态的工作状态去分析。一般来说，继电器触点是执行元件，因此应从触点看线圈的状态，不要看到线圈去找触点。

（4）看复杂的电路图一般应将图分成若干基本电路或基本环节来看，由易到难，层层深入，分别将各个部分、各个回路看懂，整个图样就能看懂。

（5）二次回路图的种类较多，图与图之间相互联系，读各种二次图应将各种图联系起来阅读。对某一设备、装置和系统，这些图实际上是从不同的使用角度、不同的侧面，对同一对象采用不同的描述手段。显然，这些图存在着内部的联系，掌握各类图的互换与绘制方法，是阅读二次回路图的一个十分重要的方法。展开图上凡屏内与屏外有联系的回路，均在端子排图上有一个回路标号，单纯看端子排图是不易看懂的。端子排图是一系列的数字和文字符号的集合，把它与展开图结合起来看就可清楚它的连接回路。

2. 二次回路图识图要领

二次回路图的逻辑性很强，在绘制时遵循着一定的规律，看图时若能抓住此规律就很容易看懂。阅图前首先应弄清楚该张图纸所绘制的继电保护装置的动作原理及其功能和图纸上所标符号代表的设备名称，然后再看图纸。看图的要领如下。

（1）先看交流回路，后看直流回路。先看交流回路，后看直流回路，是指先看二次接线图的交流回路，把交流回路看完弄懂后，根据交流回路的电气量以及在系统中发生故障时这些电气量的变化特点，向直流逻辑回路推断，再看直流回路。一般说来，交流回路比较简单，容易看懂。

（2）交流看电源，直流找线圈。交流看电源，直流找线圈，是指交流回路要从电源入手。交流回路有交流电流和电压回路两部分，先找出电源来自哪组电流互感器或哪组电压互感器，在两种互感器中传输的电流量或电压量起什么作用，与直流回路有何关系，这些电气量是由哪些继电器反映出来的，找出它们的符号和相应的触点回路，看它们用在什么回路，与什么回路有关，在心中形成一个基本轮廓。

（3）抓住触点不放松，一个一个全查清。二次电路中搞清继电器各触点的开合状态是识读的关键。抓住触点不放松，一个一个全查清，是指继电器线圈找到后，再找出与之相应的触点。通过查看直流电路的继电器线圈当前状态是否带电来确定继电器各触点的开合状态。根据触点的闭合或开断引起回路变化的情况，再进一步分析，直至查清整个逻辑回路的动作过程。

（4）先上后下，先左后右，屏外设备一个也不漏。先上后下，先左后右，屏外设备一个也不漏，这个要领主要是针对端子排图和屏后安装图而言。一个安装单元的屏面布置图、屏后接线图、端子排图和原理图一起来看，才能搞清它们之间的关系。

3. 端子排图和展开图的配合识读

看端子排图一定要配合展开图来看，展开图有如下规律。

（1）各种小母线和辅助小母线都有标号。

（2）对于个别继电器或触点在另一张图中表示，或在其他安装单位中有表示，都在图纸中说明去向，对任何引进触点或回路也说明来处。

（3）常用的回路都有固定的标号。

（4）交流回路的标号除用三位数外，前面还加注文字符号。

（5）继电器和各种电气元件的文字符号与相应原理接线图中的文字符号一致。

（6）继电器和每一个小的逻辑回路的作用都在展开图的右侧注明。

（7）继电器的触点和电气元件之间的连接线段都有回路标号。

（8）直流"＋"极按奇数顺序标号，"—"极则按偶数标号。回路经过电气元件（如线圈、电阻、电容等）后，其标号性质随着改变。

（9）直流母线或交流电压母线用粗线条表示，以示区别于其他回路的联络线。

（10）同一个继电器的线圈与触点采用相同的文字符号。

3.3.5　万能转换开关

在二次回路中常用的多位开关有组合开关、转换开关、滑动开关等，又称为万能转换开关。这类开关具有多个操作位置和多个触头。在不同的操作位置上，触头的通断是不同的，而且触头工作状态的变化规律往往比较复杂。怎样识别万能转换开关的工作状态，是识图的难点。

万能转换开关是一种用于控制多回路的主令电器，由多组相同结构的开关元件叠装而成。万能转换开关是用于二次设备中控制断路器等设备经常使用的开关，搞清万能转换开关的工作原理对于识读二次展开原理图至关重要。其外形及凸轮通断触头情况如图 3-32 所示。

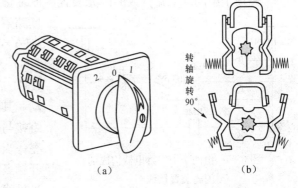

图 3-32　万能转换开关外形及凸轮通断触头情况示意图
（a）外形；（b）触头通断示意图

表示万能转换开关触头状态的方法有一般符号和连接表相结合的表示法和图形符号表示法两种。

1. 一般符号和连接表相结合的表示法

这种方法是在二次电路图中画出多位开关的一般符号，将其各触头用阿拉伯数字编出号码，在图纸的适当位置画出连接图，如图 3-33 所示。表示触头在 I 位置时，1-2、9-10、11-12 通；触头在 0 位置时不通；触头在 II 位置时，3-4、5-6、7-8、13-14、15-16 通。图中"×"号表示触头接通。

2. 图形符号表示法

万能转换开关在电气原理图中的图形符号表示法如图 3-34 所示。图中每根竖的点划线表示手柄位置，点划线上的黑点"·"表示手柄在该位置时，上面这一路触头接通。图 3-31 表示的触头在 I、0、II 位置时的通断情况同图 3-33。

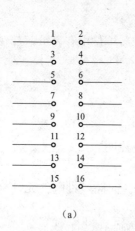

触头标号	I	0	II
1-2	×		
3-4			×
5-6			×
7-8			×
9-10	×		
11-12	×		
13-14			×
15-16			×

（a）   （b）

图 3-33 一般符号和连接表相结合的表示法
（a）符号；（b）触头通断表

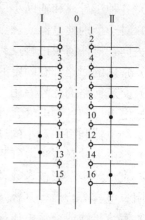

图 3-34 图形符号表示法

3.3.6 由两个中间继电器构成的闪光装置接线

由两个中间继电器构成的闪光装置的原理接线如图 3-35 所示。其动作过程为：当某一

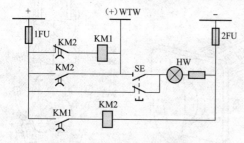

图 3-35 由两个中间继电器构成的
闪光装置接线图

断路器的位置与其控制开关不对应时，闪光母线（＋）WTW 经"不对应"回路，信号灯（HR 或 HG）及操作线圈（YT 或 YC）与负电源接通，KM1 启动，KM1 常开触点闭合，KM2 相继启动，其常开触点将 KM1 线圈短接，并使闪光母线直接与正常电源沟通，信号灯（HR 或 HG）全亮；当 KM1 触点延时断开后，KM2 失磁，其常开触点断开，常闭触点闭合，KM1 再次启动，闪光母线（＋）WTW 经 KM1 线圈与正电源接通，"不对应"回路中的信号灯呈半亮，重复上述过程，便发出连续的闪光信号。KM1 及 KM2 带延时复位，是为了使闪光变得更加明显。

图中，试验按钮 SE 的信号灯 HW 用于模拟试验。当撤下 SE 时，闪光母线（＋）WTW 经信号灯 HW 与负电源接通，于是闪光装置便按上述顺序动作，使试验灯 HW 发出闪光信号。HW 经按钮的动断触点接在正、负电源之间，因而兼作闪光装置熔断器的监视灯。

3.3.7　直流母线电压监视装置电路图

先从一个简单的直流母线电压监视装置电路图开始。直流母线电压监视装置的作用是监视直流母线电压在允许范围内运行。当母线电压过高时，对于长期充电的继电器线圈、指示灯等易造成过热烧毁；母线电压过低时，则很难保证断路器、继电保护可靠动作。因此，一旦直流母线电压出现过高或过低的现象，电压监视装置将发出预告信号，运行人员应及时调整母线电压。

直流母线电压监视装置电路图如图 3-36 所示。直流母线电压监视装置主要是反映直流电源电压的高低。KV1 是低电压监视继电器，正常电压 KV1 励磁，其动断触点断开，当电压降低到整定值时，KV1 失磁，其常闭触点闭合，HP1 光字牌亮，发出音响信号。KV2 是过电压继电器，正常电压时 KV2 失磁，其动合触点在断开位置，当电压过高超过整定值时 KV2 励磁，其动合触点闭合，HP2 光字牌亮，发出音响信号。

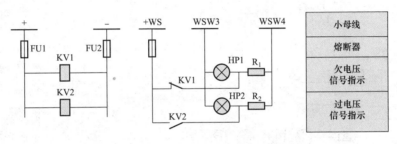

图 3-36　直流母线电压监视装置接线图

3.3.8　具有灯光监视的断路器控制回路图

在发电厂和变电站中对断路器的跳、合闸控制是通过断路器的控制回路以及操动机构来实现的。控制回路是连接一次设备和二次设备的桥梁，通过控制回路，可以实现二次设备对一次设备的操控。通过控制回路，实现了低压设备对高压设备的控制。具有灯光监视的断路器控制回路图（电磁操动机构）的电路图如图 3-37 所示。

（1）各元件名称。图中：＋WC、－WC——控制母线；FU1、FU2——熔断器，R1-10/6 型，250V；SA——控制开关，LW2-1a.4.6a.40.20.20/F8 型；HG——绿色信号灯具，XD2 型，附 2500Ω 电阻；HR——红色信号灯具，XD2 型，附 2500Ω 电阻；KL——中间继电器，DZB-115/220V 型；KMC——接触器；KOM——保护出口继电器；QF——断路器辅助开关；WCL——合闸小母线；WSA——事故跳闸小母线；WS——信号小母线；YT——断路器跳闸线圈；YC——断路器合闸线圈，FU1、FU2——熔断器，RM10-60/25 250V；R1——附加电阻，ZG11-25 型，1Ω；R2——附加电阻，ZG11-25 型，1000Ω；（＋）WTW——闪光小母线。

（2）各组成部分及作用。

1）合闸回路。断路器合闸回路由以下几部分组成：

合闸启动回路→断路器辅助接点（常闭）→合闸线圈。

手动合闸或自动合闸时，合闸启动回路瞬时接通，合闸线圈励磁，启动断路器操动机构，开关合上后，串于合闸回路的断路器常闭接点打开，断开合闸回路。

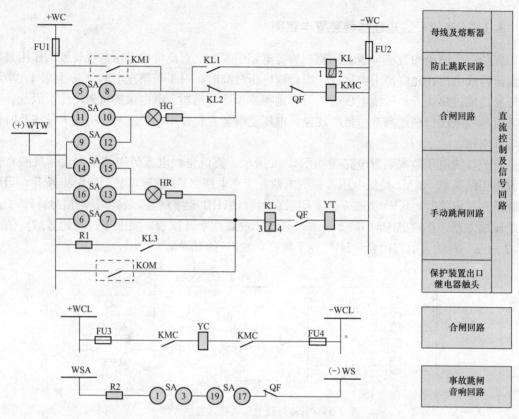

图 3-37　具有灯光监视的断路器控制回路图

2）跳闸回路。断路器跳闸回路由以下几部分组成：

跳闸启动回路→断路器辅助接点（动断）→跳闸线圈。

手动跳闸或自动跳闸时，跳闸启动回路瞬时接通，跳闸线圈励磁，启动断路器操动机构，开关跳开后，串于跳闸回路的断路器动断接点打开，断开跳闸回路。

3）断路器辅助接点的作用。在操作回路中串入断路器辅助接点的作用：跳闸线圈与合闸线圈厂家是按短时通电设计的，在跳、合闸操作完成后，通过 QF 触点自动地将操作回路切断，以保证跳、合闸线圈的安全；跳、合闸启动回路的触点（操作把手触点、继电器触点）由于受自身断开容量限制，不能很好地切断操作回路的电流，如果由它们断开操作电流，将会在操作过程中拉弧，致使触点烧毁。断路器辅助接点断开容量大，由断路器辅助接点断开操作电流，可以很好地灭弧，保护控制开关及继电器接点不被烧毁。

4）断路器防跳回路。在断路器控制回路运行过程中，有时由于控制开关原因或自动装置触点原因，在断路器合闸后，上述启动回路触点未断开，合闸命令一直存在，此时，如果继电保护动作，开关跳闸，但由于合闸脉冲一直存在，则会在开关跳闸后重新合闸，如果线路故障为永久性故障，保护将再次将开关跳开，持续存在的合闸脉冲将会使开关再次合闸，如此将会发生多次的"跳—合"现象，此种现象被称为"跳跃"。断路器的多次跳跃，会使断路器毁坏，造成事故扩大。因此，必须对操作回路进行改进，防止"跳跃"发生。防跳继电器就是专门用于防止断路器跳跃的。所谓"防跳"措施，就是利用操作机构本身机械上具有的"防跳"闭锁装置或控制回路中所具有的电气"防跳"接线，来防止断路器发生"防跳"的措施。

5）断路器位置监视回路。常规控制回路的用红绿灯监视回路运行状态。

断路器灯光监视回路，一般用红灯表示断路器的合闸状态，用绿灯表示断路器的跳闸状态，指示灯是利用与断路器传动轴一起联动的辅助触点 QF 来进行切换的。当断路器在断开位置时，QF 动断触点接通，绿灯亮，当断路器在合闸位置时，QF 的动合触点接通，红灯亮。红、绿灯一方面监视断路器的位置，一方面监视控制回路的完好性，断路器处于分位时，绿灯亮，表示外部合闸回路完好，断路器处于合位时，红灯亮，表示外部跳闸回路完好。

（3）动作过程。

1）"跳闸后"位置。当 SA 的手柄在"跳闸后"位置，断路器在跳闸位置时，其动断触点闭合，＋WC 经 FU1→SA11-10→HG 及附加电阻→QF（常闭）→KMC 线圈→FU2→－WC。此时，绿色信号灯回路接通，绿灯亮，它表示断路器正处于跳闸后位置，同时表示电源、熔断器、辅助触点及合闸回路完好，可以进行合闸操作。但 KMC 不会动作，因电压主要降在 HG 及附加电阻上。

2）"预备合闸"位置。当 SA 的手柄顺时针方向旋转 90°至"预备合闸"位置，SA9-10 接通，绿灯 HG 回路由（＋）WTW→SA9-10→HG→QF（常闭）→KMC→FU2→－WC 导通，绿灯闪光，发出预备合闸信号，但 KMC 仍不会启动，因回路中串有 HG 和 R。

3）"合闸"位置。当 SA 的手柄再顺时针方向旋转 45°至"合闸"位置时，SA5-8 触点接通，接触器 KMC 回路由＋WC→SA5-8→KL2（常闭）→QF（常闭）→KMC 线圈→－WC 导通而启动，闭合其在合闸线圈回路中的触点，使断路器合闸。断路器合闸后，QF 动断触点打开、动合触点闭合。

4）"合闸后"位置。松手后，SA 的手柄自动反时针方向转动 45°，复归至垂直（即"合闸后"）位置，SA16-13 触点接通。此时，红灯 HR 回路由 FU1→SA16-13→HR→KL 线圈→QF（常开）→YT 线圈→FU2→－WC 导通，红灯亮，指示断路器处于合闸位置，同时表示跳闸回路完好，可以进行跳闸。

5）"预备跳闸"位置。SA 手柄在"预备跳闸"位置时，SA13-14 导通，经（＋）WTW→HR→KL→QF 动合触点→YT→－WC 回路，红灯闪光，发出预备合闸信号。

6）"跳闸"位置。将 SA 手柄反时针方向转 45°至"跳闸"位置，SA6-7 导通，HR 及 R 被短接，经＋WC→SA6-7→KL→QF 常开触点→－WC，使 YT 励磁，断路器跳闸。断路器跳闸后，其动合触点断开，动断触点闭合，绿灯亮，指示断路器已跳闸完毕，放开手柄后，SA 复位至"跳闸后"位置。

7）防止跳跃回路动作过程。当断路器手动或自动重合在故障线路上时，保护装置将动作跳闸，此时如果运行人员仍将控制开关放在"合闸"位置（SA5-8 触点接通），或自动装置触点 KM1 未复归，断路器 SA5-8 将再合闸。因为线路有故障，保护又动作跳闸，从而出现多次"跳—合"现象。

图中所示控制回路采取了电气"防跳"接线。其 KL 为跳跃闭锁继电器，它有两个线圈，一个电流启动线圈，串于跳闸回路中；另一个电压保护线圈，经过自身动合触点 KL1 与合闸接触器线圈并联。此外在合闸回路中还串有动断触点 KL2，其工作原理如下：

当利用控制开关（SA）或自动装置（KM1）进行合闸时，若合在故障线上，保护将动作，KOM 触点闭合，使断路器跳闸。跳闸回路接通的同时，KL 电流线圈带电，KL 动作，其动断触点 KL2 断开合闸回路，动合触点 KL1 接通 KL 的电压自保持线圈。此时，若合闸脉冲未解除（如 SA 未复归或 KM1 卡住等），则 KL 电压自保持线圈通过触点 SA5-8 或 KM1 的触点实现自保持，使 KL2 长期打开，可靠地断开合闸回路，使断路器不能再次合闸。只有当合闸脉冲解除（即 KM1 断开或 SA5-8 切断），KL 的电压自保持线圈断电后，回路才能恢复至正常状态。

图中 KL3 的作用是用来保护出口继电器触点 KOM 的，防止 KOM 先于 QF 打开而被烧坏。电阻 R1 的作用是保证保护出口回路中当有串接的信号继电器时，信号继电器能可靠动作。

3.3.9 中央复归能重复动作的事故信号装置接线图

信号回路的作用是表征电气设备或装置、线路的工作状况，对已发生事故或将要发生的事故发出报警，以便维修、值班人员掌握电气设备或装置的工作情况和线路、电气设备的故障类型、故障位置等情况。

所谓中央复归能重复动作的事故信号，是指断路器自动跳闸后，为使值班人员不受音响信号长期干扰而影响事故处理，可以保留绿灯闪光信号而仅将音响信号立即解除。常用中央复归能重复动作的事故信号装置如图 3-38 所示。

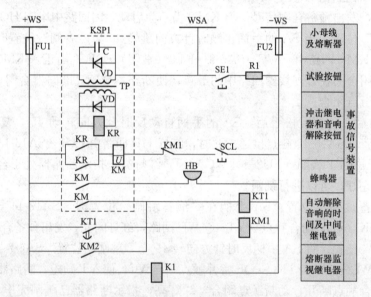

图 3-38　中央复归能重复动作的事故信号装置回路图

图中 KSP1 为 ZC-23 型冲击继电器，脉冲变流器 T 一次侧并联的二极管 VD 和电容器 C 起抗干扰作用；二次侧并联的二极管 VD 的作用是将 T 的一次侧电流突然减小而在二次侧感应的电流旁路，使干簧继电器 KR 不误动（因干簧继电器动作没有方向性）。其原理是当断路器事故分闸或按下试验按钮 SE1 时，脉冲变流器 T 一次绕组中有电流增量，二次绕组中感应电流起动 KR，KR 动作后起动中间继电器 KM。KM 有两对触点，一对触点闭合起动蜂鸣器 HB，发出音响信号；另一对触点闭合起动时间继电器 KT1，经一定延时后，KT1 起动 KM1，KM1 动作后，使 KM 失磁返回，于是音响停止，整个事故信号回路恢复到原始状态。

图中动合触点 KM2 是由预告信号装置引来的，所以自动解除音响用的时间继电器 KT1 和中间继电器 KM1 为事故信号装置和预告信号装置这两套音响信号装置所共用。

为能试验事故音响装置的完好与否，另设有试验按钮 SE1，按 SE1 时，即可启动 KSP1，使装置发出音响并按上述程序复归至原始状态。按下手动复归按钮也可使音响信号解除。

准备第二台断路器跳闸时发出音响，不对应启动回路如图 3-39 所示。

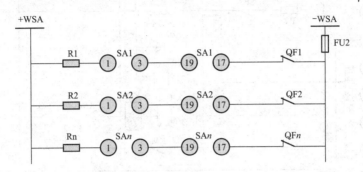

图 3-39　准备第二台断路器跳闸时发出音响的不对应启动回路

3.3.10　中央复归能重复动作瞬时预告信号装置接线图

预告信号装置是发电厂和变电站中反映设备和系统异常运行状态的声、光或图像报警装置，当设备发生故障或某些不正常运行情况时能自动发出音响和光字牌灯光信号，以引起有关人员注意并及时加以处理。它可帮助运行人员及时地发现故障及隐患，以便采取适当措施加以处理，防止事故扩大。变电站常见的预告信号有：变压器轻瓦斯动作、变压器过负荷、变压器油温过高、电压互感器二次回路断线、直流回路绝缘降低、控制回路断线、事故音响信号回路熔断器熔断、直流电压过高或过低等。

预告信号一般发自各种监测运行参数的单独继电器，例如过负荷信号由过负荷保护继电器发出。

预告信号分瞬时预告信号和延时信号两种，对某些当电力系统中发生短路故障可能伴随发出的预告信号，例如：过负荷、电压互感器二次回路断线等，都应带延时发出，其延时应大于外部短路的最大切除时限。这样，在外部短路切除后，这些由系统短路所引起的异常就会自动消失，而不让它发出警报信号，以免分散运行人员的注意力。

目前，广泛采用的中央复归带重复动作的预告信号装置，其动作原理与事故音响信号装置相同，所不同的是只是用光字牌灯泡代替了事故音响信号装置不对应启动回路中的电阻 R，并用警铃代替了蜂鸣器，图 3-40 所示为由 ZC-23 型冲击继电器构成的中央复归能重复动作瞬时预告信息装置接线图，其动作原理与图 3-38 相似，图中 KM1 由图 3-38 引来，用以自动解除音响，WSW1 和 WSW2 为瞬时预告小母线。

当设备发生不正常情况时，例如控制回路断线，则 KBC2 动作，其动合触点闭合，通过回路 ＋WS→KBC2 动合触点→HP2→WSW1 和 WSW2→ST13-14→ST15-16　KSP2→－WS，使 KSP2 动作，触点 KM2 闭合，使警铃 HA 发出音响信号，同时光字牌 HP2 示出"控制回路断线"信号，按下解除按钮 SCL，音响即可解除（也可经一定延时，自动解除），而光字牌信号直到故障消除，KBC2 触点返回才会消失。由于采用了 ZC-23 型继电器，因而信号是可以重复动作的。为能经常检查光字牌灯泡的完好性，设有转换开关 ST。处于"合"位时，ST 触点 1-2、3-4、5-6、7-8、9-10、11-12 全接通，分别将信号电源＋WS 和－WS 接

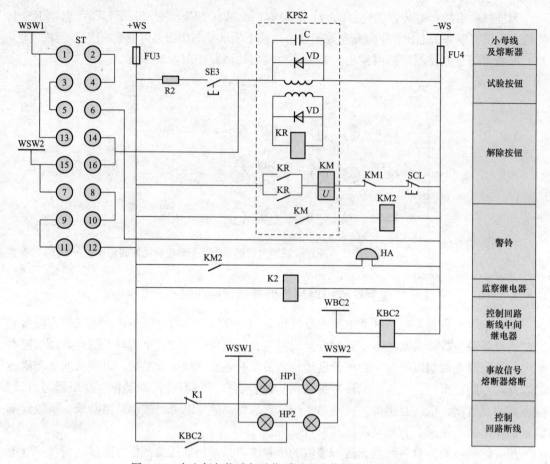

图 3-40 中央复归能重复动作瞬时预告信号装置的回路图

至小母线 WSW2 和 WSW1，使光字牌所有的灯泡亮。发预告信号时，两只灯泡是并联的，灯泡明亮，当其中一只灯泡损坏时，仍能保证发出信号。而试验光字牌时，两只灯泡则是串联的，因而灯光较暗，此时若一只灯泡损坏则该光字牌即不亮。

预告信号装置由单独的熔断器 FU3、FU4 供电，若 FU3 或 FU4 熔断则不能发出预告信号，所以对熔断器电源采用了灯光监视的方法。

图 3-41 为预告信号装置的熔断器监视灯接线图。正常运行时，熔断器监视继电器 K2 带电，其动合触点闭合，中央信号屏上的白色指示灯 HW 亮；当 FU3 熔断时，K2 失电，其动断触点闭合，HW 被接至闪光小母线（＋）WTW 上发出闪光。

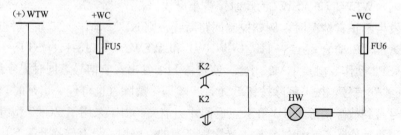

图 3-41 预告信号装置的熔断器监视灯接线图

第 4 章

电动机控制电路图识读

4.1 电动机控制图识读基础知识

4.1.1 电动机的分类

电动机是一种旋转式电动机器，它将电能转变为机械能。现代工农业生产中，广泛地以电动机作为动力来拖动生产机械，电动机已经应用在现代社会生活中的各个方面。根据不同的分类角度，电动机可以进行如下的分类。

（1）按工作电源分类。根据电动机工作电源的不同，可分为直流电动机和交流电动机。其中交流电动机还分为单相电动机和三相电动机。

（2）按结构及工作原理分类。电动机按结构及工作原理可分为直流电动机、异步电动机和同步电动机。直流电动机按结构及工作原理可分为无刷直流电动机和有刷直流电动机。异步电动机可分为感应电动机和交流换向器电动机。感应电动机又分为三相异步电动机、单相异步电动机和罩极异步电动机等。交流换向器电动机又分为单相串励电动机、交直流两用电动机和推斥电动机。同步电动机还可分为永磁同步电动机、磁阻同步电动机和磁滞同步电动机。

（3）按起动与运行方式分类。电动机按起动与运行方式可分为电容起动式单相异步电动机、电容运转式单相异步电动机、电容起动运转式单相异步电动机和分相式单相异步电动机。

（4）按用途分类。电动机按用途可分为驱动用电动机和控制用电动机。

4.1.2 电动机控制电路图的分类和特点

1. 电动机控制电路图的分类

对电动机和生产机械运行进行控制，表示其工作原理、电气接线、安装方法等的图样叫电气控制图。其中主要表示其工作原理的图称为控制电路图，主要表示电气接线关系的图称为电气接线图。

电动机控制系统电路图常见的种类主要有控制电路图、安装接线图、展开接线图、平面布置图和剖面图等。其中以控制电路图、安装接线图和平面布置图最为常用。控制电路图能充分表达电气设备和电器元件的工作原理、作用以及用途等，是电气线路安装、调试和维修的理论依据。

2. 电动机控制电路图的特点

电动机控制系统电路图的特点主要有以下几点。

(1) 电路图通常水平绘制或垂直绘制。水平绘制时,电源线垂直画,其他电路水平画。有连接关系的交叉点,用小黑点"·"表示,无连接关系的交叉点,不画小黑点。

(2) 电气控制电路图中,主电路和辅助电路是相辅相成的,主电路用粗实线表示,辅助电路用细实线表示。对于不太复杂的电路,主电路和辅助电路通常绘制在一张图上,通常辅助电路画在电路的最右端。

(3) 由多个部件组成的电气元件和设备,通常采用集中表示法、半集中表示法和分开表示法。对于较复杂的电路通常采用分开表示法。同一电气元件的各个部分一般不画在一起,而是按其所在电路中起的作用分别画在不同电路中。属于同一电器上的各个部件都标注相同的文字符号。

(4) 所有器件的状态在图中表示的是常态。如开关和触点的状态均以线圈未通电时的状态为准,行程开关、按钮等以不受力状态为准。

(5) 电动机和电器的各个接线端子都有回路标号。元件在图中有位置编号,以便寻找对应的元件,将电路图划分成若干图区,并表明电路的用途、作用及区号。

(6) 安装接线图是依据电路图绘制的。电路图主要用来表明电气设备、控制元件等之间的相互关系和分析电路的工作原理。接线图主要用来表示各电器的实际位置,同一电器的各元件画在一起,并且常用虚线框起来,如一个接触器是将其线圈、主触点、辅助触点绘制在一起用虚线框起来。

(7) 接线图中各电气元件的图形符号和文字符号以及端子的编号与电路图一致,可以对照查找。凡是导线走向相同的一般合并画成单线。控制板内和板外各元件之间的电气连接是通过接线端子来进行的。

4.2 电动机直接起动控制电路图的识读

三相异步电动机的起动电流很大,约为额定电流的 5～7 倍。当电网容量较小时,这样大的起动电流会使电网电压显著降低,影响电网上其他电气设备的正常工作。因此三相异步电动机起动时必须根据具体情况选择不同的起动方法。

异步电动机的起动方式有两种,即直接起动和降压起动。选择电动机是否直接起动或降压起动主要取决于电动机的容量。一般电动机容量在 10kW 以下,小于供电变压器容量的 20% 时,都应尽可能采用直接起动。直接起动具有投资少、设备简单、操作方便、起动迅速等优点。

4.2.1 电动机手动直接起动控制电路图

一般工厂使用的一些小容量、起动不频繁的三相电动机设备,常用手动运转控制。最简单的一种三相异步电动机直接起动控制电路,如图 4-1 所示。图中的电源开关可采用胶盖瓷底闸刀开关、转换开关或空气断路器。合上或断开隔离开关 QS,电动机运转或停止。当线路发生短路故障或长时间严重过载时,熔断器 FU 的熔体熔断,切断电源,以保证安全。

为了保证在直接起动电流冲击下不致熔断，熔断器 FU 按电动机额定电流的 1.5～2.5 倍进行选择。采用该控制电路的优点是结构简单、维修方便，缺点是保护措施不完善，它只能起到短路保护作用，而不能保护电动机因长期过载不大的情况下发热烧毁。同时，如果运行中有一根熔丝熔断，电动机也会因单相运行而过热烧毁。

该电路识读过程如下：

起动：合上隔离开关 QS→电动机 M 得电起动运行。

停止：断开隔离开关 QS→电动机 M 失电停止运行。

4.2.2　电动机按钮点动运转控制电路图

在生产过程中，常用按钮点动控制电动机的起停，以满足工作的需要。这种控制电路称为点动控制电路，点动控制电路采用的也是直接起动，如图 4-2 所示。

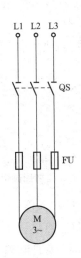

图 4-1　电动机隔离开关直接起动控制电路

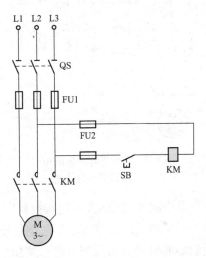

图 4-2　电动机点动控制电路

当需要电动机工作时，按下按钮 SB，交流接触器 KM 线圈得电、主触点闭合，使三相交流电源通过接触器主触点与电动机接通，电动机便起动运转。当松开按钮 SB 时，接触器 KM 线圈失电，主触点复位而断开，电动机便断电停止运转，达到点动控制的目的。

该电路识读过程如下：

合上隔离开关 QS→按下按钮 SB→线圈 KM 通电→KM 动合主触头闭合→电动机 M 得电起动运行。

松开按钮 SB→线圈 KM 失电→电动机 M 失电停止运行。

4.2.3　具有过载保护的电动机单向运转控制电路

具有过载保护的单向运转控制电路如图 4-3 所示，热继电器的热元件串联在主电路中。

当电动机过载时，热继电器 FR 的热元件所通过的电流超过电动机的额定电流值，使 FR 内部双金属片弯曲加大，推动 FR 动断触点动作，断开控制线路，使交流接触器 KM 的线圈断电、触点复位，电动机便脱离电源停转，起到过载保护作用。断电后，FR 的热元件冷却，但其动断触点不会自动复位闭合，必须待查出过载原因后，手动复位。

4.2.4 带有过载保护的电磁起动器直接起动控制电路

电磁起动器就是交流接触器和热继电器两者组合成的起动设备，其中交流接触器用来接通或断开电源，热继电器起过载保护。具有操作安全轻便、过载保护能力强等优点，电动机电磁起动器直接起动控制电路如图4-4所示。

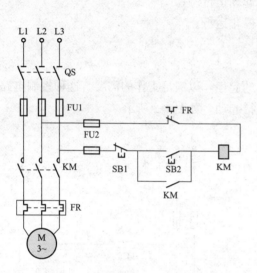

图 4-3　具有过载保护的电动机单向
运转控制电路

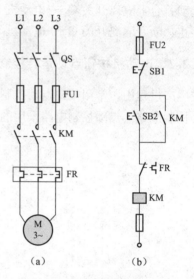

图 4-4　电动机电磁起动器直接
起动控制电路

电路中的开关QS并不直接控制电动机，只是作为隔离之用。电路中同时采用熔断器作为短路保护装置。起动时，首先合上开关QS，引入三相电源。然后按下起动按钮SB2，交流接触器KM的吸引线圈通电，使接触器主触头闭合，电动机接通电源直接起动运转。同时与起动按钮SB2并联的动合辅助触头KM闭合，使接触器吸引线圈经两条路径通电。这样，当手松开时SB2自动复位，接触器KM的线圈仍可通过辅助触头KM使接触器线圈继续通电，从而保持电动机的连续运行。当需要电动机停止运行时，按下停止按钮SB1，接触器失电，电动机停止运转。

该电路识读过程如下：

电动机起动：按下起动按钮SB2→KM的吸引线圈通电→电动机M起动。

电动机停止：按下停止按钮SB1→接触器失电→电动机M停止。

应注意的是，按按钮动作要快且一定要按到底，不可作轻微断续点动，以免接触器误动作烧毁触头。如果电动机在运行中过载，热继电器的发热元件FR将受热变形，使它的动断触头断开，接触器线圈KM因断电而自动跳闸，从而保证电动机不致烧毁。如再起动，需按一下FR的复位按钮，使动作机构回到原来的位置。由于热继电器的发热元件串联在电源线上，从而避免了电动机单相运行引起的严重故障。

4.2.5 利用复合按钮的电动机点动、长动控制电路

利用复合按钮控制的既能点动、又能正常长时间运行（长动）的电路如图4-5所示。

1. 长动控制电路分析

需要电动机长动时，合上电源开关 QS，按长动按钮 SB2，交流接触器 KM 线圈得电，KM 主触点闭合，电动机运转；同时，KM 辅助动合触点闭合，实现自锁。

需要停机时，拉开 SB1，控制电路断电，接触器释放，电动机停转。

2. 点动控制电路分析

需要电动机点动时，合上电源开关 QS，按点动按钮 SB3，SB3 动断触点分断，断开自锁回路；同时，SB3 动合触点闭合，KM 线圈得电，KM 主触点闭合，电动机运转。

松开点动按钮 SB3，KM 线圈失电，KM 主触点复位，电动机停转。

4.2.6 电动机低速点动控制电路

电动机低速点动控制电路如图 4-6 所示，它一般用于机床变速、对刀等场合。

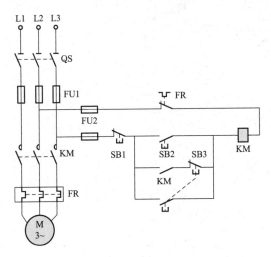

图 4-5 利用复合按钮的电动机点动、长动控制电路

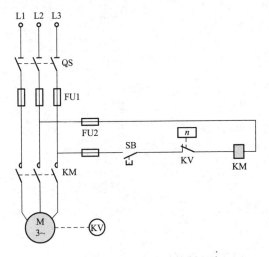

图 4-6 电动机低速点动控制电路

当按下控制按钮 SB 时，交流接触器 KM 线圈得电吸合，电动机运行。当电动机转速上升到速度继电器 KV 设定的动作转速时，KV 动断触点断开，接触器 KM 释放，电动机断电；当电动机速度下降到速度继电器复位时，KV 触点又重新闭合，使 KM 再次接通，电动机再次起动运行，这样重复上述动作，使电动机在低速点动中转动。

4.2.7 多信号控制电动机运转的电路

对于某些重要设备，为安全起见，为了防止某人误操作，要求两人或两人以上同时对同一台电动机进行起停控制，称多信号控制。多信号控制电动机运转的电路如图 4-7 所示，将动断按钮并联在电路中，动合按钮串联在电路中。

图中 SB1、SB2 为第一人的控制按钮，

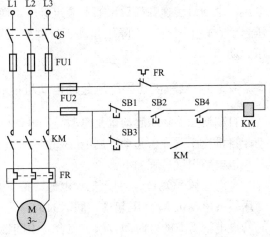

图 4-7 多信号控制电动机运转的电路

SB3、SB4 为第二人的控制按钮，它们分别安装在两个控制盒中。只有当两人同时按下 SB2、SB4 时，接触器 KM 线圈才会得电，电动机 M 才会起动运行。同理，只有当两人同时拉开 SB1、SB3 时，接触器 KM 线圈才会失电，电动机 M 才会停转。

4.2.8　电动机连续运行直接起动控制电路

电动机连续运行直接起动控制电路，如图 4-8 所示，按钮松开，线圈保持通电状态，电动机连续运转。当需要停车时，拉开停车按钮 SB1，KM 线圈失电，电动机 M 失电停止运行。

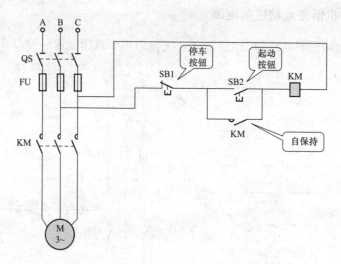

图 4-8　电动机连续运行直接起动控制电路

4.3　电动机降压起动控制电路图的识读

所谓降压起动，就是指电动机起动时设法降低定子每相绕组所加的电压，从而减小起动电流，电动机转速升高后再加上额定电压，使其进入正常运行。笼型和绕线型异步电动机降压起动方式主要有Y-△降压起动、自耦变压器降压起动、延边三角形降压起动、串电阻降压起动等。

4.3.1　自耦变压器降压起动电动机控制电路

自耦变压器降压起动也是笼型异步电动机采用的方法之一，适用于容量较大电动机的起动。自耦变压器降压起动控制电路如图 4-9 所示。

该电路识读过程如下：

合上电源开关 QS，引入三相电源→按下起动按钮 SB2→KM2 线圈得电吸合→引入自耦变压器→电动机 M 降压起动，同时时间继电器 KT 得电并且开始延时→延时时间到了后，时间继电器 KT 的延时动合触头闭合→中间继电器 KA 分断→KM2 失电释放→自耦变压器从电网上切除→接触器 KM1 线圈通电→电动机接到电网运行，完成了整个起动过程。

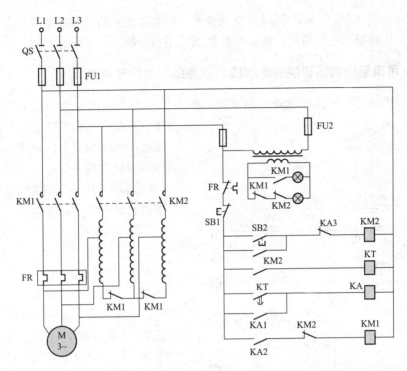

图 4-9　自耦变压器降压起动控制电路

通常自耦变压器具有 40%、60%、80% 多种抽头，可根据需要加以选择。不足的是自耦变压器价格较贵，且不允许频繁起动。

4.3.2　电动机丫-△降压起动控制电路

丫-△降压起动是笼型异步电动机采用的方法之一，适用于电动机在空载或轻载状态下的起动。这样可使起动时定子绕组的相电压为正常运行时的 $1/\sqrt{3}$，对应的相电流差不多也是直接起动时的 $1/\sqrt{3}$，而线电流和起动转矩分别为直接起动时的 1/3。丫-△降压起动控制电路如图 4-10 所示。

该电路识读过程如下：

合上电源开关 QS，引入三相电源→按下起动按钮 SB2→KM、KM丫、KT 的吸引线圈接通→KM，KM丫 的动合触头闭合→电动机 M 在星形接法下起动→过一段时间转速基本上稳定后，时间继电器 KT 延时断开触头、延时闭合触头同时动作→KM丫 线圈断电，KM△ 线圈得电→KT、KM△ 的动合主触头闭合→电动机在 M 三角形接法下运行。

电路有热继电器作过载保护，KM△ 和

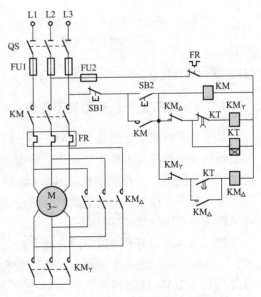

图 4-10　电动机丫-△降压起动控制电路

KM_Y有互锁，防止 KM_△、KM_Y同时得电而造成三相电源短路的危险。闸刀开合会产生较大电弧，易使刀片磨损和发生事故，所以应尽量地选用现成的星—三角起动器。

4.3.3 用电流继电器切换的电动机丫-△降压起动控制电路

许多自动切换的丫-△降压起动控制电路以时间继电器为切换元件，其不足之处是不能随负载变化自动调整起动时间。采用电流继电器作切换元件，用时间继电器作中间换接和后备保护元件的电路，如图 4-11 所示，其特点是能随负载在一定范围内自动调整起动时间。

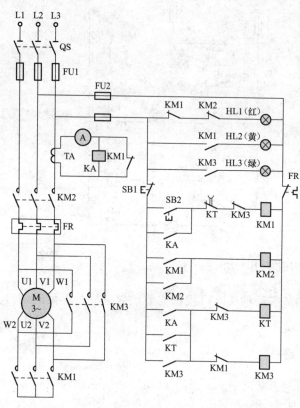

图 4-11　用电流继电器切换的电动机丫-△
降压起动控制电路

合上电源开关 QS，按下起动按钮 SB2，KM1 线圈得电，触点动作，使 KM2 得电吸合并自锁，电动机以丫接法起动。电流继电器 KA 受起动电流影响也随即吸合，KA 动合触点闭合，保证 KM1 继续得电，同时 KA 动合触点闭合，使时间继电器 KT 得电吸合并自锁。当起动电流降至额定值后，KA 释放，KM1 随即失电释放，KM1 辅助动断触点复位，使 KM3 得电吸合并自锁，电动机△接法运行，起动即告完毕。时间继电器 KT 延时断开触点的设置，是保证当 KA 因故障不能释放时，将KM1 断开，其延时整定时间必须大于电动机最长的起动时间。

合上电源开关 QS 时，HL1 亮，作电源指示。丫接法起动时，HL1 灭，HL2 亮。而△接法运行时，HL1、HL2 灭，HL3 亮，作运行指示。

4.3.4 能防止丫-△起动后不能自动切换的电动机控制电路

对于采用时间继电器进行自动转换的丫-△降压起动控制电路，会因为时间继电器 KT 线圈断线或机械故障卡住无法动作，使电动机起动后一直在丫接法下工作，带负载时电动机发生堵转而烧毁。再者因接触器 KM3 熔焊，停止后再起动，接触器 KM2 无法获电，就会造成电动机在△接法下全压起动。为防止这两种事故的发生，确保丫-△降压起动安全运行，可采用图 4-12 所示的控制电路。

把时间继电器 KT 的瞬时闭合动合触点串联在 KM2 线圈的控制电路，这样若 KT 触点卡住不动时，KT 瞬间闭合动合触点不能闭合，KM2 线圈无法获电，电动机就不能起动。再者 SB2 与 KM1 线圈回路之间串联一个 KM3 辅助动断触点，如果 KM3 的主触点焊住，KM3 的辅助动断触点已断开，就不能再起动电动机，这就提高了丫-△降压起动的可靠性。

4.3.5 电动机定子绕组串电阻降压起动控制电路

定子绕组串电阻降压起动控制电路如图 4-13 所示。

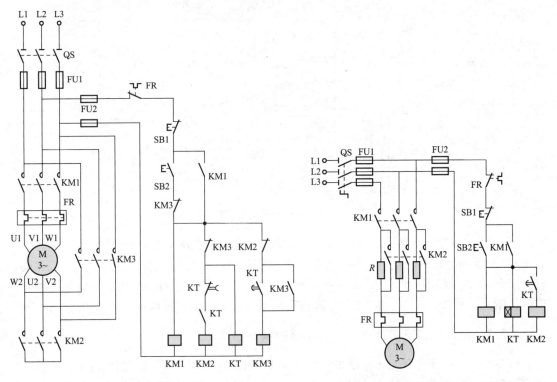

图 4-12 能防止丫-△起动后不能自动切换的
电动机控制电路

图 4-13 电动机定子绕组串电阻降压
起动控制电路

该电路识读过程如下：

合上电源开关 QS，引入三相电源→按下起动按钮 SB2→接触器 KM1 通电且自锁，时间继电器 KT 线圈通电→电动机 M 定子绕组串电阻降压起动→经过一定时间延时后，时间继电器 KT 的延时动合触头闭合→接触器 KM2 通电→三对主触头将电阻 R 短接→电动机 M 全压运行。

4.3.6 电动机转子回路串接电阻起动控制电路

转子回路串接电阻起动是绕线型异步电动机常用的起动方法，它是利用转子回路可以通过集电环外串电阻来达到减小起动电流，提高转子电路功率因数和起动转矩的目的。适用于要求起动转矩较高的场合。

电动机转子回路串接电阻起动控制电路如图 4-14 所示。

该电路识读过程如下：

合上电源开关 QS，引入三相电源→按下 SB2→接触器 KM4 得电且自锁，其主触头闭合→电动机 M 接通电源→KM4 动合触头闭合，时间继电器 KT1 线圈通电但其未动作→电动机串全部电阻起动→经过一段时间延时后，KT1 动合触头延时闭合→KM1 线圈通电，KM1 主触头闭合，电阻 R_1 被短接；同时 KM1 辅助动合触头闭合，时间继电器 KT2 线圈通电→经过一段

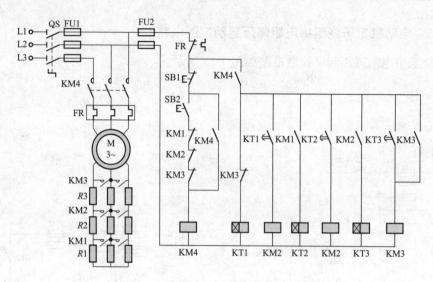

图 4-14　电动机转子回路电阻起动控制电路

时间延时后→KT2 动合触头闭合，KM2 线圈通电，KM2 主触头闭合→电阻 R_2 被短接，同时 KM2 辅助动合触头闭合，时间继电器 KT3 线圈通电→经过一段时间延时后，KT3 动合触头闭合，KM3 线圈通电，KM3 主触头闭合，电阻 R_3 被短接→KM3 辅助动断触头断开→KT1、KM1、KT2、KM2、KT3 的线圈依次断电，所有电阻被短接→电动机进入正常运行。

4.3.7　电动机转子回路串频敏变阻器控制电路

从 20 世纪 60 年代开始，广泛采用频敏变阻器来代替起动电阻以控制绕线型异步电动机的起动频敏变阻器是一种静止的、无触头的电磁元件，利用它对频率的敏感而自动变阻，其电阻值随着转子电流频率的变化而变化。频敏变阻器是一种由铸铁片或钢板叠成铁心，外面再套上绕组的三相电抗器，接在转子绕组的电路中，其绕组电抗和铁心损耗决定的等效阻抗随着转子电流的频率而变化。频敏变阻器是一种有独特结构的新型无触点元件。其外部结构与三相电抗器相似，即有三个铁心柱和三个绕组组成，三个绕组接成星形，并通过滑环和电刷与绕线型电动机三相转子绕组相接。接在转子绕组回路中的频敏变阻器，其等效电抗随着转子电流频率的减小而减小。电动机平稳起动完毕后，短接频敏变阻器，使电动机正常运行。转子回路串频敏变阻器控制电路如图 4-15 所示。

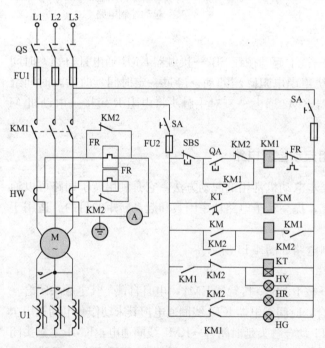

图 4-15　电动机转子回路串频敏变阻器控制电路

该电路识读过程如下：

合上电源开关 QS，引入三相电源→按下 SA，接通控制回路电源→按下 QA，接触器 KM1 线圈通过 SBS、QA、KM2 动合触头和 FR 回路得电，并通过 KM1 的动合触头实现自锁→KM1 主触头闭合→电动机 M 接通电源→当绕线型电动机 M 刚开始起动时，电动机转速很低，故转子频率 f_2 很大（接近 f_1），频敏变阻器铁心中的损耗很大，即其等值电阻 R_m 很大，故限制了起动电流，增大了起动转矩→随着转子转速 n 的增加，转子电流频率下降，R_m 减小，使起动电流及转矩保持一定数值。频敏变阻器实际上利用转子频率 f_2 的平滑变化达到使转子回路总电阻平滑减小的目的→起动结束后，转子绕组短接，把频敏变阻器从电路中切除→电动机进入正常运行。

由于频敏变阻器的等值电阻 R_m 和电抗 X_m 随转子电流频率而变，反应灵敏，故叫频敏变阻器。转子回路串频敏变阻器控制电路的优点是结构较简单，成本较低，维护方便，平滑起动；缺点是有电感存在，$\cos\phi$ 较低，起动转矩并不很大，适于绕线型电动机轻载起动。

4.3.8　电动机软起动

随着电力电子技术的快速发展，智能型软起动器得到广泛地应用。利用它不仅可以在整个起动过程中无冲击、平滑地起动电动机，而且可以做到根据电动机的负载调节起动中的参数。软起动主要利用软起动器使电压从某一较低值逐渐上升至额定值，然后利用与之配套规格的旁路接触器使电动机投入正常运行。软起动控制系统框图如图 4-16 所示。

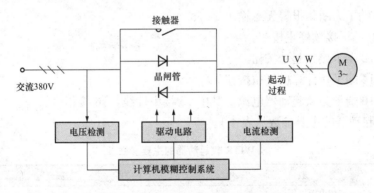

图 4-16　电动机软起动控制系统框图

起动时选择合适的起动电压 U_s，将电动机的输出电压 U_s 调到大于负载的静摩擦力矩，使负载能立即开始转动。此后，随着输出电压 U_s 的加大，电动机不断地加速。软起动器在起动过程中能自动地检测输出电压，当电动机达到额定转速时，使输出电压达到额定电压。

WITR 系列软起动器主电路采用进口大功率可控硅模块，具有结构紧凑、可靠性高等特点，广泛地应用于机电、能源、交通、建筑、矿山、化工、消防等领域。WITR 软起动器典型应用控制电路如图 4-17 所示。

其接线端子功能如下：

（1）1、2 端子串联于主接触器线圈的回路中，软停止后将断开主接触器电源。

（2）3、4 端子接旁路接触器线圈的电路中。

（3）5、6 端子为旁路接触器电源（AC220V/AC380V）。

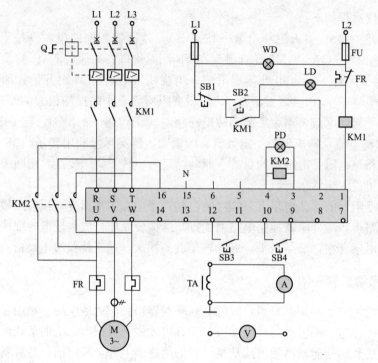

图 4-17 WITR 软起动器典型应用电动机控制电路

（4）7、8 端子为断相报警无源输出。

（5）9、10 端子接软停止按钮。

（6）11、12 端子接软起动按钮。

（7）13、14 端子接计算机复位按钮。

（8）15、16 端子为软起动器电源，其中 15 接中性线，16 接相线。

WITR 软起动器的主要参数见表 4-1。

表 4-1   **WITR 软起动器的主要参数**

序 号	参 数	单 位	额 定 值
1	三相电源电压	V	380
2	频率	Hz	50
3	控制电源	V	AC220
4	电动机功率	kW	5.5～250
5	额定绝缘电压 U_i	V	660
6	标称电流 I_N	A	15～500 共 15 种额定值
7	最大启动电流 I_h	A	2～7 倍标称电流
8	显示方式		绿色指示灯软起动、软停车过程中闪烁，事故时闪烁频率加快
9	起动方式		电压斜坡、标准负载起动时间 10s、$3I_N$，重载 15s、$3.5I_N$，电流限制 1～4.5I_N
10	停止方式		软停车：标准负载 10s，重载 15s 自由停车
11	起动停止次数		每小时不宜超过 12 次
12	工作温度	℃	−35～＋50

4.3.9　小电流三相异步电动机丫—△—丫转换控制电路

电动机丫—△—丫接法转换，就是根据电动机负载变化的情况，用改变绕组接线的方式来调整绕组电压，电动机重载（负载率＞40％）时采用△接法，作全电压运行；轻载（负载率＜40％）时改为丫接法，作低电压节电运行。实现丫—△—丫自动切换的控制电路如图 4-18 所示，时间继电器 KT1 用作电动机由丫到△切换延时的过渡，其延时时间应比电动机起动时间长 5～50s；时间继电器 KT2 作电动机用由△到丫切换延时的过渡，其延时时间可整定在 50s 左右。

该电路识读如下：

合上电源开关 QS，按下起动按钮 SB2，接触器 KM1 线圈得电吸合并自锁，其主触点闭合，将三相电源引入电动机；接触器 KM2 得电吸合，使电动机以丫接法起动。起动电流使电流继电器 KA 动作，KT1 线圈得电，由于延时时间比电动机起动时间长，KT1

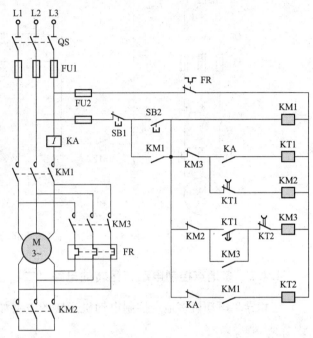

图 4-18　小电流三相异步电动机丫—△—丫转换控制电路

触点不动作。如果在空载或轻载下起动，起动电流迅速下降，使电流继电器 KA 触点复位，KT1 线圈失电，KT1 触点不动作。在空载或轻载工作时，电流继电器 KA 不动作，使 KT1 线圈不能得电，KT2、KM2 线圈不能失电，KM3 线圈不能得电，确保电动机在丫接法下运转。

如果在重载下起动，当 KT1 延时时间到，其延时断开的动断触点断开，使 KM2 失电释放，其主触点断开，断开电动机的丫接法；KM2 辅助动断触点复位，KT1 延时闭合的动合触点闭合，使 KM3 得电吸合并自锁，其主触点闭合，使电动机在△接法下运行，同时 KM3 辅助动断触点断开，起到联锁作用，还使 KT1 失电释放。在重载工作时，KA 吸合，KM1、KM3 得电吸合，确保电动机在△接法下运行。

当负载变化，由轻载变为重载时，KA 吸合，KT2 线圈失电、触点复位，为 KM3 线圈得电作准备；KT1 线圈得电，延时一段时间，KM2 失电释放，使 KM3 得电吸合并自锁，使电动机在△接法下运行。由重载变为轻载时，KA 触点复位，KT1 线圈失电、触点复位，为 KM2 线圈得电作准备；KT2 线圈得电，延时一段时间，KM3 失电释放，使 KM2 得电吸合，使电动机在丫接法下运行。

4.4　电动机常用典型控制电路

4.4.1　多地点控制电动机运转的电路（一）

有时由于实际需要，要求在两个或两个以上地点都能对同一台电动机进行控制，称多点控制。电动机多地点起动控制电路图如图 4-19 所示。图中甲、乙两地同时控制一台电机。采用的方法：两起动按钮并联；两停车按钮串联。

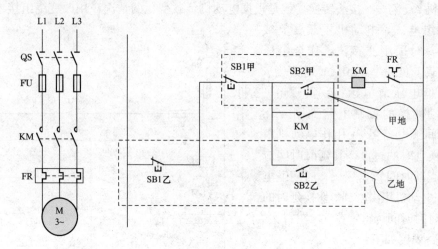

图 4-19　电动机多地点起动控制电路图

4.4.2　多地点控制电动机运转的电路（二）

三相异步电动机多地点控制电动机运转的电路如图 4-20 所示，该电路可在多处对同一台电动机进行起停控制，且各控制点之间仅需 2 根连线。

多地点控制电动机运转的电路中起动按钮 SB2 并联在电路中，停止按钮 SB1 串联在电路中。开机时，按下任一地点的起动按钮 SB2，则接触器 KM 线圈得电，辅助动合触点闭合自锁，KM 主触点闭合，电动机运转。停机时，按下任一地点的停止按钮 SB1，则 KM 线圈失电，触点复位、断开，电动机停转。

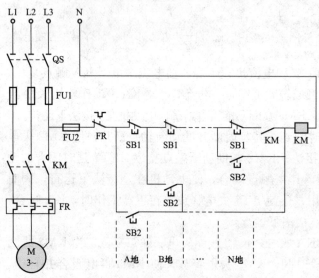

图 4-20　多地点控制电动机运转的电路

4.4.3　电动机可正、反转点动控制电路

由于生产实践的需求，有时要求电动机具有正反转的功能。三相异步电动机可正、反转点动控制电路如图 4-21 所示。

该电路识读过程如下：

合上电源开关 QS，按下 SB1 时，交流接触器 KM1 线圈得电，KM1 的主触点闭合，电动机正向转动；按下 SB2 时，交流接触器 KM2 线圈得电，KM2 的主触点闭合，电源相序改变，电动机反向转动。松开 SB1 或 SB2 时，接触器线圈断电，主触点复位、断开，电动机停转，实现了正、反转点动控制。

为了防止两个接触器同时吸合造成电源两相短路，采用了接触器触点联锁保护，即在两个线圈回路中串一个对方的动断辅助触点，以保证只有一个接触器接通。

4.4.4　电动机按钮联锁正、反转控制电路

三相异步电动机按钮联锁正、反转控制电路如图 4-22 所示，采用了复合按钮联锁连接，既保证了正、反转接触器 KM1 和 KM2 不会同时通电，又可不按停止按钮而直接按反转按钮进行反转起动。同样，由反转运行转换成正转运行，也只需直接按正转按钮。

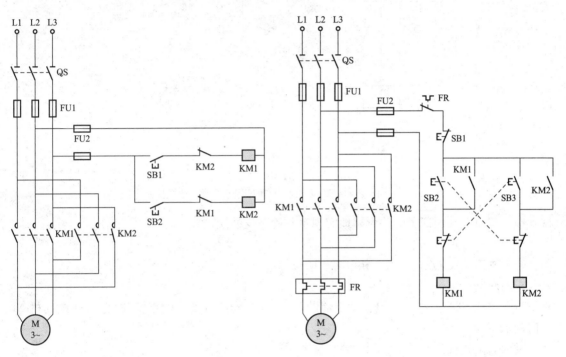

图 4-21　可正、反转点动电动机控制电路　　　图 4-22　按钮联锁正、反转电动机控制电路

该电路识读过程如下：

合上电源开关 QS，按下正转按钮 SB2，SB2 动断触点分断，接触器 KM2 线圈不得电，实现按钮联锁；同时，SB2 动合触点闭合，接触器 KM1 线圈得电自锁，KM1 主触点闭合，电动机正转起动、运行。

需要直接反转运行时，按下反转按钮 SB3，SB3 动断触点分断，KM1 线圈失电，KM1 主触点断开，M 正转运行停，实现按钮联锁；同时，SB3 动合触点闭合，KM2 线圈得电自锁，KM2 主触点闭合，电动机反转起动、运行。

停机时，按下 SB1，控制电路断电，电动机停转。

4.4.5　接触器联锁正、反转起动电动机控制电路

三相异步电动机接触器联锁正、反转起动控制电路如图 4-23 所示。

该电路利用两个接触器的动断触头 KM1、KM2 起相互控制作用，即利用一个接触器通电时，其动断辅助触头的断开来锁住对方线圈的电路。这种利用两个接触器的动断辅助触头互相控制的方法叫做互锁。同时还采用复合按钮 SB1、SB2 进行互锁，这种互锁方式叫做机

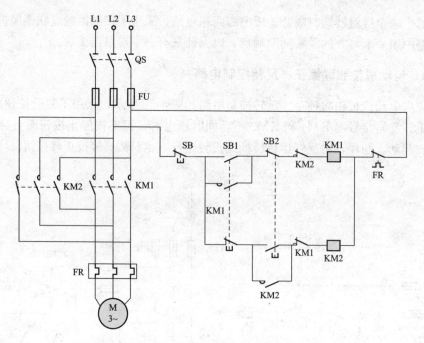

图 4-23　三相异步电动机接触器联锁正反转起动电动机控制电路

械互锁。双重互锁保证了电路可靠地实现正→停→反的操作。

该电路识读过程如下：

合上闸刀开关 QS，引入三相电源。

正向起动过程：

按下按钮 SB1→KM1 得电（动断辅助触头同时断开，KM2 电路实现自锁）→电动机 M 正向起动运转。

反向起动过程：

按下按钮 SB2→KM1 失电（SB2 动断触头断开 KM1）→电动机 M 停止正转→KM2 得电（动断辅助触头同时断开，KM1 失电）→电动机 M 反向起动运转。

该电路中，正转接触器 KM1 和反转接触器 KM2 的辅助动断触点进行联锁。电路要求接触器不能同时通电，为此，在正、反转控制电路中分别串联了 KM1 和 KM2 的辅助动断触点，以保证 KM1 和 KM2 不会同时通电。该触点称互锁触点或联锁触点。

4.4.6　用防止相间短路的正、反转电动机控制电路

在电动机正、反转进行直接换接时，常因电动机的容量较大或操作不当等原因，接触器主触点会产生较严重的电弧。如果电弧尚未完全熄灭时，反转的接触器闭合，就会引起相间短路。如果在正、反转的起动控制电路中，加一个中间继电器 KA，就可防止相间短路，如图 4-24 所示。

该电路是将中间继电器 KA 的动断触点接入正、反转接触器吸引线圈的电路中，如果主触点的电弧未熄灭，KA 线圈就吸合，其动断触点断开，切断了转换电路，此时即使按下了 SB3（或 SB2），也无法使 KM2（或 KM1）线圈得电，从而保证了只有在主触点的电弧熄灭后，才能接通转换电路。

4.4.7　利用转换开关预选的正、反转起停电动机控制电路

三相异步电动机要改变转向，只需将引向电动机定子的三相电源线中的任意两根导线对调一下即可。利用转换开关预选的正、反转起停控制电路如图 4-25 所示，该电路利用转换开关 SA 先选择正转或反转，然后再用按钮控制起停。

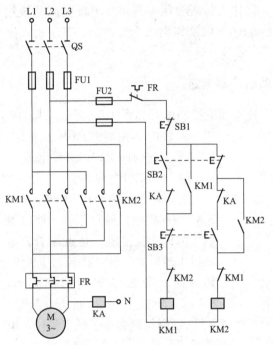

图 4-24　防止相间短路的正、反转
电动机控制电路

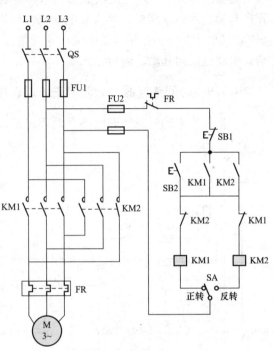

图 4-25　利用转换开关预选的电动机正、
反转起停控制电路

需要正转时，将转换开关 SA 转到"正转"位置，按下起动按钮 SB2，接触器 KM1 线圈得电并自锁，主触点闭合，电动机正转运行。反转时，将转换开关 SA 直接转到"反转"位置，然后再按下 SB2，接触器 KM2 线圈得电并自锁，主触点闭合，电动机反转运行。

这种控制电路简单，反转操作时电弧已熄灭，能有效防止相间短路，不足之处是不能直接进行正、反转操作。

4.4.8　防止误起动的正、反转电动机控制电路

三相异步电动机防止误起动的正、反转控制电路图如图 4-26 所示，

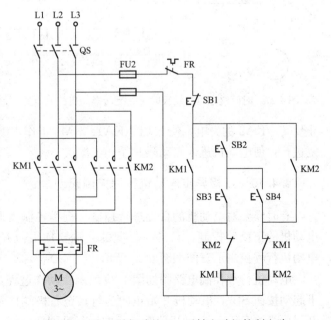

图 4-26　防止误起动的正、反转电动机控制电路

与典型控制电路相比，该电路增加 1 个起动按钮，需双手操作。这样，平时无意中误碰任何 1 个起动按钮，或按照传统方法仅一只手去按起动按钮，电动机不能起动，可应用于某些较复杂的施工和生产场合。

当需要电动机正转时，操作人员不仅需用一只手按下起动按钮 SB2，还需用另外一只手按下起动按钮 SB3，才能使接触器 KM1 线圈得电吸合并自锁，其主触点闭合，使电动机 M 正向起动、运行。同样，当需要电动机反转时，操作人员既要用一只手按下反向起动按钮 SB4，又要用另外一只手按下 SB2，才能使接触器 KM2 线圈得电吸合并自锁，其主触点闭合，电动机反向起动、运行。

4.4.9 时间继电器自动限时正、反转电动机控制电路

三相异步电动机时间继电器自动限时正、反转电动机控制电路如图 4-27 所示，电动机正、反转时间由时间继电器 KT1、KT2 的延时时间整定值来确定。

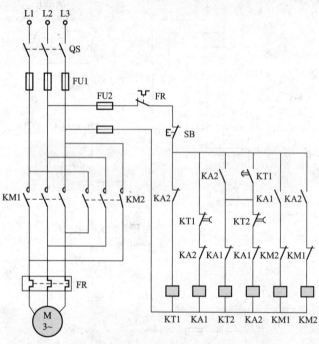

图 4-27 时间继电器自动限时正、反转电动机控制电路

该电路识读过程如下：

合上电源开关 QS，中间继电器 KA1 线圈得电、触点闭合，使接触器 KM1 线圈得电、触点闭合，电动机正转，时间继电器 KT1 同时开始计时。当 KT1 计时时间到后，KT1 动断触点延时断开，KA1、KM1 线圈相继失电、触点复位，电动机停止正转；与此同时，KT1 的动合触点延时闭合，中间继电器 KA2 线圈得电、触点闭合，使 KM2 线圈得电、触点闭合，电动机反转，同时时间继电器 KT2 开始计时。当 KT2 计时时间到后，KT2 动断触点延时断开，KA2、KM2 线圈相继失电、触点复位，电动机停止反转。KA2 的失电，使 KT1、KA1、KM1 工作，电动机又进入正转运行。如此该过程反复进行，使电动机进入自动限时循环工作状态。

4.4.10 三相异步电动机行程控制起动电路

有时候要对电动机的行程进行控制，行程控制实质为电动机的正反转控制，只是在行程的终端要加限位开关，电动机行程控制示意图如图 4-28 所示。

电动机行程控制电路图如图 4-29 所示。动作过程：按下起动按钮 SB2，电动机开始正向运行，至右极端位置撞开限位开关 STA，电动机停车。反向运行可同样分析。

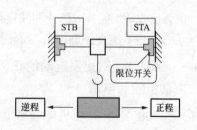

图 4-28 电动机行程控制示意图

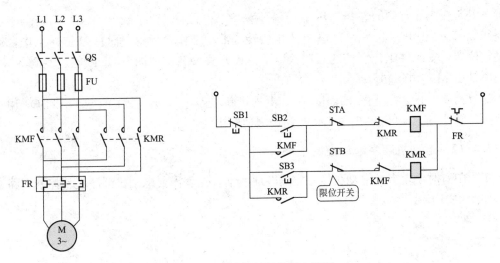

图 4-29 电动机行程控制电路图

4.4.11 电动机自动往返控制电路

铣床、刨床、车床等机电设备需要工作台在设定的行程内能自动往返，这就需要通过自动往返控制电路来实现。自动往返控制电路如图 4-30 所示。

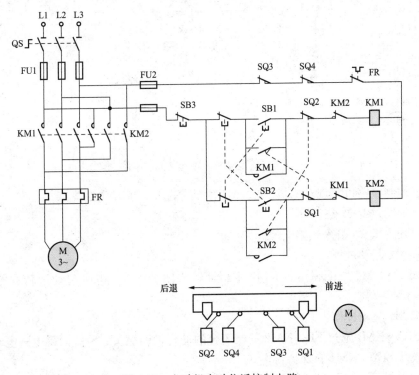

图 4-30 电动机自动往返控制电路

该电路识读过程如下：

按下 SB1→线圈 KM1 得电→电动机 M 得电正转，带动工作台前进→工作台运行到预定位置，安装在工作台侧的左挡铁压下行程开关 SQ2→线圈 KM1 断电→SQ2 的动合触点闭合→线圈 KM2 得电→电动机 M 电源换相反转，带动工作台后退→SQ2 复位→工作台运行到预定位置，安装在工作台侧的右挡铁压下行程开关 SQ1→线圈 KM2 断电，线圈 KM1 得电→电动机 M 得电正转，带动工作台前进

如果需要停止，按下停止按钮 SB2，电动机断电停止运转。图中的 SQ3 和 SQ4 用于限位保护，防止 SQ1 和 SQ2 失灵工作台超极限位置出轨。

4.4.12　电动机顺序起动控制电路

实际中有时要求多台电动机按一定的顺序起动，这就需要电动机顺序起动控制电路来实现，如图 4-31 所示。

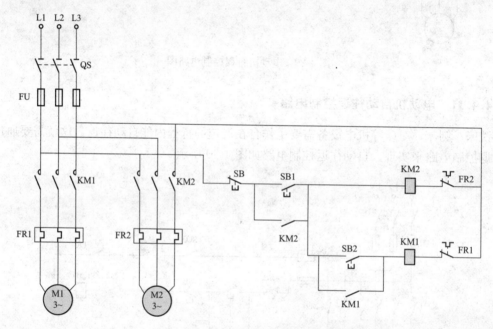

图 4-31　电动机顺序起动控制电路

通过该控制电路可实现对电机 M2、M1 的顺序起动。其中 M2 先起动，M1 后起动。

该电路识读过程如下：

合上刀开关 QS，引入三相电源。

电动机 M2 起动过程：

按动 SB1→KM2 线圈得电→KM2 主、辅触头闭合→M2 得电起动运转→松开 SB1→KM2 线圈自保持得电。

电动机 M1 起动过程：

按动 SB2→KM1 通过 SB，KM2 的已闭合的动合辅助触头、SB2 而得电→电动机 M1 起动运行→松开 SB2→KM1 自保持得电。

按动 SB→电动机 M1 和 M2 停止运转。

4.4.13　电动机间歇运行控制电路

电动机间歇运行控制电路如图 4-32 所示。

该电路识读过程如下：

合上刀开关 QS，引入三相电源→按下起动按钮 S→交流接触器 KM 和时间继电器 KT1 得电吸合→电动机 M 起动运转→运行一段时间后，KT1 延时闭合触头闭合→接通继电器 KA 和时间继电器 KT2→继电器 KA 动断触头断开→电动机 M 停止运转→再经过一段时间后，KT2 延时断开触头断开→继电器 KA 断电释放→KA 动断触头闭合→KM 再次得电吸合→电动机 M 再次起动运转。

循环上述动作，可实现电动机的间歇运行。

4.4.14　两台电动机先后运转的联锁控制电路

两台电动机先后运转的联锁控制电路如图 4-33 所示，该电路可满足 M1 先起动 M2 后起动的要求。

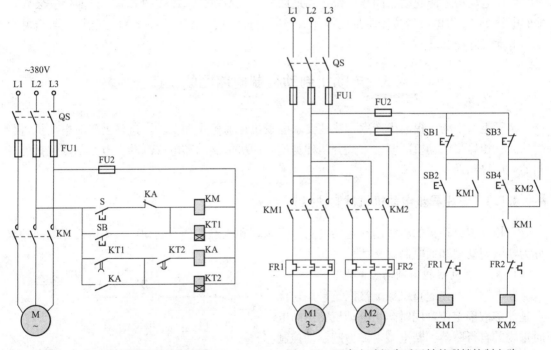

图 4-32　电动机间歇运行控制电路　　　　图 4-33　两台电动机先后运转的联锁控制电路

当按下起动按钮 SB2 时，接触 KM1 线圈得电吸合并自锁，KM1 主触点闭合，电动机 M1 起动。同时串接在电动机 M2 控制电路中的 KM1 接触器的辅助动合触点闭合，为电动机 M2 做好起动准备。此时再按下起动按钮 SB4，接触器 KM2 线圈得电吸合并自锁，KM2 主触点闭合，电动机 M2 起动。如果在电动机 M1 起动之前，误按下按钮 SB4，因接触器 KM1 的动合联锁触点没有闭合，接触器 KM2 线圈不会得电，电动机 M2 不会起动，也就满足了 M1 先起动、M2 后起动的要求。

4.4.15　避免机械伤害的电动机两地控制电路

能避免机械伤害的两地控制电路图如图 4-34 所示，图中的电动机单向运转两地控制电路与典型控制电路相比，控制接触器线圈的两个起动按钮的动合触点不是并联而是串联。这

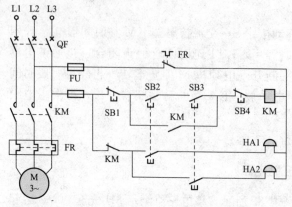

图 4-34 避免机械伤害的电动机两地控制电路

样，在同一拖动系统的两地工作的 2 名操作人员，必须同时各按 1 个起动按钮，方能使电动机起动，这样便可从根本上避免那种当 1 名操作人员按下起动按钮之后，使转动起来的机械伤害未能离开的另一地操作人员的事故。

当需要起动电动机 M 时，位于甲地的操作人员按住起动按钮 SB2，只能使安装在乙地的电铃 HA1 得电，待位于乙地的操作人员听到铃声按下起动按钮 SB3 后，接触器 KM 才能得电吸合并自锁，其主触点闭合，电动机才能起动。同样，位于乙地的操作人员按住起动按钮 SB3，只能使安装在甲地的电铃 HA2 得电，待位于甲地的操作人员听到铃声按下 SB2 后，KM 才能得电吸合并自锁，电动机才能起动。

4.5 电动机制动控制电路图的识读

实际生产中为了提高生产率，往往要求电动机迅速停车和反转，这就需要对电动机进行制动。三相异步电动机的制动方式分两种类型，即机械制动和电气制动。电气制动包括能耗制动、反接制动等。

4.5.1 三相异步电动机机械制动控制电路

三相异步电动机的机械制动包括电磁抱闸制动和电磁离合器制动，其中电磁抱闸制动又分为断电制动型和通电制动型两种。

1. 断电型电磁抱闸制动控制电路

断电制动器在起重机械上被广泛采用，优点是能够准确定位，同时防止电动机突然断电时重物的自行坠落。断电型电磁抱闸制动控制电路如图 4-35 所示。

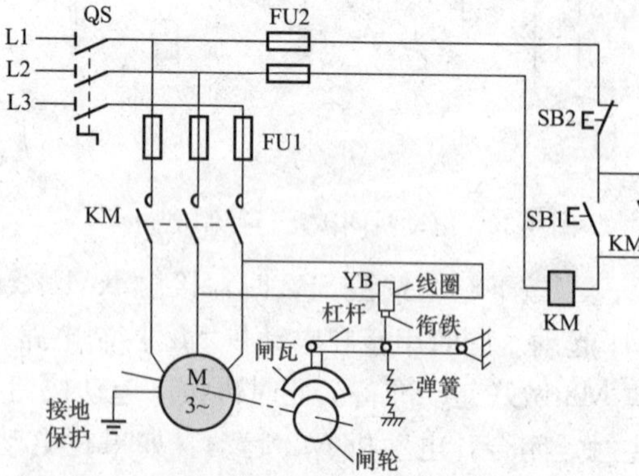

该电路识读过程如下：

按下停止按钮 SB2→接触器 KM 线圈失电，其自锁触头和主触头分断→电动机 M 失电，同时电磁抱闸制动器线圈 YB 也失电→衔铁与铁心分开→在弹簧拉力作用下，闸瓦紧紧抱住闸轮→使电动机被迅速制动而停转。

2. 通电型电磁抱闸制动控制电路

通电型电磁抱闸制动控制主要用于冶金、矿山、港口、建筑、机械等制动装置，具有动特性好、起制动时间快、制动平稳、无噪声、安全可靠、维护简单、寿命长等优点。通电型电磁抱闸制动控制电路如图 4-36 所示。

图 4-35 断电型电磁抱闸制动电动机控制电路

该电路识读过程如下：

按下停止按钮 SB1→接触器 KM1 线圈失电→KM1 辅助动合触头复位，主触头分断→电动机 M 的电源被切除→接触器 KM2 线圈和时间继电器 KT 的线圈同时得电→KM2 主触头闭合→抱闸电磁铁线圈通电→电磁力作用下，抱闸摩片紧紧抱住电动机的制动轮，同时时间继电器 KT 计时→当电动机的转速下降至 0 时，时间继电器 KT 计时时间到达设定时间→时间继电器 KT 的动断触头断开→接触器 KM2 线圈失电→KM2 辅助动合触头复位，主触头分断→抱闸电磁铁线圈和时间继电器 KT 失电→抱闸摩片脱离电动机的制动轮，电动机停转。

3. 电磁离合器制动控制电路

电磁离合器制动和电磁抱闸制动器的制动原理类似，其优点是操作方便、运行可靠、制动过程平稳迅速。电磁离合器制动控制电路如图 4-37 所示。

该电路识读过程如下：

按下停止按钮 SB1→接触器 KM1 或 KM2 的辅助动合触头和主触头复位→电动

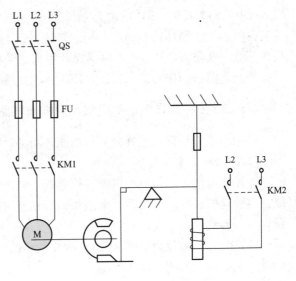

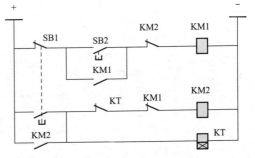

图 4-36　通电型电磁抱闸制动电动机控制电路

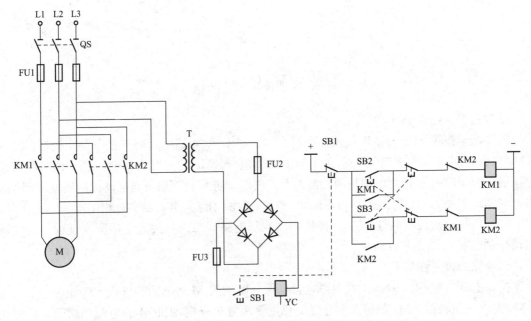

图 4-37　电磁离合器制动电动机控制电路

机 M 的电源被切除→SB1 的动合触头闭合→电磁离合器 YC 得电吸合，将电磁离合器摩片压紧在电动机的制动轮上→电动机的转速迅速下降，当电动机的转速下降至 0 时，松开停止按钮 SB1→电磁离合器 YC 失电，摩片脱离电动机的制动轮，制动结束。

控制电路中的接触器 KM1 和 KM2 分别控制着电动机的正转和反转。

4.5.2　三相异步电动机电气制动控制电路

三相异步电动机的电气制动包括能耗制动、反接制动等。

1. 能耗制动控制电路

能耗制动就是切断电动机的三相电源，同时将直流电源通入定子绕组，从而使其内部形成方向恒定的磁场，这时转子电流和磁场相互作用，产生的转矩方向和电动机的转动方向相反，从而起到制动作用。

（1）能耗制动控制电路（一）。能耗制动控制电路（一）是按时间原则实现的单向能耗制动控制电路，如图 4-38 所示。

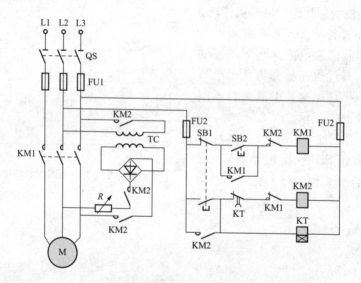

图 4-38　电动机能耗制动控制电路（一）

该电路识读过程如下：

按动起动按钮 SB2→KM1 线圈得电且自保→电动机 M 通电运转→按下停止按钮 SB1→KM1 失电，同时 KM2 得电→时间继电器 KT 得电→KM2 的主触头闭合，经整流后的直流电压通过限流电阻 R 加到电动机两相绕组上，使电动机开始制动→当电动机的转速下降至 0 时，时间继电器 KT 延时触头动作→KM2 和 KT 线圈相继失电，制动过程结束。

（2）能耗制动控制电路（二）。能耗制动控制电路（二）是按速度原则实现的单向能耗制动控制电路，如图 4-39 所示。

该电路识读过程如下：

按动起动按钮 SB2→KM1 线圈得电且自保→电动机 M 通电运转→按下停止按钮 SB1→KM1 失电→接触器 KM1 的辅助动合触头和主触头复位→电动机 M 的电源被切除，此时由于电动机的转速很高，速度继电器 KA 的动合触头闭合→KM2 得电→KM2 主触头闭合→当

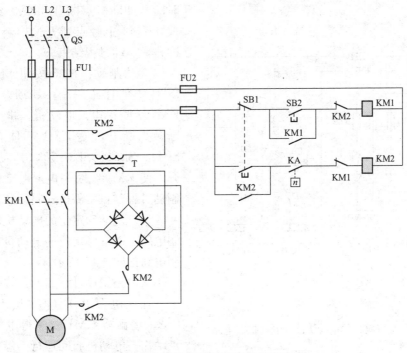

图 4-39　电动机能耗制动控制电路（二）

电动机的转速下降至 0 时→速度继电器 KA 的动合触头断开复位→KM2 失电，制动过程结束。

（3）多点控制的电动机点动能耗制动控制电路。多点控制的电动机点动能耗制动控制线路如图 4-40 所示。

该电路识读过程如下：

起动控制：按下起动按钮 SB13、SB23、SB33 中的任何一个，交流接触器 KM1 线圈得电并自锁，KM1 主触点闭合，电动机起动。KM1 辅助动断触点断开，KT 线圈失电，延时断开动断触点闭合。

正常停机：按下停止按钮 SB12、SB22、SB32 中的任何一个，交流接触器 KM1 线圈失电，KM1 主触点复位，电动机断电。KM1 辅助动断触点复位，交流接触器 KM2 和时间继电器 KT 线圈同时得电，KM2 主触点闭合，直流电流流入电动机定子绕组进行制动；KT 经延时，延时整定时间到，KT 延

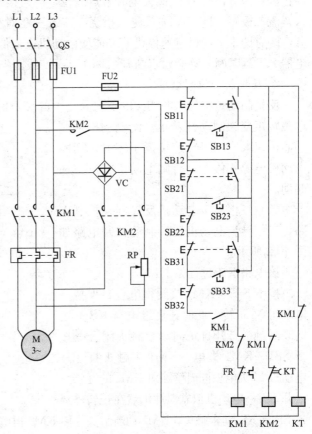

图 4-40　多点控制的电动机点动能耗制动控制电路

115

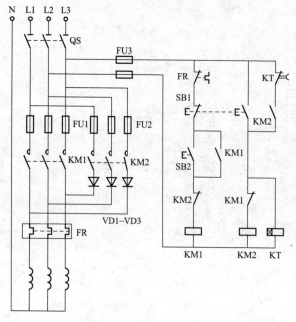

图 4-41　能准确定位的电动机能耗制动控制电路

时断开动断触点断开，KM2 线圈失电释放，KM2 主触点断开，切断整流器 VC 回路，制动过程结束。

点动制动：按下按钮 SB11、SB21、SB31 中的任意一个，其动合触点闭合，KM1 线圈得电，电动机得电起动；其动断触点断开，使 KM1 不能自锁。松开 SB11、SB21、SB31 后，其动合触点断开，使 KM1 线圈失电，电动机断电，其制动过程与正常停机式制动过程相同。

（4）能准确定位的电动机能耗制动控制电路。能准确定位的电动机能耗制动控制电路如图 4-41 所示。

该电路识读过程如下：

合上电源开关 QS，按下起动按钮 SB2，接触器 KM1 线圈得电并自锁，触点动作，电动机起动运行。停机时，按下停止按钮 SB1，KM1 线圈失电、触点复位，同时接触器 KM2 线圈得电并自锁，三相电源串入整流二极管 VD1～VD3，使三相绕组流过三相对称半波整流电流。这种电流含有直流成分，既有助于电动机迅速停机，又能使电动机进入低速反转状态。经过一段延时后，时间继电器 KT 延时断开动断触点断开，KM2、KT 线圈失电，触点复位，制动过程结束。

2. 反接制动控制电路

反接制动是将与电源相接的三根导线中的任意两根互换位置，使得旋转磁场反向旋转，电磁转矩变为制动性转矩，使电动机因制动而迅速减速，当转速接近于零时，切断电动机电源并停车，否则电动机将反方向起动。

（1）三相异步电动机反接制动控制电路。三相异步电动机反接制动控制电路如图 4-42 所示。

该电路识读过程如下：

按下 SB2→KM1 线圈得电且自保持→电动机 M 正转，此时速度继电器 KS 的正向动断触头打开且正向动合触头闭合→按下 SB1→KM1 失电→KM1 主触头打开→电动机 M 失电，同时解除对 KM2 的互锁→松开 SB1→电动机依靠惯性仍然在正转→通

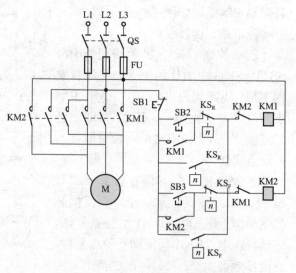

图 4-42　电动机反接制动控制电路

过 SB1，KS_R 动合触头，KM1 动断触头，使 KM2 得电→电动机定子电源反相序，电动机反接制动开始→当转速接近零速时，KS_R 闭合的动合触头断开→KM2 断电释放，反接制动结束。

（2）三相绕线型异步电动机的反接制动控制电路。三相绕线型异步电动机，可利用转子回路中的起动电阻作为反接制动电阻，以转子电压为参数切换回路电阻，线路见图 4-43。图中 KV2、KV3 为电压继电器，在电动机转子反接制动（转差率为 1～2）时才动作，并且整定 KV2 的释放电压大于 KV3 的释放电压。

在起动、运行过程中，转差率 ≤1，KV2 和 KV3 皆处于释放状态。当电动机正向运转时，接触器 KM1、KM3、KM4 和 KM5 都得电吸合，转子回路的电阻 R1、R2、R3 全部被短接，KV2、KV3 都不动作。如果要反向运转，则按下按钮 SB2，接触器 KM2 线圈得电，触点动作，电动机的电源相序改变，进入制动状态。KV2、KV3 触点动作，KM3、KM4、KM5、KT 线圈均失电，转子回路接入全部电阻 R1～R3 限制反接制动电流。随着正向转速下降，转子电压下降，KV2 首先释放，KM3 得电动作，电阻 R1

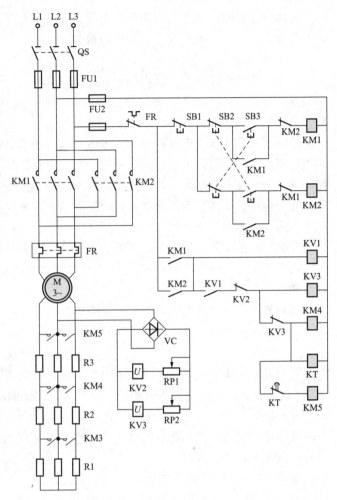

图 4-43　三相绕线转子电动机的反接制动控制线路

被短接，加速了制动。当转子转速降至"0"时，KV3 释放，电阻 R2 被短接，反接制动结束。然后，电动机在反相序电压下进行反向起动。

4.6　电动机的调速控制电路图的识读

4.6.1　三相异步电动机的调速方法

为了满足各种生产机械的需要，在负载一定的情况下，要求人为地改变电动机的转速。由电动机的转速公式 $n=(1-s)\dfrac{60f}{p}$ 不难看出，改变电动机的速度有三种方法，即改变极对数 p、改变频率 f、改变转差率 s。

1. 变极调速

三相异步电动机的极对数 p 取决于定子绕组的布置和连接，在制造电动机时，设计了不同的磁极对数，根据需要只要改变定子绕组的接法，就可以改变电动机的磁极对数，使电动机在不同的转速下运行。

可以改变极对数的电动机叫多速电动机，其中有双速、三速、四速等多种。变极调速的优点是设备简单，缺点是抽头多、极对数少。

2. 变频调速

近年来变频调速技术发展很快，它由晶闸管整流器和晶闸管逆变器组成，将 50Hz 交流电变为直流电，再由晶闸管逆变器变为频率可调、电压可调的三相交流电，供给笼型电动机，达到变频调速的目的。

变频器主要用于交流电动机（异步电动机或同步电动机）转速的调节，是公认的交流电动机最理想、最有前途的调速方案，除了具有卓越的调速性能之外，变频器还有显著的节能作用，是企业技术改造和产品更新换代的理想调速装置。自 20 世纪 80 年代被引进中国以来，变频器作为节能应用与速度工艺控制中越来越重要的自动化设备，得到了快速发展和广泛的应用。

变频调速技术是近年来全面开发和应用的一项高新技术，它采用变频器将 50Hz 的固定供电频率转换为 30～130Hz 的变化频率，实现了电动机运转频率的自动调节，达到节能和提高效率的目的。

变频调速是通过改变电动机定子绕组供电电源的频率来达到调速的目的。电动机的转速 n 与电源的频率 f、转差率 s 和磁极对数 p 有关。其中

$$n = 60f(1-s)/p \tag{4-1}$$

对于成品电动机，其磁极对数 p 已经确定，转差率 s 变化不大，则电动机的转速与电源频率 f 成正比，因此改变输入电源的频率就可以改变电动机的同步转速，进而达到异步电动机调速的目的。

变频器调速的工作原理是把市电（380V、50Hz）通过整流器变成平滑直流，然后利用半导体器件（GTO、GTR 或 IGBT）组成的三相逆变器，将直流电变成可变电压和可变频率的交流电，从而达到调节电动机速度的目的。

变频调速的特点是调速平滑、调速范围广、效率高，但调速设备复杂、成本高。

3. PLC 与变频器组合的变频调速控制

在工业自动化控制系统中，最为常见的是 PLC 和变频器的组合应用，并且产生了多种多样的 PLC 控制变频器的方法。

通过 PLC 与变频器的组合对机械产品进行控制，其优点是拥有较强的抗干扰能力、传输速率高、传输距离远且节省部件经费，从而减少资金消耗。而且 PLC 控制变频器这个组合能更有效地反应故障信息，作用动作更迅速、测量更精确，控制更简单方便。对于变频器应用于电动机与电梯中的调速方式更是优于以往任何一种交流调速方式，能迅速、精确地进行多级和无级调速，优化控制结构系统。

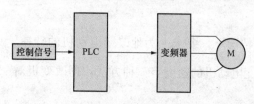

图 4-44　PLC 变频调速系统的结构图

PLC 变频调速系统的示意图如图 4-44 所示。通过 PLC 控制变频器可以达到变频调速的目的，从而实现交流电动机的正反转、起停、加速、减速控制以及速度的调节。

4. 变转差率调速

变转差率调速可以通过改变转子的电阻和调节定子绕组的电压两种方法实现。

(1) 改变转子电阻的调速法。改变转子电阻的调速法适用于运输、起重机械中的绕线型异步电动机。对于一定负载的阻力矩，当转子电阻不同时，其转速也不同，电动机的转速随着转子电阻的增加而下降。这种调速方法的优点是调速设备简单，可在一定的范围内进行调速。缺点是调速电阻有一定的能量损耗，空载、轻载时调速范围较窄。

(2) 调节定子绕组的电压调速法。调节定子绕组的电压调速法适用于笼型异步电动机，对于一定负载的阻力矩，当定子绕组的电压不同时，其转速也不同。与改变转子电阻的调速法相比，优点是调速范围宽，但电压低时特性曲线太软，电阻的变化引起转速的变化太大。目前，随着电子技术的迅猛发展，晶闸管交流调压技术得到了广泛地应用。值得注意的是，电动机速度较低时，转差率 s 较大，电动机的损耗大，电动机发热较严重，所以，这种调速方法不宜于在低速下长期运行。

4.6.2　三相异步电动机的变极调速控制电路

1. △-Y 接法双速变极调速电动机控制电路

典型双速变极调速控制电路如图 4-45 所示。其中双速三相异步电动机的定子绕组接线示意图如图 4-46 所示。

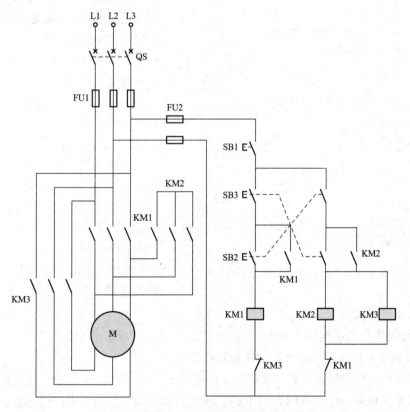

图 4-45　典型双速变极调速电动机控制电路

这是△—Y 接法双速三相异步电动机的控制电路，识读过程如下：

按下起动按钮 SB2→低速控制继电器的线圈 KM1 得电→KM1 的主触头闭合→电动机定子绕组接成三角形接法，如图 4-46 (a) 所示→电动机 M 低速起动并运行。

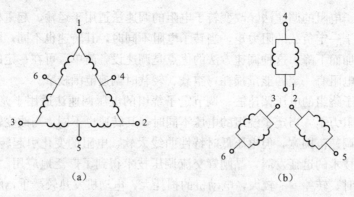

图 4-46　双速三相异步电动机的定子绕组接线示意图

（a）低速下的三角形接法；（b）高速下的双星形接法

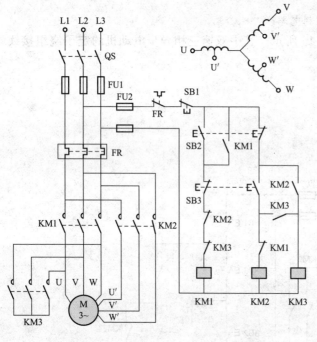

图 4-47　2丫-丫接法双速电动机的控制线路

按下 SB3→控制继电器的线圈 KM1 失电，线圈 KM2 和 KM3 得电→KM2 和 KM3 的主触头闭合→定子绕组接成双星形接法，如图 4-46（b）所示→电动机 M 由低速转为高速运行，实现了手动调速控制。

2. 2丫-丫接法双速变极调速电动机控制电路

一种 2丫-丫双速电动机的控制电路图如图 4-47 所示。

该电路识读过程如下：

低速运转：按下 SB2 时，交流接触器 KM1 得电，触点动作，三相电源与电动机引出线 U、V、W 接通，而 U′、V′、W′空着，电动机绕组为丫接法而低速运转。

高速运转：按下 SB3 时，交流接触器线圈 KM2、KM3 先后得电，触点动作，电动机引出线 U、V、W 接成绕组的中心点，三相电源与电动机引出线 U′、V′、W′接通，此时电动机绕组作 2丫接法，而转速增加约一倍，高速运转。

3. 三相异步电动机的三速变极调速控制电路

三相异步电动机的三速变极调速控制电路图如图 4-48 所示。

这是三速三相异步电动机的控制电路，该电路通过按动按钮可实现电动机由低速到中速，再由中速到高速的调速控制，识读过程如下：

按下起动按钮 SB2→线圈 KM1 和 KM2 得电→KM1 和 KM2 的主触头闭合→电动机定子绕组接成星形接法→电动机 M 低速起动并运行。

按下 SB1 按钮→线圈 KM1 和 KM2 失电→电动机 M 失电→按下 SB4 按钮→线圈 KM3

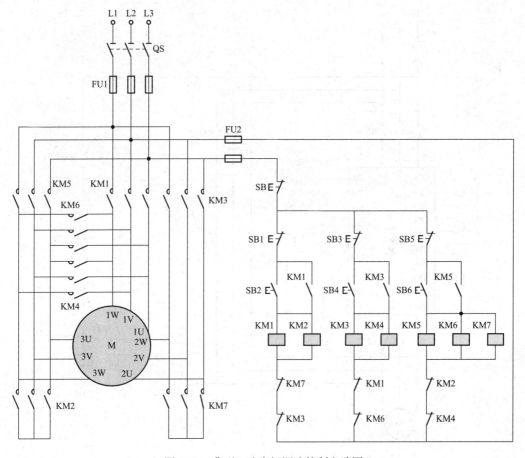

图 4-48　典型三速变极调速控制电路图

和 KM4 得电→线圈 KM3 和 KM4 主触头闭合→电动机定子绕组接成三角形接法→电动机 M 由低速转为中速运行。

按下 SB 按钮，再按下 SB6 按钮→线圈 KM5、KM6 和 KM7 得电→线圈 KM5、KM6 的主触头闭合→电动机定子绕组接成双星形接法→电动机 M 由中速转为高速运行。

4.6.3　三相异步电动机的变频调速控制电路

1. 变频器的工频/变频切换运行电路

变频器是利用电力半导体器件的通断作用将工频电源变换为另一频率的电能控制装置，能实现对交流异步电机的软起动、变频调速、提高运转精度、改变功率因数、过流/过压/过载保护等功能。变频器的工频/变频切换运行线路如图 4-49 所示。

该电路识读过程如下：

合上电源开关 QS，转换开关 SA 在变频位置时，按下起动按钮 SB1，接触器 KM1、KM2 线圈得电，主触点闭合，电动机 M 接变频器起动，经过一定时间延时后，KT 延时闭合动合触点闭合，为工频运行做准备。当变频器故障时，将转换开关 SA 打到工频位置，这时 KM1、KM2 失电释放，KM3 线圈得电，电动机由 KM3 提供工频电源运行。

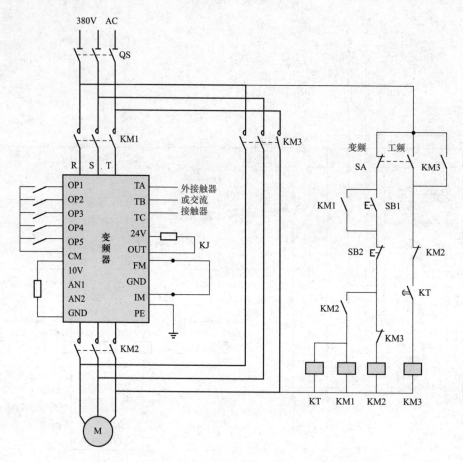

图 4-49 变频器的工频/变频切换运行电动机控制电路

2. 变频器的一拖二电动机起动控制电路

变频器一拖二电动机起动电路如图 4-50 所示。

该电路识读过程如下:

合上电源开关 QS,按下起动按钮 SB1,接触器 KM1、KM 线圈得电,主触点闭合,电动机 M1 接变频器起动,经过一定时间延时后,KT1 延时断开动断触点,断开 KM1 线圈回路,KM1、KM 线圈失电释放,为 M2 起动做准备,同时 KT1 延时闭合动合触点闭合,接通 KM3 线圈回路,电动机 M1 接入工频运行。

M1 起动完成后按下起动按钮 SB2,接触器 KM2、KM 线圈得电,主触点闭合,电动机 M2 接变频器起动,经过一定时间延时后,KT2 延时断开动断触点断开 KM2 线圈回路,KM2、KM 线圈失电释放,为 M1 再次起动做准备,同时 KT2 延时闭合动合触点闭合,接通 KM4 线圈回路,电动机 M2 接入工频运行。

3. 一拖一单泵自动恒压供水电动机控制电路

一拖一单泵自动恒压供水电动机控制电路如图 4-51 所示。

该电路识读过程如下:

合上电源开关 QS,转换开关在自动位置时,接触器 KM1、KM2 线圈得电,主触点闭

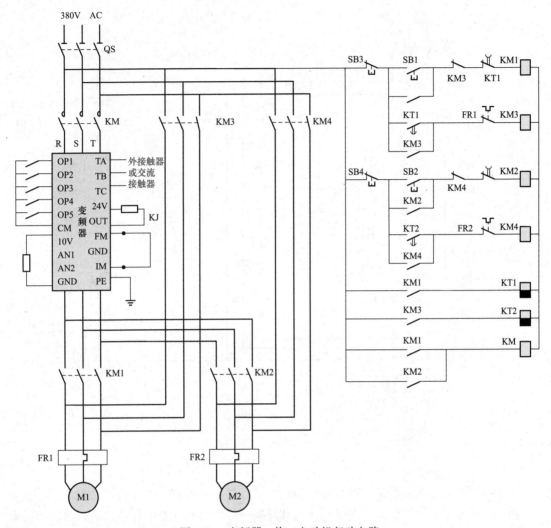

图 4-50　变频器一拖二电动机起动电路

合，电动机 M 接变频器起动运行，指示灯 L1 亮。变频器根据远传压力表和压力变送器检测的数据，调整变频器输出频率，改变电动机 M 转速，使管道压力保持恒定。当换开关在手动位置时，接触器 KM3 线圈，电动机 M 接入工频运行，指示灯 L2 亮。

4.6.4　三相异步电动机的 PLC 多挡变频调速控制电路

变频器对拖动系统的控制主要有正反转，多挡转速、闭环控制等，其中 PLC 多挡变频调速控制电路示例如图 4-52 所示，电路的控制要点如图 4-53 所示。

4.6.5　三相异步电动机的变转差率调速控制电路

1. 三相异步电动机晶闸管调速控制电路
通过晶闸管改变定子绕组的电压来改变转差率的调速控制电路如图 4-54 所示。

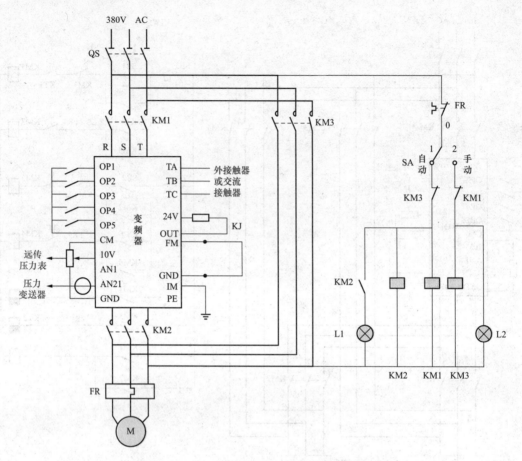

图 4-51 一拖一单泵自动恒压供水电动机控制电路

该电路采用两套触发电路，可实现电动机的正反转调速控制。电路识读过程如下：

触发电路输出尖脉冲触发双向晶闸管使其导通→经电容将 220V 的单相电源移相后接电动机使其运转→调整 30W 电位器则改变触发电路输出脉冲→改变 VS1 的导通角→改变定子绕组的电压，实现无极调速。

2. 单相异步电动机电抗器调速控制线路

单相异步电动机电抗器调速控制线路如图 4-55 所示。

该电路把电抗器 L 串联到单相电动机的电源回路中，通过切换电抗器的线圈抽头来实现调速。当调速开关 SA 拨到低速挡时，主绕组与电抗器 L 串接电源，电源电压的一部分降落在电抗器 L 的全部线圈上，因而主绕组的工作电压降低，电动机的转差率增大，转速降低；当 SA 拨至高速挡，主绕组在额定电压下运行，转速达到最高；当 SA 拨至中速挡，工作电压介于高速和低速之间。

3. 单相电动机串接电容调速控制线路

一些单速电动机，可采用串接电容器 C1、C2，改成三速电动机，调速线路如图 4-56 所示。该电路通过电容降压以调节磁场强度来改变电动机的转差率达到调速的目的。

调速开关 SA 拨到低速挡时，主绕组与电容器 C2 串接电源，电源电压的一部分降落在电容器 C2 上，因而主绕组的工作电压降低，电动机的转差率增大，转速降低；当 SA 拨至

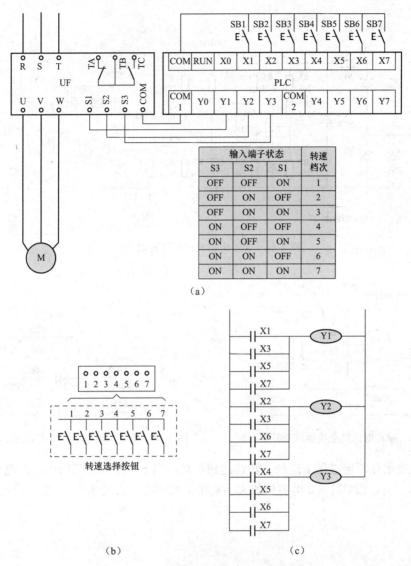

图 4-52 PLC多挡变频调速电动机控制电路

(a) 电路图；(b) 操作按钮；(c) PLC 的梯形图

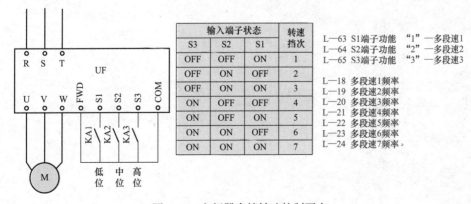

图 4-53 变频器多挡转速控制要点

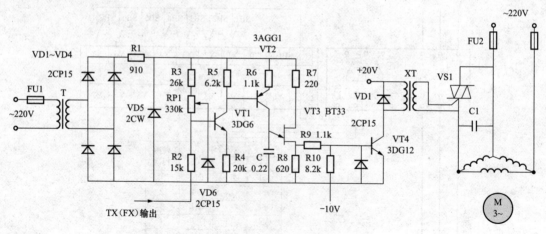

图 4-54　异步电动机的调速控制电路

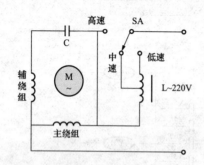

图 4-55　单相电动机电抗器调速控制电路

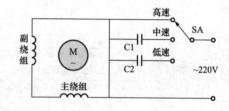

图 4-56　单相电动机串接电容调速控制线路

高速挡，主绕组在额定电压下运行，转速达到最高；当 SA 拨至中速挡，工作电压介于高速和低速之间。电容器 C1、C2 电容量的大小直接关系到电动机的速度。

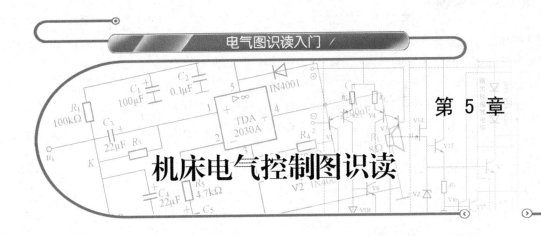

第 5 章

机床电气控制图识读

5.1　机床电气控制图识读的基本知识

机床是指制造机器的机器，亦称工作母机或工具机，习惯上简称机床。一般分为金属切削机床、锻压机床和木工机床等。现代机械制造中加工机械零件的方法很多：除切削加工外，还有铸造、锻造、焊接、冲压、挤压等，但凡属精度要求较高和表面粗糙度要求较细的零件，一般都需在机床上用切削的方法进行最终加工。机床在国民经济现代化的建设中起着重大作用。

5.1.1　机床分类

机床可分类如下：

（1）普通机床：包括普通车床、钻床、镗床、铣床、刨插床等。

（2）精密机床：包括磨床、齿轮加工机床、螺纹加工机床和其他各种精密机床。

（3）高精度机床：包括坐标镗床、齿轮磨床、螺纹磨床、高精度滚齿机、高精度刻线机和其他高精度机床等。

（4）数控机床：数控机床是数字控制机床的简称。

（5）按工件大小和机床重量可分为仪表机床、中小型机床、大型机床、重型机床和超重型机床。

（6）按加工精度可分为普通精度机床、精密机床和高精度机床。

（7）按自动化程度可分为手动操作机床、半自动机床和自动机床。

（8）按机床的控制方式，可分为仿形机床、程序控制机床、数控机床、适应控制机床、加工中心和柔性制造系统。

（9）按加工方式或加工对象可分为车床、钻床、镗床、磨床、齿轮加工机床、螺纹加工机床、花键加工机床、铣床、刨床、插床、拉床、特种加工机床、锯床和刻线机等。每类中又按其结构或加工对象分为若干组，每组中又分为若干型。

（10）按机床的适用范围，又可分为通用、专门化和专用机床。

5.1.2　机床运动和传动

分析控制电路，有必要先搞清楚机床工作运行的基本情况，可以完成的加工工序、零件的材料和尺寸、毛坯、生产规模等。机床加工的共性就是把刀具和工件安装在机床上，由机床使刀具和工件产生确定的相对运动，从而切削出合乎要求的零件。

1. 机床运动

根据在切削过程中所起的作用来区分，切削运动分为主运动和进给运动。

主运动：是形成机床切削速度或消耗主要动力的工作运动。

（1）车床：工件旋转。

（2）钻床：钻头旋转。

（3）镗床：刀具旋转。

（4）铣床：刀具旋转。

（5）磨床：砂轮和磨具旋转。

进给运动：是使工件的多余材料不断被去除的工作运动。

主运动以外的其他工作运动都是进给运动。切削过程中，主运动只有一个，而进给运动可以有多个。主运动和进给运动可以由刀具和工件分别完成，也可以由刀具单独完成。

除主运动和进给运动外，还有各种辅助运动。

2. 机床传动

机床的传动机构指的是传递运动和动力的机构，简称为机床的传动。

机床的传动方式按传动机构的特点分为机械传动、液压传动、电力传动、气压传动以及以上几种传动方式的联合传动等。按传动速度调节变化特点将传动分为有级传动和无级传动。

3. 传动系统

传动系统也叫传动链，它有首末两个端件。首端件又叫主动件，末端件又叫从动件。每一条传动系统从首端件到末端件都是按一定传动规律组成，这就是传动比，以此来保证机床的性能。一般的机床传动系统按其所担负运动的性质可分为主运动传递系统、进给运动传递系统和快速空行程传动系统三种。对传动系统图一般了解即可。

5.1.3 读识电气控制图的步骤和方法

1. 识图步骤

（1）先机后电。了解生产机械的基本结构和工艺流程，明确生产机械对电力拖动的要求，为分析电路做好准备。

（2）先主后辅。对于一个完整的电气控制图，首先要读识主电路。

读识主电路要分清主电路的用电设备（消耗电能的用电器具或电气设备，如电动机），分析它们的类别、用途、接线方式、使用电压等。

根据主电路每台用电设备的控制要求，分析相应的控制内容，包括起动、制动、调速以及保护方法等。

（3）化整为零。把一个完整的电气控制电路，根据主电路中各个电动机等执行机构电器的控制要求，分析找出各自的控制环节，按功能的不同，划分成几个相对独立的控制电路进行分析。

逐个分析时，还应分析各个控制电路之间的联锁关系，理解每个电气元件的作用。

2. 识图方法

（1）读识主电路。读识主电路首先要分清助电路中的用电设备，即电路中消耗电能的电气设备。较复杂的电路中，用电设备不止一个，也不止一种。识图时，要分析清楚设备的个数、类别、用途、接线方法和其他特殊要求等。

用电设备的控制方法很多，有直接用开关控制的，有用各种起动器控制的，也有用接触器或继电器控制的。通过分析控制方法，可以方便地找到与某个用电设备相关的、相对独立的控制电路。

用电设备的工作电压一般就是主电路的电源电压。分析时要区别是三相还是单相，电压值是 380V 还是 220V。

（2）读识辅助电路。辅助电路包括控制电路、信号电路、照明电路等，根据各用电设备对电力拖动的不同要求，辅助电路就有不同的功能。

分析辅助电路，就是根据主电路中各电动机或其他用电设备的控制要求，对各个环节逐一分析。如果辅助电路比较复杂，可以首先分析其中的控制部分，再分析照明、显示等与主电路没有密切控制关系的电路。

分析辅助电路，应该从电源部分开始，了解电源的种类（是交流还是直流），电源的引入以及电压等级。然后再将较复杂的回路分解成相对独立的几条小回路，分析辅助电路是如何控制主电路的。

需要注意的是电路中每个元件都不是孤立的，而是相互联系、相互制约的。这种相互制约的关系，有时表现在同一个回路，也有时表现在不同回路，分析时一定要研究各个电器元件之间的关系。

（3）读识电气控制电路中的保护环节。电气控制电路中最常用的保护环节是短路保护和过载保护。根据电路需要，还有缺相保护、欠压保护等等。

短路保护环节一般用熔断器实现，熔断器都设置在靠近电源部位，当电路发生短路故障时，能使故障电路与电源断开。

过载保护环节是电力拖动电路中重要的保护环节。一般工厂电气设备中，电动机是主要部件，电动机实现"电→机"的能量转换，发生过载的因素较多。过载保护就是在电动机过载时，能够自动切断电源的保护，从而保护电动机。过载保护常用热继电器实现。

缺相和欠压保护，常用电压继电器实现。过流保护常用电流继电器实现。

5.1.4　机床电气控制图坐标法绘制方法

机床电气控制电路图中，控制支路多，各支路元件布置与功能也不相同。为了检索电气控制电路，方便阅读分析，避免遗漏，绘制机床电气控制电路时采取"坐标法"。

具体方法是：将图纸相互垂直的两边各自等分，且分区数为偶数。在图的边框处，竖边方向用大写英文字母，横边方向用阿拉伯数字标注，编号的顺序从图纸的左上角开始。如图 5-1 所示。

由此每张图纸就分解成若干个图区，图纸分区后，相当于建立了一个坐标，各图区编号代码为字母＋数字，这样在说明

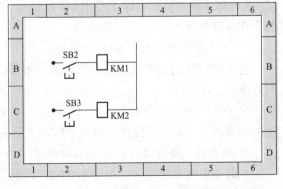

图 5-1　图纸坐标法分区示例

设备工作元件时，可以很方便地找到所指元件。

如图5-1中，将图纸分成4行（A～D）、六列（1～6），图纸内所示电路各个元件在图上的位置被唯一确定。图中所画四个元件具体位置为：接触器线圈 KM1-B3、接触器线圈 KM2-C3、按钮 SB2-B2、按钮 SB3-C2。

在实际应用中，控制电路图纸往往很复杂，需要一张或多张图纸绘制。读识复杂控制电路图纸时，要将图纸编号、页码一起读出。

例如：在相同图号第32张图纸A5区内，标记为"32/A5"。

图号为3310的单张图纸G6区内，标记为"图3310/G6"。

图号为4280的第15张图纸B8区内，标记为"图4280/15/B8"。

为了方便读识，也可以对应于图纸下方的数字编号，在图纸上方标注文字，表明对应的元器件或电路的功能，有利于理解全部电路的工作原理。本章后面的内容，很多控制电路图就是以文字与编号混排的方式绘制。

5.2 典型车床电气控制图识读

车床是主要用车刀对旋转的工件进行车削加工的机床。在车床上还可用钻头、扩孔钻、铰刀、丝锥、板牙和滚花工具等进行相应的加工。车床主要用于加工轴、盘、套和其他具有回转表面的工件，是机械制造和修配工厂中使用最广的一类机床。

车床的主运动是主轴的旋转运动，由主轴电动机通过皮带传到主轴箱带动旋转；刀架是由溜板箱带着直线移动的，称为进给运动。进给运动也是由主轴电动机经过主轴箱输出轴、挂轮箱、传给进给箱，再通过光杠将运动传入溜板箱，溜板箱带动刀架作纵、横两个方向的进给运动。

5.2.1 C616型卧式车床电气控制图

C616型卧式车床的电气原理图如图5-2所示。该电路由3部分组成：从电源到3台电动机的电路称为主电路；由接触器、继电器等组成的电路称为控制电路；第3部分是照明及指示电路，由变压器TC次级供电，其中HL为指示灯，EL为照明灯。

该车床共有3台电动机，其中M1为主电动机，通过KM1和KM2的控制可实现正、反转，并设有过载保护、短路保护和零压保护；M2为润滑电动机，由接触器KM3控制；M3为冷却泵电动机，它除了受KM3控制外，还可视实际需要由转换开关QS2进行控制。其工作原理如下。

1. 起动准备电路工作原理

合上电源开关QS1，接通电源，变压器TC二次侧有电，指示灯HL亮。合上SA3，照明灯EL点亮照明。

由于SA1-1为动断触点，故（U-1-3-5-19-W）的电路接通，中间继电器KA得电吸合，它的动合触点（5-19）接通，为开车做好了准备。

2. 润滑泵、冷却泵起动电路工作原理

在起动主电动机之前，先合上SA2，接触器KM3吸合。一方面，KM3的主触点闭合，使润滑泵电动机M2起动运转；另一方面，KM3的动合辅助触点（3-11）接通，为KM1、

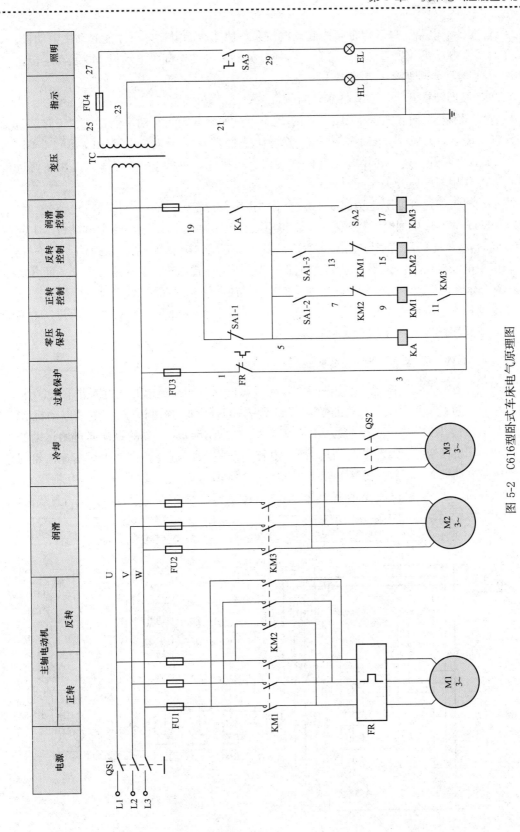

图 5-2　C616型卧式车床电气原理图

KM2 吸合准备了电路。这就保证了先起动润滑泵，使车床润滑良好后才能起动主电动机。

在润滑泵电动机 M2 起动后，可合上转换开关 QS2，使冷却泵电动机 M3 起动运转。

3. 主电动机起动电路工作原理

SA1 为鼓形转换开关，它有一对动断触点 SA1-1，两对动合触点 SA1-2 及 SA1-3。当起动手柄置于"零位"时，SA1-1 闭合，两对动合触点均断开；当起动手柄置于"正转"位置时，SA1-2 闭合，SA1-1、SA1-3 断开；当起动手柄置于"反转"位置时，SA1-3 闭合，SA1-1、SA1-2 断开。这种转换开关可代替按钮进行操作，有的 C616 型车床是用按钮进行操作的，其作用与转换开关相同。

主电动机工作过程如下：当起动手柄置于"正转"位置时，SA1-2 接通，电流经（U-1-3-11-9-7-5-19-W）形成回路，接触器 KM1 得电吸合，其主触点闭合，使主电动机 M1 起动正转。同时，KM1 的动断辅助触点（13-15）断开，将反转接触器 KM2 联锁。

若需主电动机反转，只要将起动手柄置于"反转"位置，SA1-3 接通，SA1-2 断开，接触器 KM1 释放，正转停止，并解除了对 KM2 的联锁，接触器 KM2 吸合使 M1 反转。

主电动机 M1 需要停止时，只要将 SA1 置于"零位"，SA1-2 及 SA1-3 均断开，主电动机的正转或反转均停止，并为下次起动做好准备。

5.2.2　CM6132 型车床电气控制线路

CM6132 型车床电气控制线路如图 5-3 所示。该电路三相交流电源通过断路器 QF 引入，并进行短路、过载保护。3 台电动机 M1～M3 均采用直接起动控制方式。主轴电动机 M2，有接触器 KM1、KM2 进行正反向的运行控制，完成主轴运动和刀具的纵横向进给运动的驱动，主轴采用机械变速。冷却泵电动机 M2，由转换开关 SA2 进行控制，用于变速齿轮的移动。液压泵电动机 M3，由中间继电器 KA 进行控制，用于变速齿轮的移动。熔断器 FU1、FU2 对电动机 M2、M3 进行短路保护，热继电器 FR1、FR2 对电动机 M2、M3 进行过载保护。

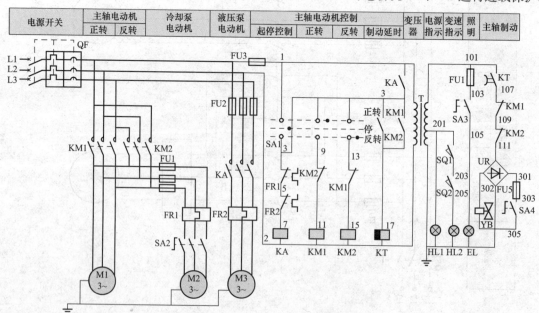

图 5-3　CM6132 型车床电气控制线路

1. 主控制电路工作原理

合上断路器 QF，指示灯 HL1 亮。当转换开关 SA1 置于中间位置时，KA 线圈得电吸住并自锁，接通了主电动机 M1 控制电路，这时转动转换开关 SA1，主电动机可进行正反转运行，每次停止时 KM1 或 KM2 的动断触点都将断开，断电延时继电器 KT 的动合触点都将延时断开，电动机进行机械制动。M1 运行后，按下 SA2，电动机 M2 运行。

需要变速时转动变速手柄，这时液压变速阀即转到相应的位置，使得两组拨叉都移到相应的位置定位，并压动微动开关 SQ1 和 SQ2，灯 HL2 亮，表示完成。若滑移齿轮尚未啮合，则灯 HL2 不亮，此时应操作手柄 SA1 置于向上或向下位置，接通 KM1 或 KM2，使主轴稍微转动一点，让齿轮正常啮合，灯 HL2 亮，说明变速结束，可进行正常工作起动。

2. 过载电路分析

KM1、KM2 接在 KA 自保回路的下端，开机时只有在 KA 起动后才能起动。SA2 接在 KM1、KM2 下端，只有在 M1 起动后才能起动，这是两个典型的顺序起动电路。时间至电器 KT 延时断开触点串联在抱闸回路中，每次 M1 停止时都将对其进行机械制动控制。要取消机械制动控制，可打开 SA4。

3. 辅助电路分析

辅助电路由控制变压器 T 提供电源，HL1 为电源指示灯，HL2 为变速齿轮拨叉啮合指示灯，如果拨叉未啮合好，微动开关闭合，该灯亮。EL 为照明灯。

5.3 典型磨床电气控制图识读

5.3.1 M7120 型平面磨床电气控制图

磨床是用砂轮的周边或端面进行加工的精密机床。磨床的种类很多，按其工作性质可分为外圆磨床、内圆磨床、平面磨床、工具磨床及一些专用磨床等。其中以平面磨床应用最为普遍。

M7120 型卧轴矩台平面磨床主要由床身、工作台、电磁吸盘、砂轮箱（又称磨头）、滑座、立柱等部分组成。平面磨床的主运动是砂轮的旋转运动，进给运动为工作台和砂轮的往复运动，辅助运动为砂轮架的快速移动和工作台的移动。工作台在床身的水平导轨上做往复直线运动，采用液压传动，换向则靠工作台上的撞块碰撞床身上的液压换向开关来实现。

M7120 型平面磨床的控制电路如图 5-4 所示。主电路用了 4 台电动机。其中 M1 是液压泵电动机，M2 是砂轮电动机，M3 是冷却泵电动机，M4 是砂轮升降电动机。电源由总开关 QS2 引入，熔断器 FU1 作整个电气线路的短路保护。热继电器 FR1、FR2、FR3 分别作电动机 M1、M2、M3 的过载保护。冷却泵电动机从通过插头插座 XS2 接通电源。液压泵电动机 M1、砂轮电动机 M2 和冷却泵电动机 M3 都只要求单向旋转，分别由接触器 KM1、KM2 控制。砂轮升降电动机 M4 由接触器 KM3、KM6 控制其正反转，因是短时间工作，不设过载保护。控制电路采用交流 380V 供电，在欠电压继电器 KA 通电后，其动合触点闭合，为液压泵电动机 M1、砂轮电动机 M2 及冷却泵电动机 M3 的起动做好准备。

1. 电动机的控制

（1）电动机 M1 的控制。液压泵电动机 M1 上由接触器 KM1 控制，SB2 是起动按钮，

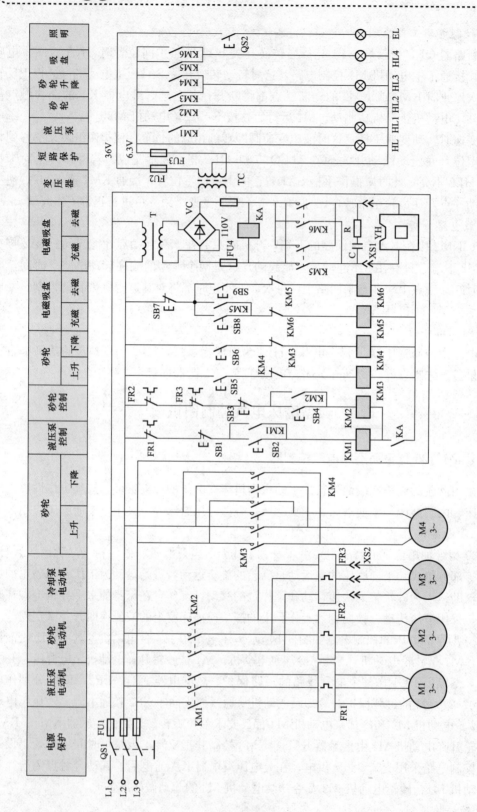

图 5-4　M7120型平面磨床的控制电路

SB1 是停止按钮，热继电器 FR1 作过载保护。

按下 SB2→KM1 线圈得电并自锁→主触点闭合→M1 起动运行；

按下 SB1→KM1 断电释放，M1 断电停止。

（2）电动机 M2 和 M3 的控制。砂轮电动机 M2 及冷却泵电动机 M3 由接触器 KM2 控制，SB4 为起动按钮，SB3 为停止按钮，热继电器 FR2、FR3 分别作 M2、M3 的过载保护。

按下 SB4→KM2 得电并自锁→主触点闭合→M2、M3 同时起动运行。

按下 SB3→KM2 断电释放→M2、M3 断电停止。

（3）电动机 M2 和 M3 的控制。砂轮升降电动机 M4 分别由接触器 KM2、KM4 控制其正、反转。SB3 为上升（正转）按钮，SB5 为下降（反转）按钮。

按下 SB5→KM3 得电→主触点闭合→M4 正转，砂轮上升；

松开 SB5→KM3 断电→M4 断电，砂轮停止上升；

松下 SB6→KM4 断电→主触点闭合→M4 反转，砂轮下降；

松开 SB6→KM6 断电→M4 断电，砂轮停止下降。

砂轮的升降属于点动控制。为防止操作失误，KM3、KM4 同时通电造成电源相间短路，在 KM3 控制电路中串联了 KM4 的辅助动断触点，在 KM4 控制电路中串联了 KM3 的辅助动断触点，以实现互锁。

2. 电磁吸盘的控制

电磁吸盘是利用线圈通电时产生磁场的特性吸牢铁磁材料工件的一种工具。电磁吸盘控制电路由整流装置、控制装置、保护装置等部分组成。

（1）控制装置。电磁吸盘的充磁由接触器 KM5 控制，SB8 为充磁按钮，SB7 为充磁停止按钮。

按下 SB8→KM5 得电并自锁，KM5 主触点闭合→110V 直流对吸盘 YH 充磁，将工件吸牢；KM5 辅助动断触点打开，实现与 KM5 互锁。

按下 SB7→KM5 线圈断电释放→停止充磁。

松开 SB9→KM6 线圈断电释放→去磁结束。

（2）保护装置。将欠电压继电器与吸盘线圈并联，防止电源电压过低时，吸盘吸力不足，导致加工过程中工件飞离吸盘的事故，当电源电压过低时，KA 串联在 KM1、KM2 线圈控制电路中的动合触点断开，使 KM1、KM2 线圈断电，液压泵电动机 M1、砂轮电动机 M2 停止工作，避免事故发生。

5.3.2　M7130 型平面磨床电气控制图

M7130 型平面磨床电气控制线路如图 5-5 所示。电源电路由三相交流电源由隔离开关 QS1 引入，FU1 短路保护。主电路共有 M1、M2、M3 3 台电动机，都采用直接起动，其中 M1 为砂轮电动机，M2 为冷却泵电动机，电动机 M1 和 M2 同时由接触器 KM1 的控制，冷却泵电动机 M2 的控制电路接在接触器 KM1 主触点的下方，经插座 XS1 实现单独关断控制。M3 为液压泵电动机，由接触器 KM2 的控制均要求单向旋转。M1 和 M2 由热继电器 FR1 作长期过载保护，M3 由热继电器 FR2 作长期过载保护。

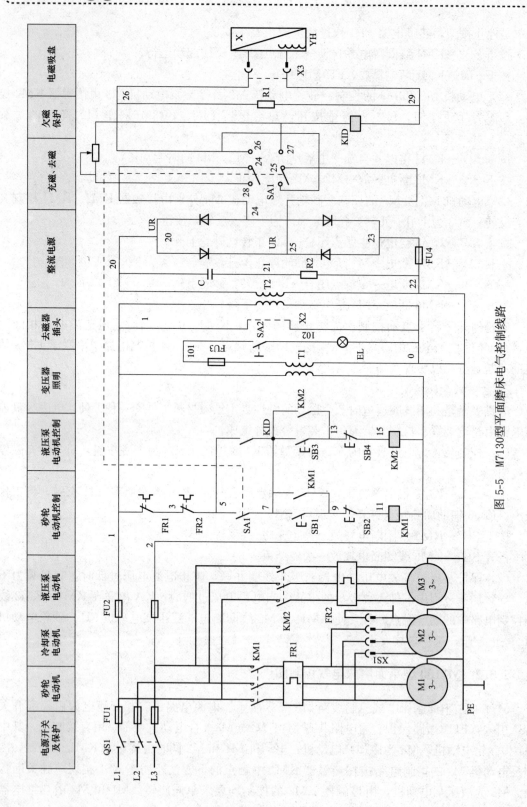

图 5-5 M7130型平面磨床电气控制线路

1. 电动机的控制

由按钮 SB1、SB2 和接触器 KM1 组成砂轮电动机 M1 和冷却泵电动机 M2 单向运行的起动、停止控制电路。由按钮 SB3、SB4 和接触器 KM2 线圈组成液压泵电动机 M3 单向运行、停止控制电路。电动机 M1～M3 的起动必须满足：

（1）电磁吸盘 YH 工作且欠电流继电器 KID 得电吸合，其动合触点 KID（5-7）闭合，足以将工件吸牢。

（2）电磁吸盘 YH 不工作，但转换开关 SA1 置于"失电"位置，其触点 SA1（5-7）闭合。

2. 电磁吸盘的控制

电磁吸盘控制电路的短路保护由熔断器 FU4 来实现。电磁吸盘主令开关 SA1 有充磁、失电和去磁三个位置，当主令开关 SA1 置于"充磁"位置（SA1 开关向右）时，SA1 的触点 SA1（24-26）、SA1（25-27）接通；当 SA1 置于"去磁"位置（SA1 开关向左），SA1 的触点 SA1（24-28）、SA1（25-26）接通；当 SA1 置于"失电"位置（SA1 开关置中），除 SA1（5-7）闭合外，SA1 所有其他触点都断开。

欠电流继电器 KID 的作用是防止在磨削过程中，电磁吸盘回路出现失电或线圈电流减小，引起电磁吸力消失或吸力不足，造成工件飞出。只有当直流电压符合设计要求，电磁吸盘具有足够的电磁吸力，KID 动合触点 KID（5-7）才闭合，M1、M3 电动机才能起动进行磨削加工。若在磨削过程中出现线圈电流减小或消失时，则欠电流继电器 KID 将因此而释放，其动合触点 KID（5-7）断开，KM1、KM2 失电，M1、M2、M3 电动机立即停转。

3. 辅助电路

照明电路由照明变压器 T1 将 380V 电压降为 24V，并由开关 SA2 控制照明灯 EL，照明变压器二次侧装有熔断器 FU3 作为短路保护。

5.4　典型铣床电气控制图识读

铣床系指主要用铣刀在工件上加工各种表面的机床。通常铣刀旋转运动为主运动，工件（和）铣刀的移动为进给运动。它可以加工平面、沟槽，也可以加工各种曲面、齿轮等。铣床是用铣刀对工件进行铣削加工的机床。铣床除能铣削平面、沟槽、轮齿、螺纹和花键轴外，还能加工比较复杂的型面，效率较刨床高，在机械制造和修理部门得到广泛应用。

5.4.1　X62W 型万能铣床电气控制图

X62W 型万能铣床主要由底座、床身、悬梁、刀杆支架、工作台、溜板、升降台等几部分组成。刀杆支架装在悬梁上，可在悬梁上水平移动。升降台可沿床身前面的垂直导轨上下移动。溜板在升降台的水平导轨上可做平行于主轴轴线方向的横向移动。工作台安装在溜板的水平导轨上，可沿导轨做垂直于主轴线的纵向移动。

铣床的主运动为主轴带动刀具的旋转运动，进给运动为工作相对铣刀的移动。工作台面的移动是由进给电动机驱动，它通过机械机构使工作台能进行三种形式的移动，即：工作台面能直接在溜板上部可转动部分的导轨上作纵向移动；工作台面借助横溜板作横向移动；工作台面还能借助升降台作垂直移动。

X62W 型万能铣床电路原理图如图 5-6 所示。X62W 型万能铣床共有三台电动机：M1

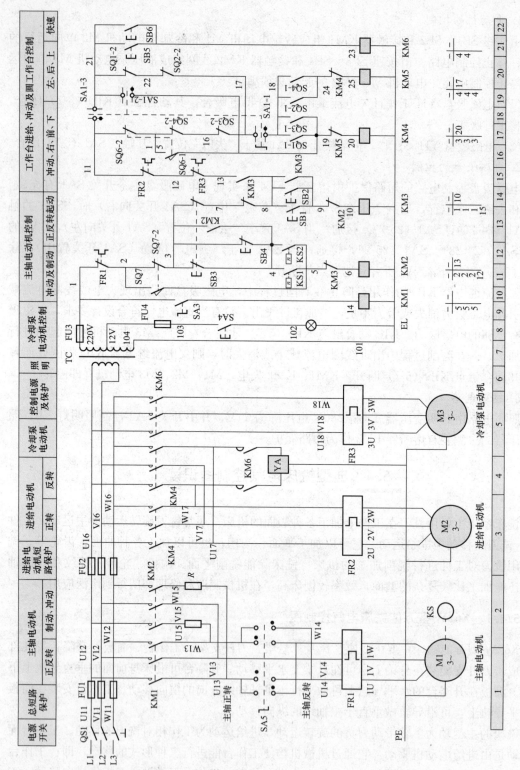

图 5-6　X62W型万能铣床电路原理图

是主轴电动机，M2 是工作台进给电动机，M3 是冷却泵电动机，只有在电动机 M1 起动后，冷却泵电动机才能起动。

1. 主电路的识读

（1）主轴转动电路。主轴电动机 M1 通过换相开关 SA5 与接触器 KM3 配合，能进行正反转控制，而与接触器 KM2、制动电阻器 R 及速度继电器 KS 的配合，能实现串电阻瞬间冲动和正反转反接制动控制，并能通过机械进行变速。

KM3 主触头闭合、KM2 主触头断开时，SA5 组合开关有顺铣、停、逆铣三个换位置，分别控制 M2 主电动机的正转、停、反转。一旦 KM3 主触头断开，KM2 主触头闭合，则电源电流经 KM2 主触头、两相限流电阻 R 在 KS 速度继电器的配合下实现反接制动。与主电动机同轴安装的 KS 速度继电器检测元件对主电动机进行速度监控，根据主电动机的速度对接在控制线路中的速度继电器触头 KS1、KS2 的闭合与断开进行控制。

（2）进给运动电路。进给电动机 M2 能进行正反转控制，通过接触器 KM4、KM5 与进程开关及 KM6、牵引电磁铁 YA 配合，能实现进给变速时的瞬间冲动、六个方向的常速进给和快速进给控制。KM4 主触头闭合、KM5 主触头断开时，M2 电动机正转。反之，KM4 主触头断开、KM5 主触头闭合时，则 M2 电动机反转。

M2 正反转期间，KM6 主触头处于断开状态时，工作台通过齿轮变速箱中的慢速传动路线与 M2 电动机相连，工作台作慢速自动进给；一旦 KM6 主触头闭合，则 YA 快速进给磁铁通电，工作台通过电磁离合器与齿轮变速箱中的快速运动传动线路与 M2 电动机相连，工作台作快速移动。

（3）冷却泵电路。KM1 主触头闭合，M3 冷却泵电动机单向运转；KM1 断开，则 M3 停转。主电路中，M1、M2、M3 均为全压起动。

2. 控制电路的识读

（1）主轴电动机 M1 控制。

1）主轴电动机全压起动。主轴电动机 M1 采用全压起动方式，起动前由组合开关 SA6 选择电动机转向，控制线路中 SQ7-1 断开、SQ7-2 闭合时主轴电动机处在正常工作方式。按下 SB1 或 SB2，通过 3、8、12、SB1（或 SB2）、9、10 支路，KM2 线圈接通，而 16 区的 KM3 动合辅助触头闭合形成自锁。主轴转动电路中因 KM3 主触头闭合，主电动机 M1 按 SA5 所选转向起动。

2）主轴电动机制动控制。按下 SB3 或 SB4 时，KM3 线圈因所在支路断路而断电，导致主轴转动电路中 KM3 主触头断开。

由于控制线路的 11 区与 13 区分别接入了两个受 KS 速度继电器控制的触头 KS1（正向触头）、KS2（反向触头）。按下 SB3 或 SB4 的同时，KS1 或 KS2 触头中总有一个触头会因主轴转速较高而处于闭合状态，即正转制动时 KS1 闭合，而反转制动时 KS2 闭合。正转制动时通过 3—SB4—4—5—KM3—6 支路，反转制动时通过 3—SB4—4—5—KM3—6 支路，都将使 KM2 线圈通电，导致主轴转动电路中 KM2 主触头闭合。

主轴转动电路中 KM3 主触头断开的同时，KM2 主触头闭合，主轴电动机 M1 中接入经过限流的反接制动电流，该电流在 M1 电动机转子中产生制动转矩，抵消 KM3 主触头断开后转子上的惯性转矩使 M1 迅速降速。

当 M1 转速接近零速时，原先保持闭合的 KS1 或 KS2 触头将断开，KM2 线圈会因所在支路断路而断电，从而及时卸除转子中的制动转矩，使主轴电动机 M1 停转。

SB1 与 SB3、SB2 与 SB4 两对按钮分别位于 X62W 型万能铣床两个操作面板上，实现主轴电动机 M1 的两地操作控制。

（2）进给电动机 M2 控制。

1）水平工作台纵向进给控制。水平工作台左右纵向进给前，机床操作面板上的十字复合手柄搬到"中间"位置，使工作台与横向前后进给机器离合器，上下升降进给机器离合器同时脱开；而圆工作台转换开关 SA1 置于断开位置，使原工作台与原工作台转动机器离合器页属于脱开状态，以上操作完成后，水平工作台左右纵向进给运动就可通过纵向操作手柄与行程开关 SQ1 和 SQ2 组合控制。

纵向操作手柄有左、停、右三个操作位置，当手柄搬到中间位置时，纵向机器离合器脱开，行程开关 SQ1-1（17 区）、SQ1-2（20 区）、SQ2-1（19 区）、SQ2-2（20 区）不受压，KM4 与 KM5 线圈均处于断电状态，主电路 KM4 与 KM5 主触头断开，电动机 M2 不能转动，工作台停止状态。

纵向手柄搬到"右"位时，将合上纵向进给机器离合器，使行程开关 SQ1 压下（SQ1-1 闭合、SQ1-2 断开）。因 SA1 置于断开位，导致 SA1-1 闭合，通过 SQ6-2-SQ4-2-SQ3-2-SQ1-1-17-18 的支路使 KM4 线圈通电，电动机 M2 正转，工作台左移。

纵向手柄扳到"左"位时，将压下 SQ2 而使 SQ2-1 闭合、SQ2-2 断开，通过 SQ6-2-SQ4-2-SQ3-2-SA1-1-SQ2-1-24-25 的支路使 KM5 线圈通电，电动机 M2 反转，工作台左移。

2）水平工作台横向进给控制。当纵向手柄搬到中间位置，圆形工作台转换开关置于"断开"位置时，SA1-1，SA1-2 接通，工作台进给运动通过十字复合手柄不同工作位置选择以奇 SQ3，SQ4 组合确定。

十字复合手柄搬到"前"位时，将合上横向进给机器离合器并压下 SQ3 而 SQ3-1 闭合，SQ3-2 断开，因 SA1-1，SA1-2 接通，所以经 11-SA1-3-SQ2-2-SQ1-2-16-SA1-1-SQ4-1-19-20 的支路是 KM4 线圈通电，电动机 M2 正转，工作台横向前移。

十字复合手柄搬到"后"位时，将合上横向进给机器离合器并压下 SQ3 而 SQ1-1 闭合，SQ1-2 断开，因 SA1-1，SA1-2 接通，所以经 11-SA1-2-SQ2-2-SQ1-2-17-SA1-1-SQ4-1-24-25 的支路使 KM 线圈通电，电动机 M 反转，工作台横向后移。

3）水平工作台升降进给控制。十字复合手柄搬到"上"位时，将合上升降进给机器离合器并压下 SQ3 而使 SQ3-1 闭合，SQ3-2 断开，因 SA1-1、SA1-3 接通，所以经 11-SA1-3-SQ2-2-SQ1-2-17-SA1-1-SQ3-1-KM5 动断辅助触头的支路使 KM4 线圈通电，电动机 M2 正转，工作台上移。

十字复合手柄扳到"后"位时，将合上升降机器离合器并压下 SQ4 而使 SQ4-1 闭合、SQ4-2 断开，因 SA1-1、SA1-3 接通，所以经 11-SA1-3-SQ2-2-SQ1-2-17-SA1-1-SQ4-1-KM4 动断触头的支路使 KM4 线圈通电电动机 M2 反转，工作台下移。

（3）冷却泵电动机 M3 控制。SA3 转换开关置于"开"位时，KM1 线圈通电，冷却泵主电路中 KM1 主触头闭合，冷却泵电动机 M3 起动供液。而 SA3 置于"关"位时，M3 停止供液。

5.4.2　XA6132 型立式升降台铣床电气控制图

XA6132 型立式升降台铣床电气控制线路如图 5-7 所示。

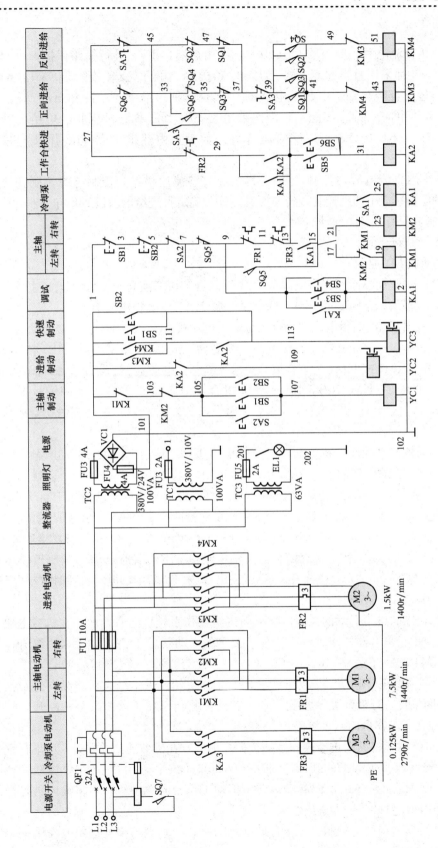

图 5-7　XA6132型立式升降台铣床电气控制线路

1. 主电路的识读

该电路的三相交流电源由断路器 QF1 引入，并由熔断器 FU1 进行短路保护，三台电动机 M1、M2、M3 都采用直接起动方式。主轴电动机 M1 由正、反转接触器 KM1、KM2 来实现正、反向运行直接起动，由热继电器 FR1 实现长期过载保护。冷却泵电动机 M3 由继电器 KA3 实现单向运行直接起动，由热继电器 FR3 作长期过载保护。进给电动机 M2 由接触器 KM3、KM4 实现正、反向运行直接起动，由热继电器 FR2 作长期过载保护。

电磁离合器采用直流电源由控制变压器 TC2 经过整流后供给。控制电源控制变压器 TC1 供给。主轴电动机 M1 两地控制，转向由选择开关确定，进给电动机 M2 与主轴电动机 M1 实现顺序控制，只有在 M1 起动后 M2 才能起动，控制电源。

2. 控制电路的分析

（1）主轴电动机 M1 控制。

1）电动机 M1 的起动控制。先将电源开关 QF1 闭合，再把换向开关 SA4 扳到主轴所需的旋转方向，按下起动按钮 SB3 或 SB4，调试继电器 KA1 线圈得电吸合自锁，KA1（13-15）闭合，KM1 或 KM2 线圈得电，主触点闭合，使电动机 M1 正转或反转直接起动。

2）主轴电动机 M1 得停止和制动。按下停止按钮 SB1 或 SB2，动断触点 SB1（1-3）或 SB2（3-5）先断开，KM1 或 KM2 失电释放，主触点断开，电动机 M1 断开电源，同时动断触点 KM1（101-103）或 KM2（103-105）复位闭合，动合触点 SB1（105-107）或 SB2（105-107）闭合，离合器 YC1 开始制动，当松开 SB1 或 SB2 时，YC1 线圈失电，摩擦片松开，制动结束。

3）主轴换刀时的制动控制。将主轴换刀开关 SA2 扳到"接通"位置，其动断触点 SA2（5-7）断开，使主轴电动机控制电路失电，主轴电动机不能得电旋转；而其动合触点 SA2（105-107）闭合，接通主轴电动机电磁离合器 YC1 线圈电路，使主轴电动机处于制动状态。

4）主轴变速冲动控制。当扳动变速手柄将变速手柄推回原来位置时，由于凸轮的作用，SQ5 瞬间受压，其动合触点 SQ5（7-15）瞬间接通一下再断开。在 SQ5（7-15）接通瞬间，使 KM1 线圈得电吸合，KM1 的主触点闭合，主轴电动机 M1 作瞬时点动。当 SQ5 不再受压时，其动合触点 SQ5（7-15）复位断开，KM1 失电释放，切断主轴电动机瞬时点动电路。

（2）进给电动机 M2 的控制。

1）水平工作台纵向进给运动的控制。将纵向进给操作手柄扳向右侧面，在机械上通过联动机构接通纵向进给离合器，同时压下行程开关 SQ1，动断触点 SQ1（37-47）断开，切断通往 KM3、KM4 的一条通路，动合 SQ1（39-41）闭合，KM3 线圈得电吸合，主触点 KM3 闭合，电动机 M2 正转起动，拖动工作台向右工作进给。进给结束后将纵向进给操作手柄由右扳到中间位置，行程开关 SQ1 再受压，其动合触点 SQ1（39-41）复位断开，KM3 失电释放，M2 停转，工作台向右进给停止。

工作台向左进给时，将纵向进给操作手柄扳向左侧面，在机械挂挡的同时，压下行程开关 SQ2，其动断触点 SQ2（45-47）断开，动合触点 SQ2（39-49）闭合，使 KM4 线圈得电吸合，其主触点 KM4 闭合，M2 反向起动运转，拖动工作台向左进给。当将纵向进给操作手柄由左侧扳回中间位置时，向左进给结束。

2）水平工作台向前与向下控制。工作台向前进给时，将垂直与横向进给操作手柄扳至

"前"位置，在机械上通过联动机构接通横向进给离合器的同时，压下行程开关 SQ3，其动断触点 SQ3（35-37）断开，切断通往 KM3、KM4 的一条通路；其动合触点 SQ3（39-41）闭合，使 KM3 线圈得电吸合，其主触点 KM3 闭合，电动机 M2 正向起动运转，拖动工作台向前进给。向前进给结束，将垂直与横向进给操作手柄扳回中间位置，SQ3 不再受压，SQ3（39-41）复位断开，KM3 失电释放，M2 停转，工作台向前进给停止。

工作台向下进给与向前进给时完全相同。

3）水平工作台向后与向上运动控制。工作台向后与向上进给运动与工作台向前与向下进给运动相仿，只是将垂直与横向进给操作手柄扳至"后"和上位置，在机械上通过联动机构接通横向和垂直进给离合器的同时，压下行程开关 SQ4，其动断触点 SQ4（33-35）断开，动合触点 SQ4（39-49）闭合，反向接触器 KM4 线圈得电吸合，其主触点闭合，电动机 M2 反向起动运转，拖动工作台向后和向上进给。

4）水平进给变速时的瞬时点动控制。变换进给速度的顺序：将变换进给速度的手柄拉出；转动手柄，把主刻度盘上所需的进给速度对准指针，把手柄向前拉到极限位置，而在反向推回之前，借变速孔盘推动行程开关 SQ6，其动断触点 SQ6（27-33）断开，动合触点 SQ6（33-41）闭合，使电动机 M2 的正向接触器 KM3 瞬时得电吸合，M2 瞬时正向运转，以利于变速齿轮的啮合。当手柄推回原位时，SQ6 不再受压，KM3 失电释放，M2 停转，即冲动开关 SQ6 瞬时通断一次。若一次瞬时点动齿轮仍未进入啮合状态，可再次拉出手柄并推回，直至齿轮进入啮合状态为止。

（3）冷却泵电动机 M1 控制。冷却泵电动机 M1 由转换开关 SA1 通过 KA3 来控制。

5.5　典型钻床电气控制图识读

5.5.1　Z3050 型摇臂钻床电气控制图

钻床是一种应用较广泛的孔加工机床，可进行钻孔、扩孔、铰孔、镗孔和攻螺纹等加工。按结构形式，可分为台式钻床、摇臂钻床、深孔钻床、立式钻床、卧式钻床等。摇臂钻床操作方便、灵活、适用范围广；多用于单件或中、小批量生产中带有多孔大型工件的孔加工。

摇臂钻床主要由底座、内外立柱、摇臂、主轴箱和工作台等组成。内立柱固定在底座的一端，在它外面套有外立柱，摇臂可连同外立柱绕内立柱回转。主轴箱安装在摇臂的水平导轨上，可通过手轮操作使其在水平导轨上沿摇臂移动。钻床的主运动是主轴带着钻头做旋转运动，进给运动是钻头的上下移动，辅助运动是主轴箱沿摇臂水平移动，摇臂沿外立柱上下移动，和摇臂与外立柱一起绕内立柱的回转运动。

Z3050 型摇臂钻床电气控制原理图如图 5-8 所示。Z3050 型摇臂钻床采用 4 台电动机拖动：主电动机 M1、摇臂升降电动机 M2、液压泵电动机 M3 和冷却泵电动机 M4。主轴电动机 M1 担负主轴的旋转运动和进给运动，由接触器 KM1 控制。摇臂升降电动机 M2 由接触器 KM2、KM3 实现正反转控制。液压泵电动机 M3 受接触器 KM4、KM5 控制，M3 的主要作用是供给夹紧装置压力油，实现摇臂的松开与夹紧、立柱和主轴箱的松开与夹紧。冷却泵电动机 M4 功率很小，由组合开关 QS2 直接控制其起停。

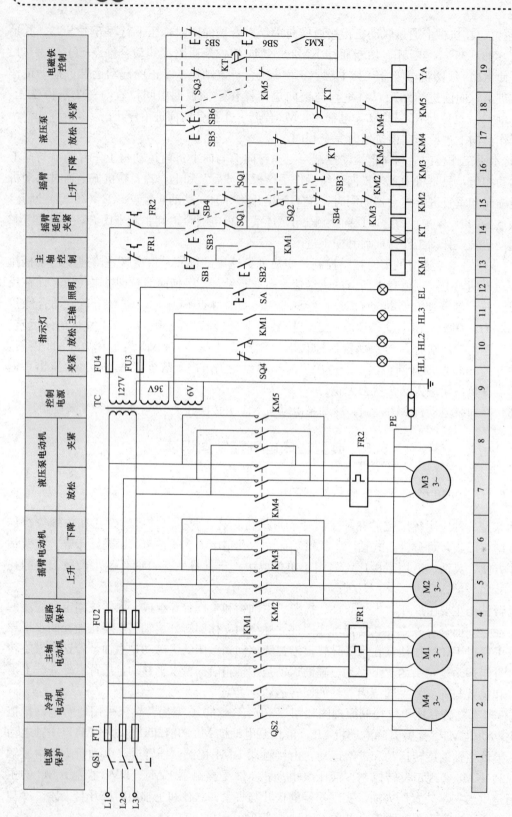

图 5-8 Z3050型摇臂钻床电气控制原理图

1. 主轴电动机 M1 的控制

将电源总开关 QS1 扳到"接通"位置，引入三相交流电源。电源指示灯 HL1 点亮，表示机床电气线路已处于带电状态。主轴的旋转运动由主轴电动机 M1 拖动，M1 由主轴起动按钮 SB2、停止按钮 SB1、接触器 KM1 实现单方向起动、停止控制。

起动时，按起动按钮 SB2→KM1 得电并自锁→主触点闭合→M1 转动，指示灯 HL3 亮。主轴操纵手柄打至正转挡，M1 带动主轴正转；主轴操纵手柄打至反转挡，M3 带动主轴反转。停车时，按停止按钮 SB1，KM1 断电释放，主轴电动机 M1 断电停转，指示灯 HL3 灭。

2. 摇臂电动机 M2 的控制

摇臂上升动作的过程分 3 步：摇臂放松、摇臂上升和摇臂夹紧。

(1) 摇臂放松过程：按下 SB3→SB3 动断触头断开、动合触头闭合→KT 时间继电器得电吸合→KT 瞬时触点闭合、延时断开点闭合→KM4 从线圈得电吸合、YA 电磁铁得电吸合→液压泵电动机 M3 正转→摇臂放松。

(2) 摇臂上升过程：SQ2 动断触点断开→KM4 线圈断电释放→液压泵电动机 M3 停转→摇臂放松停止，SQ2 动合触点闭合→KM2 线圈得电吸合→M2 电动机正转→摇臂上升。

(3) 摇臂夹紧过程：当摇臂上升到所需位置时，松开 SB3→KT 时间继电器断电释放→KM2 线圈断电释放→摇臂电动机 M2 停转，摇臂停止上升，KT 时间继电器断电延时 1～3s 后→KT 延时闭合动断触点闭合→KM5 线圈得电吸合→KM5 主触点闭合、KM5 动合触点闭合→液压泵电动机 M3 反转、YA 电磁铁继续得电吸合→摇臂到达预定位置开始夹紧→弹簧片压位置开关 SQ3 断开→KM5 线圈断电释放→YA 电磁铁断电释放、液压泵电动机 M3 停转→摇臂夹紧。

摇臂下降动作的过程也分 3 步：摇臂放松、摇臂下降和摇臂夹紧。

3. 液压泵电动机 M3 的控制

立柱和主轴箱的松开及夹紧动作程序为：放松→转动→夹紧。

(1) 立柱和主轴箱同时放松：按下 SB5→接触器 KM4 得电吸合，动合触头闭合→液压泵电动机 M3 正转，立柱和主轴箱同时放松→放松指示灯 HL2 亮，此时可以水平移动主轴箱或是转动摇臂。

(2) 立柱和主轴箱同时夹紧：按下 SB5→接触器 KM5 得电吸合，动合触头闭合→液压泵电动机 M3 反转，立柱和主轴箱同时夹紧→夹紧指示灯 HL1 亮，此时主轴箱和摇臂就被固定。

4. 冷却泵电动机 M4 的控制

闭合 QS2→冷却泵电动机 M4 运转；断开 QS2→冷却泵电动机 M4 停转。

5.5.2　Z3040 型摇臂钻床电气控制图

Z3040 型摇臂钻床电气控制线路如图 5-9 所示。电源电路由三相交流电源由隔离开关 QS1 引入，并由熔断器 FU1 进行短路保护。4 台电动机 M1、M2、M3、M4 都是直接起动。主轴电动机 M1 单向运行，由接触器 KM1 控制。由热继电器 FR1 作电机过载保护。摇臂升降电动机 M2 由正、反转接触器 KM2、KM3 控制实现正反转及点动，M2 为短时工作，不设过载保护。M3 由接触器 KM4、KM5 实现正、反转控制，热继电器 FR2 作过载保护。M4 电动机由开关 QS2 直接控制起动和停车。M2、M3 为顺序控制，只有在液压泵电动机

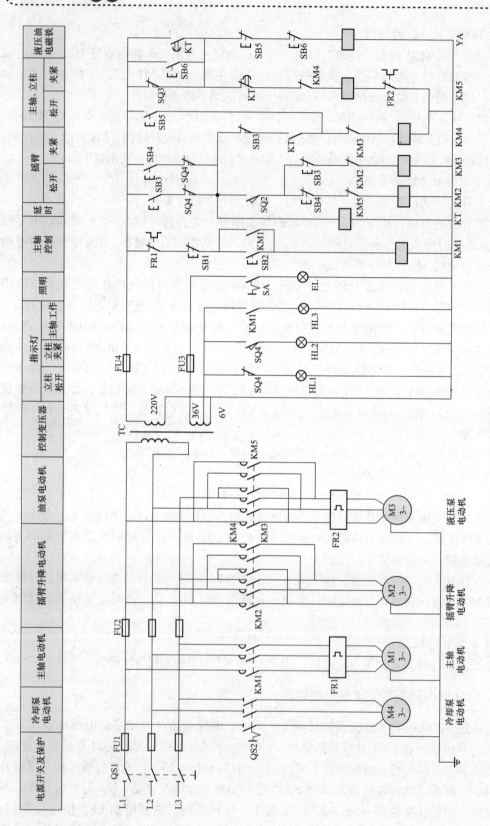

图 5-9 Z3040型摇臂钻床电气控制线路

M3 送出压力油后 M2 才能起动，停止时液压泵电动机 M3 要在摇臂升降电动机 M2 停止后才能停止。

1. 主轴电动机 M1 的控制

按下按钮 SB2，接触器 KM1 线圈得电，主触点闭合，电动机起动，指示灯 HL3 亮，按下按钮 SB1，接触器 KM1 失电释放，电动机 M1 停止。

2. 摇臂电动机 M2 的控制

按下摇臂上升点动按钮 SB3，时间继电器 KT 线圈通电，动合触点 KT 闭合，接触器 KM1 线圈通电，液压泵电动机 M3 反向起动旋转，拖动液压泵送出压力油。同时 KT 的断电延时断开触点 KT 闭合，电磁阀 YA 线圈通电，液压泵送出的压力油将摇臂松开，活塞杆通过弹簧片压下行程开关 SQ2，其动断触点 SQ2 断开，KM4 线圈电路断开，电动机 M3 停止旋转，液压泵停止供油，动合触点 SQ2 闭合，接通 KM2 线圈电路，使摇臂升降电动机 M2 正向起动旋转，拖动摇臂上升。

当摇臂上升到所需的位置时，松开按钮 SB3，KM2 与 KT 线圈同时断电，摇臂停止上升，KM5 线圈处于断电状态，电磁阀 YA 仍处于通电状态，直到 M2 完全停止 KT 断电延时闭合触点（1～3s）才闭合。

当时间继电器 KT 动断触点 KT 闭合后，KM5 线圈通电吸合，液压泵电动机 M3 正向起动，拖动液压泵，供出压力油。同时动合触点 KT 断开，电磁阀 YA 线圈断电，这时压力油将摇臂夹紧。活塞杆通过弹簧片压下行程开关 SQ3，其动断触点 SQ3 断开，KM5 线圈断电，M3 停止旋转，实现摇臂夹紧，上升过程结束。

摇臂升降的极限保护由组合开关 SQ1 来实现。SQ1 有两对动断触点，当摇臂上升或下降到极限位置时其相应触点断开，切断对应上升或下降接触器 KM2 或 KM3 使 M2 停止运转，摇臂自动夹紧程度由行程开关 SQ3 控制。

3. 液压泵电动机 M3 的控制

按下按钮 SB5，接触器 KM4 线圈通电，液压泵电动机 M3 反转，拖动液压泵送出压力油。这时电磁阀 YA 线圈处于断电状态，压力油使主轴箱与立柱松开，指示灯 HL1 亮，此时可以手动操作主轴箱或摇臂，当移动到位后，按下夹紧按钮 SB6，接触器 KM5 线圈通电，M3 正转，拖动液压泵送出压力油至夹紧油腔，使主轴箱与立柱夹紧。当确已夹紧时，压下 SQ4，常开触点 SQ4 闭合，HL2 亮，而动断触点 SQ4 断开，HL1 灭，指示主轴箱与立柱已夹紧，可以进行钻削加工。

4. 冷却泵电动机 M4 的控制

冷却泵电动机 M4 由开关 SQ2 进行单向旋转的控制。

5.6　典型镗床电气控制图识读

卧式镗床用来加工各种复杂和大型工件，如箱体零件、机体等，是一种应用性很广的机床，除了镗孔外，还可以进行钻、扩、铰孔、车削内外螺纹，用丝锥攻丝，车外圆柱面和端面，用端铣刀与圆柱铣刀铣削平面等多种工作。

T68 型卧式镗床主要由床身、前立柱、镗头架、后立柱、尾座、下溜板、上溜板、工作台等部分组成。

T68 型卧式镗床的运动形式有主运动、进给运动和辅助运动。

（1）主运动：锉轴和平旋盘的旋转运动。

（2）进给运动：镗轴的轴向进给，平旋盘刀具溜板的径向进给，锁头架的垂直进给，工作台的纵向进给和横向进给。

（3）辅助运动：工作台的回转，后立柱的轴向移动，尾座的垂直移动及各部分的快速移动等。

T68 型卧式镗床电气原理图如图 5-10 所示。主运动与进给运动由一台电动机拖动，为简化传动机构采用双速笼型异步电动机。由于各种进给运动都有正反不同方向的运转，故主电动机要求正、反转。为满足调整工作需要，主电动机应能实现正、反转的点动控制。下面分析其主电路、控制电路、照明电路及联锁保护电路。

1. 主电路

主电路有两台电动机，其中 M1 是主轴电动机，M2 是快速移动电动机。主轴电动机 M1 可以进行点动、连续正反转控制，停车采用速度继电器控制的串电阻反接制动，机床采用双速电动机电气调速与机械调速的机电联合调速。主轴电动机 M1 提供镗轴及平旋盘旋转和工作台常速进给的动力，同时还驱动润滑油泵。为了提高工作效率，主轴的轴向进给、镗头架的垂直进给、工作台的横向进给和纵向进给可以快速移动，用快速移动电动机 M2 拖动。

2. 主轴电动机 M1 的控制

开车前，合上电源开关 QS 引入电源，电源指示灯 HL 亮；选择好所需要的主轴转速和进给量，并调整好镗头架和工作台的位置。

（1）主轴电动机 M1 正转（或反转）控制。需正转时，按下主轴电动机 M1 起动按钮 SB2，中间继电器 KA1 得电且自锁，由于此时进给变速行程开关 SQ1 和主轴变速行程开关 SQ2 都处于压下状态，动合触点 SQ1-1 和 SQ2-1 闭合，使接触器 KM1 得电，限流电阻 R 被短接；随后接触器 KM2 得电，KM2 的动合触点闭合。如果主轴电动机 M1 的转速选的是低速挡，则行程开关 SQ5 没有压下，接触器 KM4 得电，得电通路为：控制变压器 TC 二次侧的一端→SQ8、SQ9 的动断触点→KM2 动合触点（已闭合）→时间继电器 KT 动断触点→KM5 动断联锁触点→KM4 线圈→TC 二次侧的另一端，主轴电动机 M1 正向全压起动，作低速运转，如果主轴电动机 M1 转速选的是高速挡，则行程开关 SQ5 被压下，时间继电器 KT 得电，接触器 KM5、KM6 得电，主轴电动机 M1 正向全压起动并高速运转。

若要反转时，只需按下反向起动按钮 SB3，工作过程与正转情况相同。在主轴电动机 M1 正、反向转动时，与 M1 联动的速度继电器 KS，都有对应的触点闭合，为正、反转的停车制动作准备。

无论主轴电动机 M1 是在停车时，还是在低速运转时，若将主轴变速手柄置于高速挡位置，由于时间继电器 KT 的延时作用，M1 总是先低速起动（或低速运转），然后再自动过渡到高速运转。

（2）主轴电动机 M1 的停车制动。如果主轴电动机 M1 原先为低速挡正转时，由于速度继电器 KS2 闭合，此时若按下停止按钮 SB1，将产生如下的反接制动过程。

首先按钮 SB1 的动断触点断开，使 KA1、KM1 和 KM2 的线圈同时失电，随后 KM4 线圈失电。KM2 失电后，其主触点断开，主轴电动机 M1 失去电源，作惯性转动；同时 KM2

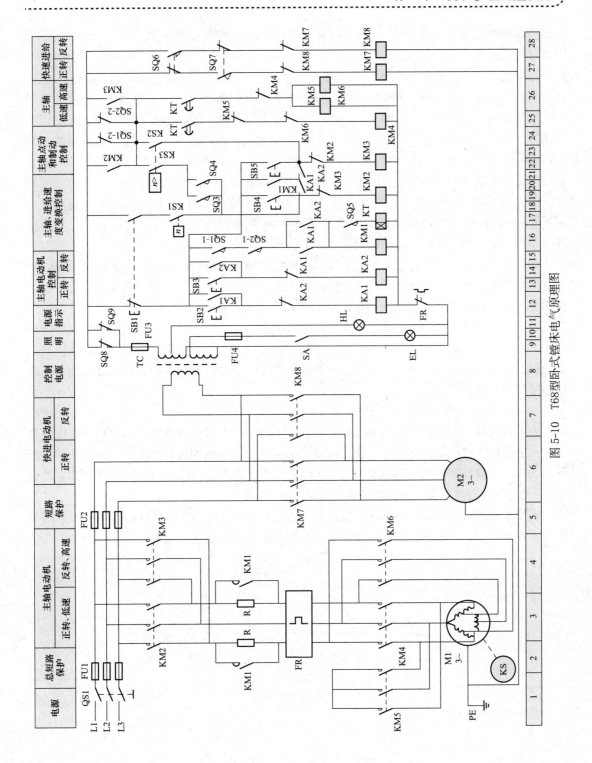

图 5-10　T68型卧式镗床电气原理图

的动断联锁触点复位，为 KM3 线圈得电做准备；KM1 失电后，其主触点断开，使 M1 反接制动时接入限流电阻 R。

当按钮 SB1 被按到底时，SB1 的动合触点闭合，KM3、KM4 同时得电。KM3 的得电通路为：TC 二次侧的一端→SQ8、SQ9 动断触点→SB1 动合触点（已闭合）→速度继电器 KS2 动合触点（已闭合）→KM2 动断触点→KM3 线圈→TC 二次侧的另一端；KM4 的得电通路为：TC 二次侧的一端→SQ8、SQ9 动断触点→SB1 动合触点（已闭合）→时间继电器 KT 动断触点→KM5、KM6 动断触点→KM4 线圈→TC 二次侧的另一端。KM3、KM4 的主触点闭合，主轴电动机 M1 串电阻反接制动。松开停止按钮 SB1，由于 KM3 自锁触点的闭合，KM3、KM4 维持得电，使制动进行下去，当 M1 的转速降至约 100r/min 时，速度继电器 KS 复位，KS2 断开，KM3、KM4 先后失电，电动机 M1 停止转动，反接制动结束。主轴电动机 M1 反转时的停车制动以及高速挡的停车制动与上述过程相似。

（3）主轴电动机 M1 的点动控制。如果要进行主轴电动机 M1 的正、反转点动控制，可按下点动控制按钮 SB4（或 SB5），此时 KM2（或 KM3）得电吸合，使 KM4 也吸合，由于 KM1 没有通电，M1 在△接法下串电阻低速起动并运转；松开按钮 SB4（或 SB5）后，由于电路没有自锁作用，KM2（KM3）、KM4 先后失电，M1 断电停车。由于此时 KM3（或 KM2）没有得电通路，所以 M1 点动停车时，为无反接制动的自然停车。如果点动控制需要迅速停车，可在松开点动按钮 SB3、SB4 后，再按停止按钮 SB1 并直接按到底，便可实现点动停车的反接制动。

3. 快速移动电动机 M2 的控制

为了缩短镗头架与工作台的移动时间，提高生产效率，可由快速移动电动机 M2 拖动镗头架、工作台快速移动。操作时，通过改变快速移动操作手柄的位置，压下与之联动的行程开关 SQ7（正向移动）或 SQ6（反向移动），使接触器 KM7 或 KM8 得电，快速移动电动机 M2 通电起动，通过传动机构实现进给部件的快进或快退。

当快速移动操作手柄复位后，行程快关 SQ6 或 SQ7 也随之复位，接触器 KM7 或 KM8 失电，快速移动电动机 M2 停转，镗头架与工作台的快速移动过程结束。

第 6 章

电梯控制线路图识读

6.1 电 梯 概 述

电梯是一种以电动机为动力的垂直升降机，装有箱状吊舱，用于多层建筑乘人或载运货物。也有台阶式电梯，踏步板装在履带上连续运行，俗称自动电梯。电梯被广泛地用于住宅、建筑、工厂仓库等场所，它是在水平面上运行的起重机械设备。

6.1.1 电梯的分类

电梯的分类方式有很多，一般可按用途、速度、拖动方式、有无司机、机房位置等来进行分类。

1. 按用途分类

（1）乘客电梯，为运送乘客设计的电梯，要求有完善的安全设施以及一定的轿内装饰。

（2）载货电梯，主要为运送货物而设计，通常有人伴随的电梯。

（3）医用电梯，为运送病床、担架、医用车而设计的电梯，轿厢具有长而窄的特点。

（4）杂物电梯，供图书馆、办公楼、饭店运送图书、文件、食品等设计的电梯。

（5）观光电梯，轿厢壁透明，供乘客观光用的电梯。

（6）车辆电梯，用作装运车辆的电梯。

（7）船舶电梯，船舶上使用的电梯。

（8）建筑施工电梯，建筑施工与维修用的电梯。

（9）其他类型的电梯，除上述常用电梯外，还有些特殊用途的电梯，如冷库电梯、防爆电梯、矿井电梯、电站电梯、消防员用电梯等。

2. 按驱动方式分类

（1）交流电梯，用交流感应电动机作为驱动力的电梯。根据拖动方式又可分为交流单速、交流双速、交流调压调速、交流变压变频调速等。

（2）直流电梯，用直流电动机作为驱动力的电梯。这类电梯的额定速度一般在 2.00m/s 以上。

（3）液压电梯，一般利用电动泵驱动液体流动，由柱塞使轿厢升降的电梯。

（4）齿轮齿条电梯，将导轨加工成齿条，轿厢装上与齿条啮合的齿轮，电动机带动齿轮旋转使轿厢升降的电梯。

（5）螺杆式电梯，将直顶式电梯的柱塞加工成矩形螺纹，再将带有推力轴承的大螺母安装于油缸顶，然后通过电动机经减速机（或皮带）带动螺母旋转，从而使螺杆顶升轿厢上升或下降的电梯。

（6）直线电动机驱动的电梯，其动力源是直线电动机。

3. 按速度分类

电梯无严格的速度分类，中国习惯上按下述方法分类。

（1）低速梯，常指低于 1.00m/s 速度的电梯。

（2）中速梯，常指速度在 1.00～2.00m/s 的电梯。

（3）高速梯，常指速度大于 2.00m/s 的电梯。

（4）超高速梯，速度超过 5.00m/s 的电梯。

随着电梯技术的不断发展，电梯速度越来越高，区别高、中、低速电梯的速度限值也在相应地提高。

4. 按有无司机分类

（1）有司机电梯，电梯的运行方式由专职司机操纵来完成。

（2）无司机电梯，乘客进入电梯轿厢，按下操纵盘上所需要去的层楼按钮，电梯自动运行到达目的层楼，这类电梯一般具有集选功能。

（3）有/无司机电梯，这类电梯可变换控制电路，平时由乘客操纵，如遇客流量大或必要时改由司机操纵。

5. 按控制方式分类

（1）手柄开关操纵电梯，司机在轿厢内控制操纵盘手柄开关，实现电梯的起动、上升、下降、平层、停止的运行状态。

（2）按钮控制电梯：是一种简单的自动控制电梯，具有自动平层功能，常见有轿外按钮控制、轿内按钮控制两种控制方式。

（3）信号控制电梯，这是一种自动控制程度较高的有司机电梯。除具有自动平层，自动开门功能外，尚具有轿厢命令登记、层站召唤登记、自动停层、顺向截停和自动换向等功能。

（4）集选控制电梯，是一种在信号控制基础上发展起来的全自动控制的电梯，与信号控制的主要区别在于能实现无司机操纵。

（5）并联控制电梯，2～3 台电梯的控制线路并联起来进行逻辑控制，共用层站外召唤按钮，电梯本身都具有集选功能。

（6）群控电梯，是用微机控制和统一调度多台集中并列的电梯。群控有梯群的程序控制、梯群智能控制等形式。

6.1.2 电梯的基本结构

电梯的结构包括四大空间和八大系统。四大空间是指机房部分、井道及地坑部分、轿厢部分、层站部分。八大系统是指曳引系统、导向系统、轿厢、门系统、重量平衡系统、电力拖动系统、电气控制系统、安全保护系统。

（1）曳引系统。曳引系统的主要功能是输出与传递动力，使电梯运行。曳引系统主要由曳引机、曳引钢丝绳、导向轮、反绳轮组成。

（2）导向系统。导向系统的主要功能是限制轿厢和对重的活动自由度，使轿厢和对重只能沿着导轨作升降运动。导向系统主要由导轨、导靴和导轨架组成。

（3）轿厢。轿厢是运送乘客和货物的电梯组件，是电梯的工作部分。轿厢由轿厢架和轿厢体组成。

（4）门系统。门系统的主要功能是封住层站入口和轿厢入口。门系统由轿厢门、层门、开门机、门锁装置组成。

（5）重量平衡系统。重量平衡系统的主要功能是相对平衡轿厢重量，在电梯工作中能使轿厢与对重间的重量差保持在限额之内，保证电梯的曳引传动正常。系统主要由对重和重量补偿装置组成。

（6）电力拖动系统。电力拖动系统的功能是提供动力，实行电梯速度控制。电力拖动系统由曳引电动机、供电系统、速度反馈装置、电动机调速装置等组成。

（7）电气控制系统。电气控制系统的主要功能是对电梯的运行实行操纵和控制。电气控制系统主要由操纵装置、位置显示装置、控制屏（柜）、平层装置、选层器等组成。

（8）安全保护系统。安全保护系统保证电梯安全使用，防止一切危及人身安全的事故发生。由电梯限速器、安全钳、缓冲器、安全触板、层门门锁、电梯安全窗、电梯超载限制装置、限位开关装置组成。

为了更好地识读电梯电气电路图，首先应了解电梯的基本结构。电梯的基本结构图如图 6-1 所示。

由图 6-1 可见，曳引机是电梯的主拖动设备，其中带有减速箱的曳引机叫作有齿曳引机，不带减速箱的曳引机叫作无齿曳引机；减速箱由箱体、蜗轮、蜗杆、各部位轴承组成。因为蜗轮、蜗杆机构具有传动速比大、噪声小、工作平稳、自锁能力强等优点，因此在电梯系统中得到了广泛应用；电磁制动器主要由制动电磁铁、制动臂、制动瓦块、制动轮、制动弹簧等组成。当电梯处于静止状态时，曳引电动机、电磁制动器的线圈中均无电流通过，这时因电磁铁心间没有吸引力，制动瓦块在制动弹簧压力作用下，将制动轮抱紧，保证电梯不工作；当曳引电动机通电旋转的瞬间，制动电磁铁中的线圈也同时通有电流，电磁铁心迅速磁化吸合，带动制动臂使其克服制动弹簧的作用力，制动瓦块展开，与制动轮完全脱离，电梯得以运行。

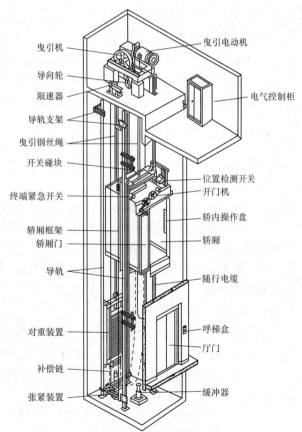

图 6-1　电梯的基本结构图

电梯门扇一般用 1.5mm 的钢板折边而成，并在门扇背面敷阻尼材料。这样既可以减小门的振动，也可以提高隔声效果。为防止撞击产生变形，在门的适当部位还增设了加强筋，以提高门的强度和刚度。电梯门分为轿厢门和厅门，轿厢门用来封住轿厢出入口，厅门用来封住井道出入口。电梯轿门由装在轿厢顶部的自动开门机来开门和关门，也可以在轿内或轿外手动开门。厅门只能由轿门通过吸合装置带动开门或关门，因此，它是被动门。为了保证乘坐电梯安全，必须在轿门和厅门完全关闭之后，电梯才允许启动运行。为此，在厅门上装设具有电气联锁功能的自动门锁。这样，在井道内手动解脱门锁后才能打开厅门，而在厅外只能用专用钥匙才能打开厅门。

各站的厅外设有呼机盒，盒上设有供召唤用的按钮或触钮。在两端站的呼机盒上只设有一个按钮或触钮，中间层站的呼机盒上设有两个按钮或触钮。电梯的轿厢内设有操纵箱，操纵箱上设置有手柄开关或与层站对应的按钮或触钮，供司机或乘客控制电梯上下运行。

6.1.3 电梯的工作原理

曳引绳两端分别连着轿厢和对重，缠绕在曳引轮和导向轮上，曳引电动机通过减速器变速后带动曳引轮转动，靠曳引绳与曳引轮摩擦产生的牵引力，实现轿厢和对重的升降运动，达到运输目的。固定在轿厢上的导靴可以沿着安装在建筑物井道墙体上的固定导轨往复升降运动，防止轿厢在运行中偏斜或摆动。常闭块式制动器在电动机工作时松闸，使电梯运转，在失电情况下制动，使轿厢停止升降，并在指定层站上维持其静止状态，供人员和货物出入。轿厢是运载乘客或其他载荷的箱体部件，对重用来平衡轿厢载荷、减少电动机功率。补偿装置用来补偿曳引绳运动中的张力和重量变化，使曳引电动机负载稳定，轿厢得以准确停靠。电气系统实现对电梯运动的控制，同时完成选层、平层、测速、照明工作。指示呼叫系统随时显示轿厢的运动方向和所在楼层位置。安全装置保证电梯运行安全。

6.1.4 电梯的使用方法和注意事项

一般电梯的使用方法和注意事项如下。

（1）电梯在各服务层站设有层门、轿厢运行方向指示灯、数学显示轿厢、运行位置指层器和召唤电梯按钮。电梯召唤按钮使用时，上楼按上方向按钮，下楼按下方向按钮。

（2）轿厢到达时，层楼方向指示即显示轿厢的运动方向，乘客判断欲往方向和确定电梯正常后进入轿厢，注意门/扇的关闭，勿在层门口与轿厢门口对接处逗留。

（3）轿厢内有位置显示器、操纵盘及开关门按钮和层楼选层按钮。进入轿厢后，按下欲往层楼的选层按钮。若要轿厢门立即关闭，可按下关门按钮。轿厢层楼位置指示灯显示抵达层楼并待轿厢门开启后即可离开。

（4）每个电梯都有额定载重，不能超载运行，人员超载时请主动退出。

（5）乘客电梯不能经常作为载货电梯使用，绝对不允许装运易燃、易爆品。

（6）当电梯发生异常现象或故障时，应保持镇静，可拨打轿厢内救援电话，切不可擅自撬门，企图逃出轿厢。

（7）不允许司机以检修、急停按钮作为正常行使起动前的消除召唤信号；不允许用检修速度在层、轿厢门开起情况下行使；不允许开启轿厢顶活板门、安全门；不允许以检修速度来装运超长物件行使；不允许以手动轿厢门的起、闭作为电梯的起动或停止功能使用；不允许在行驶中突然换向。

（8）司机要经常检查电梯运行情况，定期联系电梯维修保养，做好维修保养记录。

当乘坐有电梯司机操纵的电梯时，乘客进入轿厢后，由司机根据乘客欲前往的层站逐一按下操纵箱上相应层站的选层按钮，完成了运行指令的预先登记，电梯便自动决定运行方向。再按起动按钮，电梯自动关门。当门完全关闭后，电梯开始起动、加速，直至稳速运行。当电梯达到欲停靠的层站前方某一位置时，由井道传感器向电梯控制系统发出换速信号，便自动减速准备停靠。当轿厢进入到平层区时，井道平层传感器动作，发出平层信号控制轿厢准确平层，并自动消号、开门。

当乘坐无司机操纵的电梯时，乘客按下欲前往层站按钮，电梯达到规定的延时时间后，便自动关门起动、加速，直至稳速运行。电梯在运行过程中可逐一登记各楼层厅外召唤信号。对符合运行方向的信号将逐一应答，自动停靠、自动开门、自动消号。在完成同方向的所有指令后，如有反向厅外召唤信号，则电梯自动换向，应答反向厅外召唤信号。如无信号，电梯自动关门停机或自动驶回机站待命。

6.2　电梯的安全保护装置

6.2.1　电梯安全保护装置的作用

电梯运行的安全可靠性极为重要，电梯的安全保护装置包括机械安全装置和电气安全装置，这些装置共同组成了电梯安全保护系统。这些安全保护装置主要有制动器、厅门门锁、门限位开关、上下行限位开关、终端保护、限速器、安全钳、缓冲器、轿顶安全栅栏、轿顶安全窗、底坑防护栅栏、安全触板等。主要安全装置的作用和特点见表 6-1。

表 6-1　　　　　　　　　　　　电梯安全装置的作用和特点

序号	名称	作用和特点
1	电磁制动器	电磁制动器分为交流电磁制动器和直流电磁制动器，其中直流电磁制动器具有体积小、制动平稳、工作可靠等特点，所以，电梯大多采用的是直流电磁制动器。电磁制动器主要由制动电磁铁、制动臂、制动瓦块、制动轮、制动弹簧等组成。当电梯处于静止状态时，电磁制动器的线圈中无电流通过，制动瓦块在制动弹簧压力作用下，将制动轮抱紧，保证电梯不工作；当制动电磁铁中的线圈通有电流时，电磁铁心迅速磁化吸合，带动制动臂使其克服制动弹簧的作用力，制动瓦块展开，与制动轮完全脱离，电梯得以运行。电磁制动器不仅是电梯安全设施之一，而且直接影响着电梯乘座的舒适感和平层的准确度
2	厅门门锁	门锁装置也是电梯的一种安全设施。门锁一般装在厅门内侧，在门关闭后，将门锁紧，同时接通门电联锁电路，以保障只有电路接通后电梯方能起动运行
3	门限位开关	门限位开关安装在轿厢门及各厅门的门终端处，防止轿厢门或厅门没有关好而开动电梯，人有可能被卡在轿厢和井壁之间而发生人身伤亡事故。将门限位开关的触点串联在控制线路中，只有当这些门全部关好时，控制线路才能有电，电梯才能起动。如果在运行中将门开启，电梯就会停止。 另外，为了检修或应急需要，在这些触点上并联有应急开关，一旦门限位失灵，可用应急开关将电梯开到目的地
4	上下行限位开关	上下行限位开关安装在上下两端离开应该停层的 50～100mm 处，当上下行的正常停层回路不作用时，电梯会继续运行。当轿厢的撞弓碰触到上下行限位开关时，控制回路此时断电，电动机断电制动
5	终端保护	在电梯的上下两端不仅安装了上下行限位开关，同时也安装了终端保护装置。终端保护装置就是强制停层装置，是为了防止上下行限位开关失灵后发生冲顶和沉坑事故而设置的保护装置

续表

序　号	名　称	作用和特点
6	限速器	当电梯电气控制系统由于出现故障而失灵时，会造成电梯超速运行。这时如果电磁制动不起作用，就会使电梯由于失控而出现"飞车"。当电梯的速度超过额定速度130％时，限速器开始动作，切断电源并制动，使轿厢停止运行。如果轿厢仍继续加速下降运行，当速度超过额定速度140％左右时，限速器进行第二个动作，带动安全钳将轿厢夹持在导轨道上，使轿厢停止运行
7	安全钳	安全钳安装在轿厢的两侧，受限速器操纵。动作时利用自锁加紧原理，将轿厢夹持在导轨道上，强迫轿厢停止运行
8	缓冲器	在轿厢和对重的正下方各有一个缓冲器，缓冲器是电梯机械安全装置的最后一道措施。当各种电气保护都失去作用而使轿厢向底坑掉落时，缓冲器有缓冲的作用，避免轿厢中乘客受到冲击。当轿厢不断向上运动时，对重落到它正下方的缓冲器上，可减缓对重的冲击和轿厢的冲顶

电梯的安全保护装置动作框图如图 6-2 所示。

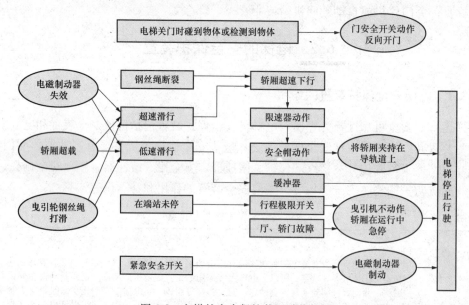

图 6-2　电梯的安全保护装置动作框图

6.2.2　电梯安全保护装置的技术要求

（1）电梯的各种安全保护开关必须可靠固定，不得采用焊接固定。

（2）保护开关安装后，不得因电梯正常运行时的碰撞和钢绳、钢带等正常摆动使开关产生位移、损坏和误动作。

（3）电梯的限速器速度接近其动作速度的95％、安全钳拉杆动作、选层器钢带（钢绳、链条）张紧轮下落大于50mm、电梯载重量超过额定载重量的10％、厅门或轿门未关闭或未锁紧，当有其中一种现象存在时，与机械相配合的各安全保护开关应可靠断开使电梯不能起动或立即停止运行。

（4）对急停、检修、程序转换等按钮或开关，错相、断相、欠压、过流、弱磁、超速等保护装置，开门、关门及运行方向接触器的机械或电气联锁装置应经常进行检查，保证运行的可靠性和安全性。

（5）极限和限位开关的安装位置应符合设计要求，当无设计规定时，碰铁应在轿厢地槛超越上、下端站地槛 50～200mm 范围内安装。接触碰轮后，能使开关迅速断开，且在缓冲器被压缩期间开关始终保持断开状态。

（6）轿厢自动门的安全触板、光电等其他形式的防护装置的功能必须灵活可靠。

（7）开关、碰铁应安装牢固。在开关动作区间，碰轮与碰铁应可靠接触，碰轮边距碰铁边不应小于 5mm。碰铁应无扭曲变形，碰铁安装应垂直，允许偏差 1%。

6.2.3　电梯对电气系统和机械系统的安全要求

电梯最重要的就是安全，维修电工是保证电梯安全运行的最重要的力量。除应按一般的电气安全要求执行外，还有一些电梯本身对电气系统和机械系统的安全要求。

1. 电梯对电气系统的安全要求

电梯对电气系统的安全要求主要包括如下内容：

（1）要求机房内每台电梯应单独设立主电源开关并便于识别，主电源开关的容量可切断电梯正常使用情况下的最大电流。

（2）轿厢照明和通风电源、机房和隔离层照明电源、电梯井道照明电源、轿顶电源插座电源、机房内电源插座电源以及报警装置及信号用电源通常只设一单相照明开关作为供电总开关。

（3）电梯控制屏的安装应符合标准要求，与其他设施应有 600mm 以上的间距。

（4）动力线路和控制线路应隔离敷设，微电信号及电子线路应按产品要求隔离敷设。

（5）机房和井道内电缆敷设应用金属管路，电线保护外皮应完整进入开关和设备的壳体内。

（6）使用金属管路敷设导线时，导线的总截面积不得超过电线管净截面的 40%，金属软管与箱、盒设备连接处应用专用的接头。

（7）电气设备的金属外壳，应有良好的接地。工作零线和保护零线（接地线）应始终分开，并有明显的标志。

（8）机房、轿厢顶、底坑应设有停止电梯运行的非自动复位的红色急停按钮或开关。

（9）轿顶导线应敷设在被固定的金属线槽、电线管内。

（10）电缆安装时要求敷设长度应使轿厢压缩缓冲器后，不得与底坑地面和轿厢底边框相接触并有一定的余量，且任何时候不得撑紧受力。随行电缆不应有打结和波浪扭曲现象。

（11）要求层站指示信号位置正确清晰明亮，消防开关工作可靠。

（12）电梯应有完善的电气联锁、自动报警等保护装置，以及与外界联系的通信设备和停电或电气系统发生故障时应有轿厢慢速移动的措施。

2. 电梯对机械系统的安全要求

电梯对机械系统的安全要求主要包括如下内容。

（1）曳引机的承重梁埋入承重墙内时，其支承长度应超过墙厚中心 20mm，且支持长度不应小于 75mm。

（2）曳引机及其风扇应工作正常，轴承应用规定的润滑油。

（3）制动器闸瓦与制动轮应表面清洁，制动器动作灵活可靠。制动器制动时，两侧闸瓦应紧密、均匀地贴在制动轮工作面上；松闸时两侧闸瓦应同时离开，其间隙不大于 0.7mm。

（4）限速器钢丝绳在正常运行时不应触及夹绳钳；安全钳开关应动作可靠，活动部分润滑良好。

（5）选层器钢带应张紧，不得与轿厢或对重相接触。选层器的齿轮应润滑良好运转正常。

（6）每根导轨至少应有两个导轨支架，其间距不大于 2.5m；导轨支架水平度偏差不大于 5mm；导轨支架或其他地脚螺栓的埋入深度套不应/小于 120mm。

（7）对重块应可靠紧固，其反绳轮应有挡绳和润滑装置。

（8）轿厢顶反绳轮应有保护罩和挡绳装置，轿厢顶防护栏杆应安装牢固。轿厢超载装置和称重装置应动作灵敏、准确可靠、无卡阻现象。

（9）层门外观应平整、光洁，无划伤或撞击伤痕，门关闭后上下合拢。层门地坎应有足够的强度，水平度不大于 1/1000，地坎应高出装修地面 2～5mm；层门框架固定牢固，立柱、门套垂直度和横梁水平度不大于 1/1000。

（10）层门自动关闭装置应工作可靠，关门时无撞击声且接触良好。

6.3 电梯电气系统线路的识读

由于电梯的电路结构比较复杂，所以分别对其主电路和控制电路进行识读。

6.3.1 电梯电气系统主电路

某电梯电气系统的主电路如图 6-3 所示。

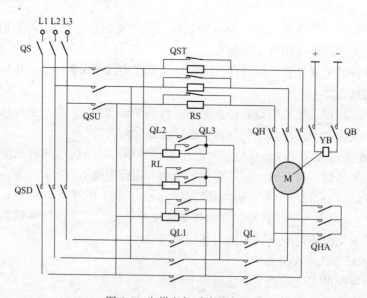

图 6-3 电梯电气系统的主电路

1. 主要电气设备的名称和功能

由图可见，组成电梯电气系统主电路的电气设备有很多，有用来控制总电源的刀开关、用来电梯升降控制的接触器等，主要电气设备的名称和功能见表 6-2。

表 6-2　　　　　　　　　　　　　主要电气设备的名称和功能

序　号	符　号	名　称	功　能
1	QS	刀开关	电源开关
2	M	电动机	电梯主拖动，双速电动机
3	RS	起动电阻	降压起动
4	QST	三相交流接触器	电阻降压起动控制
5	QH，QHA	三相交流接触器	电机绕组 YY 接（高速）控制
6	QB	直流接触器	电机制动
7	QL	三相交流接触器	电机绕组 Y 接（低速）控制
8	QL1，QL2，QL3	三相交流接触器	电梯降速控制
9	QSU	三相交流接触器	电梯上升控制
10	QSD	三相交流接触器	电梯下降控制
11	RL	降速电阻	电梯降速
12	YB	电磁铁	制动电磁铁（抱闸用）

2. 电路的组成

如图 6-3 所示，电梯电气系统主电路由三个基本电路组成，它们分别是串电阻降压起动电路、双速转换电路和正反转控制电路。

接触器 QST 断开，再将起动电阻 RS 串入主电路，此时电动机为串电阻降压起动；将电动机 M 接成 YY 接法，断开 QL，接通 QH 和 QHA，此时电动机为高速运行。将电动机 M 接成 Y 接法，接通接触器 QL，断开接触器 QH 和 QHA，此时电动机为低速运行；三相交流接触器 QSU 接通，QSD 断开，此时电动机正转，电梯上升，QSU 断开，QSD 接通，此时电动机反转，电梯下降。

3. 主电路工作过程分析

当闭合电梯的电源开关 QS 后，电梯首先关上轿厢门和厅门。这时电梯内的人按下欲去某层的选层按钮→接触器 QH 和 QHA 吸合→接触器 QSU 和 QSD 吸合→电动机的快速绕组和起动电阻 RS 串入主电路→电动机 M 降压起动→经过一段时间，接触器 QST 吸合→起动电阻 RS 被短接→根据欲去某层的位置，轿厢被电动机拖动快速上升或下降。

当轿厢到达目的地时，接触器 QH 和 QHA 断开→电动机的 YY 接绕组脱离电源→在抱闸 YB 的作用下电动机 M 开始减速→当转速下降到一定的速度时，接触器 QL 吸合→电动机的 Y 接绕组接入电路→电动机 M 带动轿厢以很慢的速度运行→在平层装置作用下，轿厢平稳地停止在某层，轿厢底部与楼层地面对齐→接触器 QL、QSU 和 QSD 全部断开，电动机完全脱离电源，等待下一次的自动运行。

6.3.2　电梯电气系统控制电路

图 6-4 和图 6-5 所示电路是对电梯主电路（如图 6-3 所示）进行控制的控制电路，通过控制电路可以实现对主拖电动机 M 的起动、制动、加速、减速等的控制。

1. 电气控制元件的名称和功能

由图可见，组成电梯控制电路的电气控制元件有很多，有用来控制电源的钥匙开关、紧急停车时使用的控制按钮等，电气控制元件的名称和功能见表 6-3。

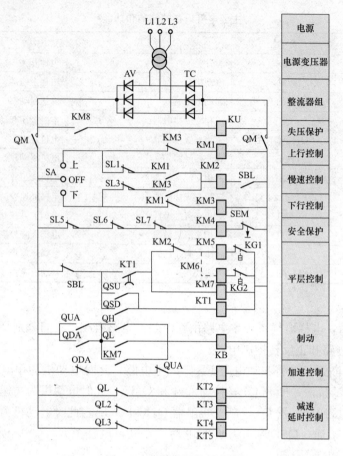

图 6-4　电梯运行控制电路

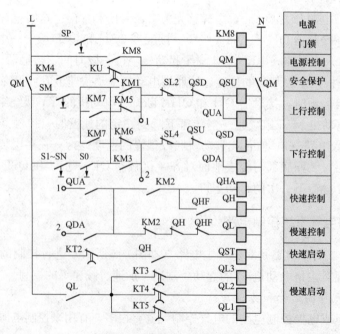

图 6-5　电梯主拖动控制电路

表 6-3 电气控制元件的名称和功能

序 号	符 号	名 称	功 能
1	TC	控制电源变压器	整流器电源
2	AV	整流器	提供控制用直流电源
3	SM	按钮	检修时短接门钥匙开关
4	S0	门锁开关	轿厢门门锁
5	S1~SN	门厅按钮	各层门厅按钮
6	SA	操作开关	上下操作控制
7	SL1	行程开关	上行缓速控制
8	SL2	行程开关	上行限位控制
9	SL3	行程开关	下行缓速控制
10	SL4	行程开关	下行限位控制
11	SL5	行程开关	安全钳开关
12	SL6	行程开关	胀绳轮开关
13	SL7	行程开关	超速断绳开关
14	KU	继电器	电源电压控制
15	KM1	中间继电器	上行方向控制
16	KM2	中间继电器	快速运行状态
17	KM3	中间继电器	下行方向控制
18	KM4	中间继电器	安全保护控制
19	KM5	中间继电器	上行平层控制
20	KM6	中间继电器	下行平层控制
21	KM7	中间继电器	运行控制
22	KM8	中间继电器	电源控制
23	KT1	时间继电器	自动平层控制
24	KT2	时间继电器	加速时间控制
25	KT3，KT4，KT5	时间继电器	减速时间控制
26	QUA	交流接触器	上行辅助控制
27	QDA	交流接触器	下行辅助控制
28	KG1	干簧继电器	上行平层控制
29	KG2	干簧继电器	下行平层控制
30	SEM	按钮	紧急停车
31	SBL	开关	慢速控制
32	SP	钥匙开关	控制电路电源控制
33	KB	中间继电器	制动控制
34	QM	交流接触器	电源控制

2. 电路的组成

图 6-4 所示电路采用的是直流电源，由三相整流变压器 TC 和硅整流器 AV 组成，主要为继电器的线圈提供电源。图 6-5 所示电路采用 220V 的交流电源，主要为接触器的吸合电磁铁线圈提供电源。交直流电源均由接触器 QM 控制。

由图 6-5 可知，按下电源开关 SP，中间继电器 KM8 接通，其动合触点闭合，交流接触器 QM 吸合，交直流电源接入控制电路。此时继电器 KU 接通，使接触器 QM 自保持。由图 6-4 可知，当直流电源接入控制电路后，时间继电器 KT2、KT3、KT4 和 KT5 都处于通电闭合状态，为电动机的起动、制动、加速、减速做好了动作准备。

(1) 电梯起动控制过程的识读。如想让电梯上升到某层，首先将操作开关 SA 扳向"上"的位置，上行运行中间继电器 KM1 通电吸合，其一对动合触点闭合后，快速运行中间继电器 KM2 的线圈经 SA 的"上"触点，上行缓速行程开关 SL1，KM1 触点，慢速开关 SBL 而通电吸合，此时 KM2 动作。

电梯起动时，在图 6-5 的控制图中，轿厢门开关 S0 和各厅门开关 Sl～SN 闭合。这时，上行接触器 QSU 及其辅助接触器 QUA 的工作线圈回路通电吸合。与此同时，快速运行接触器 QHA 及 QH 也通电吸合。由主电路可知，这时电动机 M 的绕组被接成高速运转的 YY 连接。虽然电动机 M 已与电源接通，但电动机是否能起动还有赖于制动电磁铁 YB 是否通电松开抱闸。

由图 6-4 可知，由于 QUA、QH 的常开触点闭合，KB 通电吸合，YB 得电，制动松开，电动机 M 可以起动运行。

(2) 电梯换速控制过程的识读。电梯在运行工程中需要快速运行和慢速运行，其控制过程如下：

由图 6-4 和图 6-5 可以看出，由于 QSU、QUA 的吸合，QUA 的一对常闭触点断开，时间继电器 KT2 断电，KT2 的一对动断触点延时断开，使接触器 QST 通电吸合，其主触点短接了降压起动电阻 RS，此时电动机 M 快速向上运行。

当电梯在上行过程中需要由快速转为慢速时，只需将图 6-4 的转换开关 SA 由"上"的位置扳向"0"的位置。此时上行方向控制继电器 KM1 和快速运行继电器 KM2 均断电。KM2 断电后，快速运行接触器 QHA，QH 断电释放，其动断辅助触点使慢速运行接触器 QL 接通，电动机由 YY 接变为 Y 接慢速运行。QL 的吸合还使控制电路的工作状态发生了变化。QL 的一对辅助动断触点断开后，使时间继电器 KT3 断电，经过一定延时后，KT3 的一对动断触点闭合，接触器 QL3 通电吸合，切除了减速电阻 RL 的一部分；QL3 的动断辅助触点又断开了时间继电器 KT4。经过一定时间后，QL2 通电吸合，又切除了 RL 的一部分电阻；之后，KT5 断电，QL1 吸合，全部切除了电阻 RL。电动机 M 在慢速下运行，通过这一慢速运行实现电梯的平层，即电梯轿厢的地板和楼层地板的平稳对接。

(3) 电梯制动控制过程的识读。当电梯轿厢以平层速度运行到达某层时，这时轿厢的平层装置进入了该层的平层轿。在图 6-4 所示的控制电路图中，干簧管继电器 KG1 首先复位，接通了上行平层中间继电器 KM5。KM5 吸合后，其动断触点断开了上行方向接触器 QSU，电动机 M 停电。同时制动继电器 KB 断电，制动电磁抱闸抱紧了制动轮，电梯停止在这一层的位置，完成了电梯的制动控制。

6.4 电梯的运行与维护

6.4.1 电梯的巡视检查

正在使用的电梯应在每班前进行巡视检查，巡视检查的主要内容如下。

（1）轻载开动电梯，在任意层门呼梯，主要检查：

1）呼梯、开门、关门、制动是否正常；

2）运行速度是否正常；

3）有无异常噪声和震动；

4）安全保护装置是否失灵；

5）信号系统是否正常；

6）照明系统和报警系统是否正常；

7）轿厢金属部分是否有带电现象。

（2）检查电源、控制柜、电动机、极限开关、钢丝绳等机房设备是否正常，有无接触不良、打火放电、元件损坏等现象。

（3）定期擦拭机房设备，清理机身及传送部分的污垢、灰尘、油渍，进一步检查设备是否正常。

（4）检查轿厢地坎和层门地坎是否存在异物，应及时清理异物，并在滑道和滚轮处撒少许石墨粉。

（5）进入地坑，检查随行电缆、地坑设施是否正常。

（6）检查轿厢内的消防安全设施是否齐全。

（7）检查润滑部分的油嘴、油杯是否按规定加油。

（8）检查层门、机房门窗是否完好无损。

（9）清扫轿厢内外，使其整洁卫生。

6.4.2　电梯的检修

电梯保养的周期一般为 1 个月，小修的周期一般为 3～4 个月，中修的周期一般为 12 个月，大修的周期可为 3～5 年，也可放宽到 5～8 年。电梯检修的具体内容见表 6-4。

表 6-4　　　　　　　　　　　　　　　　电梯保养的具体内容

序　号	名　称	内　容
1	电梯保养	（1）清除柜、箱、盒、槽内的灰尘、污垢，使其整洁卫生。 （2）对电梯各种安全装置进行检查、试验，必要时应进行调整，有电接点的要检查接点动作的可靠性、灵敏性。 （3）检查电气系统的接触器、继电器、开关、熔断器、信号装置、报警装置、接线端子等元件连接是否可靠，电接点有无烧坏等现象，发现问题要求及时修复或更换。 （4）紧固所有接线端子的螺钉，并摇测电气线路和电气设备的绝缘电阻，看是否符合大于 $0.5M\Omega$ 的要求。 （5）检查机械传动部位的零部件清洗加油的情况有无不妥，发现问题应及时妥善解决
2	电梯小修	除了完成保养需要的项目外，还要完成以下内容： （1）测量所有部件的绝缘电阻。 （2）对曳引机、轿厢、传动部件、底坑设施等重要的机械部件和电动机、控制柜、制动器、选层器、行程开关等电气设备进行详细的检查及调整，并组织有关技术人员进行检查验收。 （3）检查压道板以及导轨架上的螺栓并紧固。 （4）检查开门机及轿门、厅门开闭运行状态及其联锁系统。 （5）检验轨距及其垂直度、平行度、接头台阶的修平度是否符合国标的要求

序 号	名 称	内 容
3	电梯中修	除了完成小修需要的项目外，还要完成以下内容： （1）检查机械安全装置的磨损情况，根据实际情况进行修理或更换。另外，对其性能进行全面调整和试验。 （2）检查电气安全装置及门系统的磨损情况，根据实际情况修理或更换，另外，对其性能进行全面调整和试验。 （3）用煤油清洗曳引绳的油污，检查绳头组合螺母紧固及销钉插牢是否正常，当钢丝绳直径小于原直径 90% 或表面有较大磨损及严重腐蚀时应及时进行更换。 （4）对限速装置及安全钳，应检查限速轮旋转油润滑状况并用煤油清洗夹绳钳口的油污。 （5）核定安全钳楔块与导轨工作面间隙，间隙应一致，一般为 2～3mm。检查安全钳提杆及转动机构是否灵活可靠，人为动作检查安全钳及限速装置的动作可靠性。 （6）检查选层器及其钢带的动作是否准确无误，并紧固所有的螺钉。 （7）检查缓冲器的顶面水平度、垂直度以及油压缓冲器的油压和油粘度等是否符合标准要求。 （8）检查上述没有涉及的部件，对需要清洗的部件要进行清洗，并按要求对其进行调整
4	电梯大修	（1）拆卸清洗各个机械部件，根据磨损程度进行更换，并经调整达到标准的要求。 （2）拆卸检修各个电气部件，根据其使用及破损程度进行更换，摇测各部绝缘电阻，并经调整达到标准的要求。 （3）调整各个安全装置并达到要求。 （4）更换钢丝绳及各个绳轮。 （5）检查导轨、导靴、轿厢、缓冲器等装置，根据实际使用及破损程度情况进行更换，并经调整达到标准要求。 （6）按 GB 10060—1993、GB 7588—2003、GB 850310—2002 等标准对系统进行调整试验，达到安全可靠运行

6.5　电梯的常见故障处理方法

电梯的结构和控制方式的不同，决定了电梯的故障有所不同。但根据其共性，可把不同电梯的常见故障及其处理方法总结归纳。电梯的常见故障处理方法见表 6-5。

表 6-5　　　　　　　　　　　　电梯的常见故障处理方法

序 号	故障现象	故障原因	处理方法
1	厅门未关能选层开车	（1）门锁继电器动作不正常。 （2）门锁连接线短路	（1）调整门锁继电器或更换门锁继电器。 （2）检查门锁线路，排除短路点
2	开关门速度明显降低	（1）开门机皮带轮皮带打滑。 （2）开门机励磁线圈串联电阻阻值过小	（1）调整皮带轮偏心轴或开门机底座螺栓或更换皮带。 （2）适当增大励磁线圈串联电阻的阻值，一般调至全电阻 3/4 比较合适
3	开关门速度明显过快	开门机励磁线圈串接电阻阻值过大或短路	适当减少开门机励磁线圈串接电阻的阻值或找出故障点
4	电梯运行中轿厢有抖动或晃动	（1）个别导轨架或导轨压板松动。 （2）曳引机地脚螺栓或挡板压板松动。 （3）蜗轮副齿侧间隙增大，蜗杆推力轴承磨损或曳引机故障。 （4）导轨接口不平滑有"台阶"	（1）在轿顶上检查导轨架及压道板紧固情况，并进行紧固，校正轨距。 （2）检查紧固和校正地脚螺栓和挡板压板。 （3）更换中心距调整垫及轴承盖处调整垫，或更换轴承，检查曳引机。 （4）用细齿锉刀按要求进行修光平整并校正

续表

序 号	故障现象	故障原因	处理方法
5	电梯运行时在轿厢中听到摩擦响声	(1) 安全钳楔块与导轨间隙过大，有时摩擦导轨。 (2) 滑动导靴衬套油槽槽中卡入异物。 (3) 轿厢滑动导靴尼龙衬磨损严重，其金属压板与导轨发生磨蹭	(1) 调整安全钳楔块与导轨间隙使符合要求。 (2) 清除卡存在导靴内的异物并进行清洗。 (3) 更换新的导靴衬，并调整导靴弹簧，使四只导靴压力一致
6	预选层站不停车或选不上	(1) 内选层继电器失灵。 (2) 选层器上滑块接触不良或滑块碰坏。 (3) 控制模块损坏	(1) 检修或更换继电器，检修内选线路，更换元件。 (2) 调整滑块距离，使接触良好，检修选层。 (3) 更换模块
7	呼梯按钮和选层按钮失灵或不复位	(1) 按钮连接线有断开点或接触不良。 (2) 按钮块与边框有卡阻。 (3) 呼梯继电器或选层继电器失灵或控制线路出现故障。 (4) 隔离二极管装反	(1) 检查线路，紧固接点。 (2) 清除孔内毛刺，调整安装位置。 (3) 更换继电器或找出故障点并进行排除。 (4) 调整或更换二极管
8	电梯在未选层站停车	(1) 有的层站换速碰块连接线与换速电源相碰，或选层器上的层间信号隔离二极管击穿短路。 (2) 控制线路有误。 (3) 快速保持回路接触不良	(1) 调整滑块连接线或更换二极管，调整选层器。 (2) 找出控制线路故障点并进行排除。 (3) 检查调整快速回路中的继电器接触器接点，使之动作灵活接触良好
9	停梯断电后再使用，发现运行方向相反	(1) 相序故障。 (2) 内无相序保护装置，外线三相电源相序接反	(1) 修理或更换相序继电器。 (2) 将三相电源线中任意两相互换
10	主保险丝片经常烧断	(1) 起动、制动时间过长。 (2) 起动、制动电阻或电抗器接头压片松动。 (3) 熔丝片容量小或接触不良。 (4) 有的接触器接触不实有卡阻或造成相短路	(1) 按规定调整起动和制动时间。 (2) 紧固接点，压紧压片。 (3) 按额定电流更换熔丝片，并压接紧固。 (4) 检查调整接触器，排除卡阻或更换接触器
11	轿厢或厅门有麻电感觉	(1) 轿厢上的线路有接地漏电。 (2) 接零系统中性线重复接地线断开。 (3) 轿厢接地线断开或接触不良	(1) 检查线路绝缘，使其绝缘电阻值不低于每伏工作电压1kΩ。 (2) 在中性线上做重复接地成为保护接零系统。 (3) 检查接通接地线，并测量接地电阻应不大于4Ω
12	电梯门关不上，蜂鸣器不停地响	(1) 外呼按钮卡死。 (2) 关门时门锁无法合上。 (3) 安全触板动作。 (4) 门电机打滑。 (5) 门机不工作	(1) 检查外呼按钮，找出故障并进行排除。 (2) 检查门锁，找出故障并进行排除。 (3) 检查安全触板，找出故障并进行排除。 (4) 检查门电机的皮带，调整皮带松紧，消除打滑现象。 (5) 检查门机控制器，找出故障并进行排除

序　号	故障现象	故障原因	处理方法
13	通信中断	(1) 通信受到干扰。 (2) 通信中断。 (3) 终端电阻没有被短接	(1) 检查通信线路是否远离强电。 (2) 连接通信线。 (3) 短接终端电阻
14	平层开关动作不正确	(1) 平层开关损坏。 (2) 两个平层开关接反了，动作次序不对。 (3) 钢丝绳打滑使电动机空转或轿厢卡死	(1) 更换平层开关。 (2) 更改接线。 (3) 检查钢丝绳和轿厢，找出故障并进行排除
15	电梯反向溜车	(1) 电梯严重超载。 (2) 编码器损坏。 (3) 变频器未工作	(1) 调整超载开关。 (2) 更换编码器。 (3) 检查变频器，找出不工作原因
16	关门夹人，安全触板失灵	(1) 安全触板微动开关被压死，不能动作。 (2) 安全触板接线短路。 (3) 安全触板传动机构损坏	(1) 更换微动开关，使之连接或断开灵活。 (2) 检查安全触板的线路，排除短路点。 (3) 检查调整传动机构及转轴等，使之动作灵活
17	电梯运行中轿厢在通过厅门时有碰撞摩擦声响	(1) 开门刀与厅门地坎间隙过小或发生摩擦。 (2) 开门刀与门锁滚轮相碰或与异物相碰	(1) 测量各层间隙并检查轿厢有无倾斜现象，必要时用陀块调平轿厢。 (2) 检查轿门倾斜度，必要时调整开门刀和门锁滚轮位置，清除异物

第 7 章

建筑电气施工图识读

7.1　建筑电气图的特点和表示方法

建筑电气工程是与建筑物关联的新建、扩建或改建的电气工程，它涉及土建、设备、管道、空调制冷等若干专业。建筑电气施工图是电气安装、故障检修的基础知识，是建筑电工应掌握的重要内容。建筑电气施工图包括建筑电气工程中的动力、照明、变配电装置、通信广播、火灾报警等多种电气图。建筑电气施工图一般包括电气总平面图、电气系统图、平立面布置图、原理图、接线图、设备材料清册及图例等。

7.1.1　建筑电气图常用符号

建筑电气工程图大多是采用统一的图形符号并加注文字符号绘制出来的，具有不同于机械图、建筑图的特点。建筑电气工程的施工图是用各种图形符号、文字符号以及各种文字标注来表达的。阅读电气工程图，首先要了解和熟悉这些图形符号的形式、内容、翻译以及它们之间的相互关系。

建筑电气图中符号的种类很多，一般都画在电气系统图、平面图、原理图和接线图上，用以标明电气设备、装置、元器件及电气线路在电气系统中的位置、功能和作用。建筑电气图中的动力、照明及常用建筑图例均应用国标规定统一表示。常用建筑图形符号见表7-1。

表 7-1　　　　　　　　　　　　　　常用建筑图形符号

图　例	名　称	图　例	名　称
□	普通砖柱	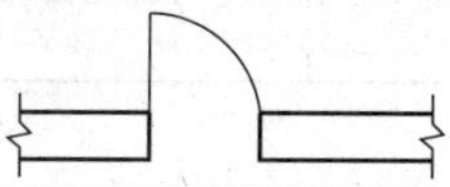	单扇门
■	钢筋混凝土柱		双扇弹簧门
	普通砖墙		空门洞
	混凝土		墙内单扇推拉门
	玻璃		楼梯
	窗户		

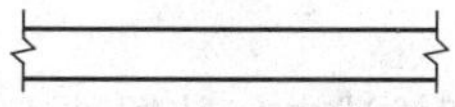

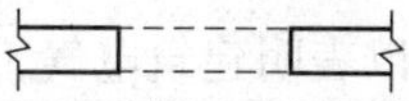

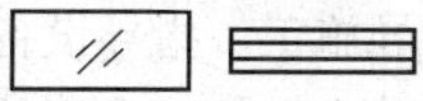

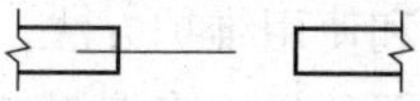

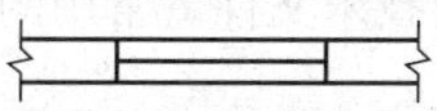

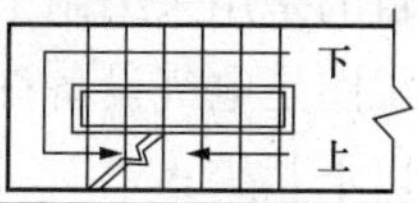

图　例	名　称	图　例	名　称
	孔洞		通风道
	污水池		
	墙外双扇推拉门		烟道
			砂灰土及粉刷材料
	竖向卷帘门		普通砖
			普通砖墙
			钢筋混凝土
	对开折叠门		窗
			双扇门
宽×高或φ	墙上预留孔		不可见孔洞
	自动门		饰面砖
			纤维材料
			石膏板
	检查孔		玻璃

7.1.2　建筑电气施工图的分类

　　建筑电气施工图可以表明建筑电气工程的构成规模和功能，详细描述电气装置的工作原理，提供安装技术数据和使用维护方法。建筑电气施工图是建筑电气装置安装的依据。阅读电气工程施工图的主要目的是用来编制工程预算和编制施工方案，指导施工、指导设备的维修和管理。建筑电气施工图是电气设备订货及运行、维护管理的重要技术文件。常用的建筑电气工程施工图主要有以下几类。

1. 图纸目录

一般情况下，图纸是以整套的形式出现的，如"某某建筑配电图"，包括多张图纸，以一定的习惯排列，最上面是称为图纸目录的图纸，图纸目录内容有序号、图样名称、图样编号、图样张数等。图纸目录类似于书的目录。

2. 施工说明

施工说明一般也以图纸的形式出现，放在整套图纸的最前面或最后面，主要阐述整套图纸电气工程设计依据、工程的要求和施工原则、电气安装标准、安装方法、工程等级、工艺要求及有关设计的补充说明等。施工说明是以文字形式表达的图纸。

3. 设备材料明细表

设备材料明细表列出该项电气工程所需要的设备和材料的名称、型号、规格和数量。一般设备材料明细表在可行性研究和初步设计阶段是以设备清册的形式提供，供设计概算、施工预算及设备订货时参考；在施工图阶段，设备材料明细表一般不再几种提供，而是分散列在各施工图中，可供设备订货和设备安装时参考。

4. 系统图

建筑电气工程中，动力、照明、变配电装置、通信广播、电缆电视、火灾报警等都要用到系统图。系统图是用单线图表示电能和电信号接回路分配出去的图样，主要表示各个回路的名称、用途、容量以及主要电气设备、开关元件及导线电缆的规格型号等。通过电气系统图可以知道该系统的回路个数及主要用电设备的容量、控制方式等。

5. 平面布置图

电气平面布置图是表示电气设备、装置与线路平面布置的图样，是进行电气安装的主要依据。电气平面图是以建筑平面图为依据，在图上绘出电气设备、装置及线路的安装位置、敷设方法等。常用的电气平面图有变配电站平面图、室外供电线路平面图、动力平面图、防雷接地平面图等。

6. 安装图

一般来说，安装图是按三识图原理绘制的。安装图是表现各种电气设备和器件的平面与空间的位置、安装方式及其相互关系的图样。它通常由平面图、立面图、剖面图及各种构件详图等组成。

7. 接线图

接线图主要用来表示电气设备、电气元件和线路的安装位置、配线方式、接线方法等。如二次接线的屏后接线图、端子排图等。

8. 电气原理图

电气原理图主要用来表现某一电气设备或系统的工作原理，它是按照各个部分的动作原理图采用分开表示法展开绘制的。通过对电路图的分析，可以清楚地看出整个系统的动作顺序，如电气二次接线原理图等。电路图可以用来指导电气设备和器件的安装、接线、调试、使用与维修。

7.1.3　建筑电气施工图设计一般规定

1. 图纸比例

建筑电气安装图是和建筑的实际尺寸按一定比例绘制的。习惯上把比例说成 1∶n，常用的比例有 1∶50、1∶100、1∶200，总平面布置图则常用 1∶500、1∶1000 等。例如，1∶100 的图纸上的线长 1mm 就相当于实际有 100mm。如果工程图纸看多了，可以由图纸马上想象出实物的大小。

2. 尺寸标注

图纸中标注尺寸单位的选取要根据画图的比例确定。建筑电气安装图上标注的尺寸一般用毫米（mm）为单位，凡是以毫米为单位的，图中不必再标注单位。总图中的标注尺寸单位可以米（m）为单位，并应至少取小数点后两位。如果同一张图纸中几幅样图采用的图样单位不一样，必须在每个图样下分别注明。

3. 图线及其应用

（1）细实线：电气安装施工图中的建筑平面、立面图的轮廓线要用细实线，以便突出用粗、中实线画的电气线路及设备；另外用于尺寸线、指引线、标题栏、表格等。

（2）中实线：电气安装施工图中的干线、支线、电缆线及架空线等。

（3）粗实线：用于建筑图的立面图、平面图与剖面图的截面轮廓线、图框线及电气安装图中的电气图线等。但在电气安装图中为突出电气接线，上述建筑图中的各图线用细实线表示。

（4）点划线：用于轴线、中心线、围框线等。

（5）虚线：用于不可见轮廓线、暂不施工的二期工程或近期拟扩展部分的轮廓线。

（6）粗虚线：用于地下管道。

（7）折断线：用于被假想断开的边界线。

（8）粗点划线：用于在平面图中的大型构件轴线、车间行车导轨的中轴线、接地平面图中的接地干线等。

4. 安装标高

建筑物各部分的高度通常用标高表示。标高分为绝对标高和相对标高。我国把我国黄海某点的平均海平面定为绝对标高的零点，全国各地的标高都以它为基准标注。除了专业测量用途外，绝对标高很少用到。建筑物上通常都用相对标高，即把室内首层地坪面高度设定为

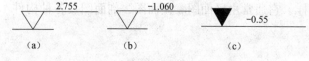

图 7-1 相对标高的表示方法

(a) 高于地面；(b) 低于地面；(c) 总平面图上室外整平标高

相对标高的零点，用"±0.000"表示，用于建筑物施工图的标高标注。高于它的为正值，表示高出地坪面多少；低于它的为负值，表示低于地坪面多少。相对标高的表示方法如图 7-1 所示。

图中下面的横线为要标注的某处高度的界限，标高数字注在小三角形的外侧。根据国标规定，标高单位为米（m），精确到毫米（mm），即小数点后面 3 位，但总平面图中只注到小数点后两位。

5. 方向和风向频率标记

在平面布置图等建筑电气图中，要在图上表示建筑物和设备的位置和朝向，一般按上北下南、左东右西来表示。但有时候建筑不是正向布置的，或者根据具体情况没有按上北下南、左东右西的原则来表示，这时就要用到方向标记，即指北针来表示其朝向，如图 7-2 (a) 或 (b) 所示。图中的北通常用字母 N 来表示。

在建筑总平面图上，一般根据当地实际情况绘制风向频率标记，用风玫瑰图表示，如图

7-2（c）所示。风玫瑰图也叫风向频率玫瑰图，它是根据某一地区多年平均统计的各个方风向和风速的百分数值，并按一定比例绘制，一般多用八个或十六个罗盘方位表示，由于该图的形状形似玫瑰花朵，故名风玫瑰。玫瑰图上所表示风的吹向（即风的来向），是指从外面吹向地区中心的方向。它是根据某一地区多年平均统计的各个方向吹风次数的百分值，按一定比例绘制而成的，实线表示该地区的常年风向频率；虚线则表示该地区夏季（6～8 月份）三个月的风向频率。从风玫瑰图上可以看出该地区的常年主导风向和夏季主导风向，这对建筑构造方式及建筑安装施工安排都有着重要意义。

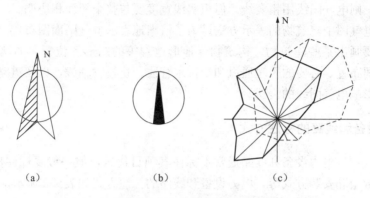

|（a）|（b）|（c）|

图 7-2　方向和风向频率标记

6. 建筑物定位轴线

电力、照明、电信布置通常都是在建筑物平面图上进行的，在建筑平面图上一般都标有定位轴线，作为定位、放线的依据和识别设备安装位置的依据。建筑图中确定主要结构位置的线，如确定建筑的开间或柱距，进深或跨度的线称为定位轴线。除定位轴线以外的网格线均称为定位线，它用于确定模数化构件尺寸。模数化网格可以采用单轴线定位、双轴线定位或二者兼用，应根据建筑设计、施工及构件生产等条件综合确定，连续的模数化网格可采用单轴线定位。当模数化网格需加间隔而产生中间区时，可采用双轴线定位。定位轴线应与主网格轴线重合。定位线之间的距离（如跨度、柱距、层高等）应符合模数尺寸，用以确定结构或构件等的位置及标高。结构构件与平面定位线的联系，应有利于水平构件梁、板、屋架和竖向构件墙、柱等的统一和互换，并使结构构件受力合理、构造简化。工业厂房定位线的确定应遵守有关规定，使厂房建筑和构配件逐步达到统一，提高设计标准化、生产工业化和施工机械化的水平。

定位轴线编号的基本原则是：在水平方向，从左到右用顺序阿拉伯数字编注；在垂直方向，采用拉丁字母由下向上编注（另外，由于 I、O、Z 因容易同 1、O、2 混淆而不用）。数字和字母分别用点划线引出，注写在末端直径为 8～10mm 的细实线圆圈中，如图 7-3 所示。

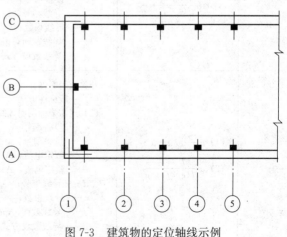

图 7-3　建筑物的定位轴线示例

7. 图上位置、图线、建筑物等的表示方法

（1）图上位置的表示方法。电气设备和线路图形符号在图上的位置，可根据建筑图分采用定位轴线来确定，也可采用尺寸标注来确定，即在图上标注尺寸数字以确定设备在图上的安装位置。需要在同一幅图上表示不同层次（如楼层）平面图上的符号位置时，可采用标高定位法。

（2）图线。在建筑电气安装图上有建筑平面图图线和电气平面图图线两类。为了主次分明、图形清晰、突出电气布置，电气图线应比建筑图线宽 1～2 个等级，若建筑物的外形轮廓线用细实线，则电气图线用粗实线，但粗实线宽度要与整个图面相协调。

（3）建筑电气图中建筑物的表示方法。为了清晰地表示电气平面图布置，在建筑电气安装图上往往需要画出某些建筑物、构筑物、地形地貌等的图形和位置，如墙体及材料、门窗、楼梯、房间布置，必要的采暖通风和给排水管线、建筑物轴线，以及道路等，但这些图形的图线不得影响电气图线的表达。

7.1.4 设备和线路的标注方式

在建筑电气图，电力设备和线路通常不标注其项目代码，但一般要标注出设备的编号、型号、规格、数量和安装方式等，电力设备和线路的标注方式如表 7-2 所示。

表 7-2　　　　　　　　　　　　　设备和线路的标注方式

序　号	标注方式	说　　明
1	$\dfrac{a}{b}$ 或 $\dfrac{a}{b}\Big\vert\dfrac{c}{d}$	用电设备 a——设备编号； b——额定功率，kW； c——线路首端熔断片或自动开关释放器的电流，A； d——标高，m
2	（1）$a\dfrac{b}{c}$ 或 $a-b-c$ （2）$a\dfrac{b-c}{d(e\times f)-g}$	电力和照明设备 （1）一般标注方法 （2）当需要标注引入线的规格时 a——设备编号； b——设备型号； c——设备功率，kW； d——导线型号； e——导线根数； f——导线截面，mm^2； g——导线敷设方式及部位
3	（1）$a\dfrac{b}{c/i}$ 或 $a-b-c/i$ （2）$a\dfrac{b-c/i}{d(e\times f)-g}$	开关及熔断器 （1）一般标注方法 （2）当需要标明引入线的规格时 a——设备编号； b——设备型号； c——额定电流，A； i——整定电流，A； d——导线型号； e——导线根数； f——导线截面，mm^2； g——导线敷设方式

序 号	标注方式	说 明
4	$a-\dfrac{b}{c}-d$	照明变压器 a——型号； b——一次电压，V； c——二次电压，V； d——额定容量，VA
5	$a-b\dfrac{c\times d\times l}{e}f$	照明工具 a——灯数； b——型号或编号； c——每盏照明灯具的灯泡数； d——灯泡容量，W； e——灯泡安装高度，m； f——安装方式； l——光源种类
6	⑥⓪	最低照度⑥⓪（示出 60lx）
7	$\dfrac{a\text{-}b\text{-}c\text{-}d}{e\text{-}f}$	电缆与其他设施交叉点 a——保护管根数； b——保护管直径，mm； c——管长，m； d——地面标高，m； e——保护管埋设深度，m； f——交叉点坐标
8	(1) ▽ ±0.000 (2) ▼ ±0.000	安装或敷设标高，m (1) 用于室内平面、剖面图上； (2) 用于总平面图上的室外地面
9	(1) ——／／／ (2) ——／³ (3) ——／ⁿ	导线根数，当用单线表示一组导线时，若需要示出导线数，可用加小短斜线或画一条短斜线加数字表示 例：(1) 表示 3 根 　　(2) 表示 3 根 　　(3) 表示 n 根
10	—220V	直流电压 220V
11	$m\sim fu$ $3N\sim 50Hz$，380V	交流电 m——相数； f——频率； u——电压； 例：示出交流，三相带中性线 50Hz，380V

为了区别有些设备的功能和特征，可在其图形符号旁增注字母，如表 7-3 所示。

表 7-3　　　　　　　　　　　设备图形符号旁增注字母

名　称	功能或特征含义	标注字母或符号
灯或信号灯	颜色：红色	RD
	蓝色	BU
	白色	WH
	黄色	YE
	绿色	GN

续表

名 称	功能或特征含义	标注字母或符号
电信插座	电话	TP
	电视	TV
	传声器	M
	调频	FM
	扬声器	H
电杆	三角杆	△
	四角杆	♯
	H 形杆	H
	L 形杆	L
	A 形杆	A
	分区杆	S

7.2 建筑电气动力施工图的识读

7.2.1 建筑电气动力工程图的识读步骤

一套建筑电气动力工程图由很多张的图纸组成，阅读建筑电气图，要根据建筑电气工程图的特点，按照一定步骤来阅读，这样才能比较迅速、全面地读懂图样。

（1）看建筑电气图的标题栏、图纸目录和说明。了解该建筑工程的名称、项目内容、设计日期，了解工程总体概况及设计依据，并从该套图了解图样中未能表达清楚的各有关事项。如供电电源的来源、电压等级、线路敷设方式、设备安装高度及安装方式等。

（2）看建筑电气图的系统图。看系统图的目的是要对整体系统做到心中有数。各分项工程的图纸中都包含系统图，如变配电工程的供电系统图、电力系统的电力系统图、照明工程的照明系统图等，通过查看系统图可以了解系统的基本组成，主要电气设备等的连接关系以及它们的规格、型号、参数，掌握该项目的基本概况。

（3）看电气平面布置图。电气平面布置图是建筑电气工程图样中的重要图样之一，如变配电所电气设备安装平面图、变电站平面布置图、照明布置图、变电站和建筑的防雷接地平面图等，是安装施工、编制工程预算的主要依据图样，要重点熟读。对于施工经验还不太丰富的人员，可对照相关的安装大样图一起阅读。

（4）看电路图和接线图。通过查看电路图和接线图可以了解各系统中用电设备的电气自动控制原理，为安装和调试设备打下基础。由于电路图一般多是按功能分别绘制的，看图时应依据功能关系阅读。安装和调试设备，还要配合阅读接线图和端子图进行。

（5）查看安装详图。安装图是用来详细表示设备安装方法的图样，是用来指导施工和编制工程材料计划的图样。在安装图中要注意尺寸的核对和把握。

（6）看设备材料表。设备材料表可以了解该工程所使用的设备、材料的型号、规格和数量，是编制购置主要设备、材料计划的重要依据之一。通过查看设备材料表，应对该分项工程的所用设备材料情况有一个详细的了解。设备材料表在同一分项工程的初步设计阶段和施工图阶段都会出现，初步设计阶段的设备材料表是对该工程设备材料的一个基本估算，主要用于工程的预算，施工图阶段的设备材料表一般分列在各施工图纸，用于帮助施工、工程决算。由于施工的工程中常常会出现设计修改的情况，决算用设备材料表应已实际使用为准。

上面只是识读建筑电气图大致步骤，识读建筑电气图的顺序不是不能改变，在读识时要根据具体情况，灵活采用识读方法和步骤。另外，不要迷信图纸的权威性，根据电力工程建设施工的经验，新设计的施工图往往会有这样或那样的问题。在施工前应提前读懂施工建筑电气图，相互关联的图纸要一起读，发现其中可能存在的问题，及时和设计部门联系，将问题消灭在萌芽状态。

7.2.2　建筑动力工程图识读

动力工程图通常包括动力系统图、动力平面图、室内配电装置和线路安装图、电力电缆工程图等。

动力系统图和动力平面图一般是配套的，要结合着一起看。动力系统图主要表示电源进线及各引出线的型号、规格、敷设方式，动力配电箱的型号、规格，开关、熔断器等设备的型号、规格等。

1. 机械加工车间动力工程图

某工厂机械加工车间动力配电箱的系统图 7-4 所示。

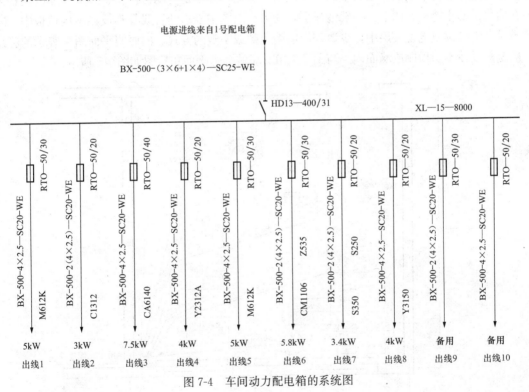

图 7-4　车间动力配电箱的系统图

该系统图识读过程如下：

（1）机械加工车间动力配电箱的电源来自本建筑的 1 号配电箱，电源进线的型号为 BX-500-(3×6+1×4)-SC25-WE。虽然图中未标出电源的电压等级，但从电源进线的型号可以看出电源应为三相四线制的 380V 的三相交流电（进线额定电压为 500V）。

（2）电源进线开关的型号为 HD13-400/31，是额定电流为 400A 的三极单投刀开关，配电箱型号为 XL-15-8000。

（3）配电箱共有 10 回出线，其中两回备用，每个回路均采用 BX-500-(4×2.5)-SC20-

WE 型号的电缆。每个回路用 RTO 型熔断器进行短路保护，其熔件额定电流均为 50A，熔体额定电流根据负荷的大小分别为 20、30、40A。各回路的负载情况见表 7-4。

表 7-4 各回路的负载情况

出线编号	负荷名称	负荷大小	熔断器型号	熔体额定电流（A）
出线 1	M612K 磨床	5kW	RTO-50/30	30
出线 2	C1312 车床	3kW	RTO-50/20	20
出线 3	CA6140 车床	7.5kW	RTO-50/40	40
出线 4	Y2312 滚齿床	4kW	RTO-50/20	20
出线 5	M612K 磨床	5kW	RTO-50/30	30
出线 6	C1106 车床和 Z535 钻床	3+2.8kW	RTO-50/20	30
出线 7	S350 和 S250 螺纹加工机床	1.7×2kW	RTO-50/20	20
出线 8	Y3150 滚齿床	4kW	RTO-50/20	20
出线 9	备用		RTO-50/30	30
出线 10	备用		RTO-50/20	20

动力平面图是用来表示电动机、机床等各类动力设备、配电箱的安装位置和供电线路敷设路径及敷设方法的平面图。动力平面图与照明平面图一样，是将动力设备、线路、配电设备等画在简化了的土建平面图上。一般情况下，动力平面图中表示的管线是敷设在本层地板中，或者敷设在电缆沟或电缆夹层中，少数采用沿墙暗敷或明敷的方式，而照明平面图上表示的管线一般是敷设在本层顶棚或墙面内。与图 7-4 相对应的动力平面布置图如图 7-5 所示。

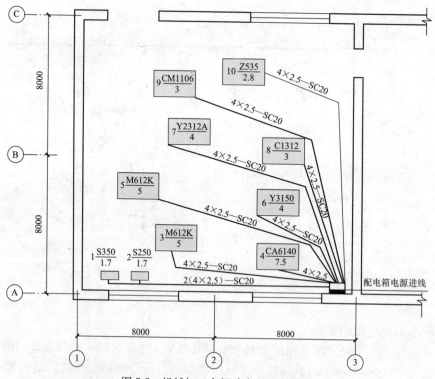

图 7-5　机械加工车间动力平面布置图

该平面布置图识读过程如下：

（1）动力配电箱安装在定位轴线 3-A 处，配电箱电源进线自左边引入，为大小为 $12×12m^2$ 的机械加工车间内的设备供电。

（2）图中画出了各车床、磨床等机械的外形轮廓和平面位置，设备的外形轮廓、位置与实际相符，并在设备上或设备旁设备的编号、型号和容量，设备的标注采用"$a\dfrac{b}{c}$"的形式，其中，表示 a 设备编号，b 表示设备型号，c 表示设备容量。车间设备数据如表 7-5 所示。

表 7-5　　　　　　　　　　　　　　　　　车间设备数据

设备编号	负荷名称	负荷大小（kW）	所在出线号
1	S350 螺纹加工机床	1.7	7
2	S250 螺纹加工机床	1.7	7
3	M612K 磨床	5	1
4	CA6140 车床	7.5	3
5	M612K 磨床	5	5
6	Y3150 滚齿床	4	8
7	Y2312 滚齿床	4	4
8	C1312 车床	3	2
9	C1106 车床	3	6
10	Z535 钻床	2.8	6

（3）从配电箱到机床设备的动力管线标出了导线的根数及型号和规格，导线均为 BX-500-(4×2.5)-SC20-WE。导线的长度可以根据图中标注的尺寸进行估算，在设备材料表中应某锅炉房的动力供电系，在施工图中所标的导线的总长度为较准确的估算值，在施工决算阶段应以实际发生的长度为准。

2. 锅炉房动力工程图（一）

某锅炉房的动力供电系统图如图 7-6 所示。该动力供电系统共有 5 个配电箱，其中

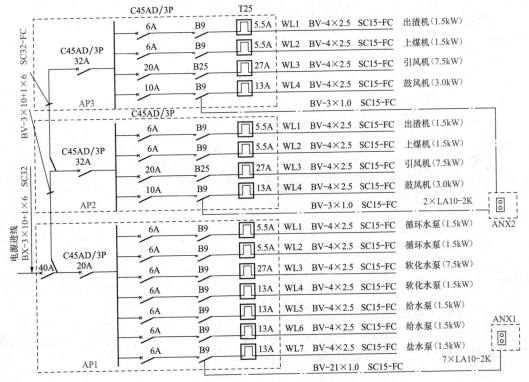

图 7-6　锅炉房的动力供电系统图

AP1、AP2、AP3 配电箱内装有断路器和接触器等，是控制配电箱，ANX1 和 ANX2 配电箱装有操作按钮，是按钮箱。电源采用 BX-3×10-1×6 电线作为进线。

  该动力供电系统的动力平面图如图 7-7 所示，图中设备编号所对应的设备名称及设备容量见表 7-6。

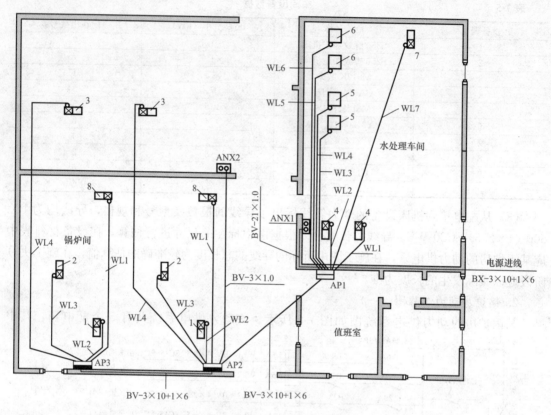

图 7-7　动力供电系统的动力平面图

表 7-6　　　　　　　　　　　　　**锅炉房设备表及设备容量**

序　号	名　称	容量（kW）	序　号	名　称	容量（kW）
1	上煤机	1.5	5	软化水泵	1.5
2	引风机	7.5	6	给水泵	1.5
3	鼓风机	3.0	7	盐水泵	1.5
4	循环水泵	1.5	8	出渣机	1.5

3. 锅炉房动力工程图（二）

  某锅炉房的动力供电系统图如图 7-8 所示，动力供电平面图如图 7-9 所示。读者可以参考上面的机械加工车间动力工程图自行进行读图。

电源进线	刀开关	熔断器	配电线路			起动控制设备	负荷设备		房间号
			编号	型号规格	计算电流(A)		型号/功率(W)	名称	设备号
VLV₂₀—500V3×25 GD80—DA	HDR—400/31	RL—15/15	1	BLX—3×2.5	5.2	CJ₁₀-10A	Ⓜ JO₂/3	风机电动机	1/1
		15/5	2	GD15 BLX—3×2.5	1.5	CJ₁₀-10A	Ⓜ JO₂/0.75	风机电动机	1/2
		50/30	3	GD15 BLX—3×4	5.6	QC₈-3/6	Ⓜ Y/7.5	出渣机电动机	1/3
		15/15	4	GD20 BLX—3×2.5	4.5	CJ₁₀-10A	Ⓜ JO₂/3	出渣机电动机	1/4
		15/10	5	GD15 BLX—3×2.5	15	CJ₁₀-10A	Ⓜ JO₂/2.2	风机电动机	2/5
		50/30	6	GD15 VLV20—500—3×4	15	QC₈-3/6	Ⓜ Y/7.5	水泵电动机	2/6
		50/30	7	电缆沟 VLV20—500—3×4	15	QC₈-3/6	Ⓜ Y/7.5	水泵电动机	2/7
			8	电缆沟 BLX—3×2.5	15	K-15/3 15A		三相插座	1/—
				VG15					

图 7-8 某锅炉房的动力供电系统图

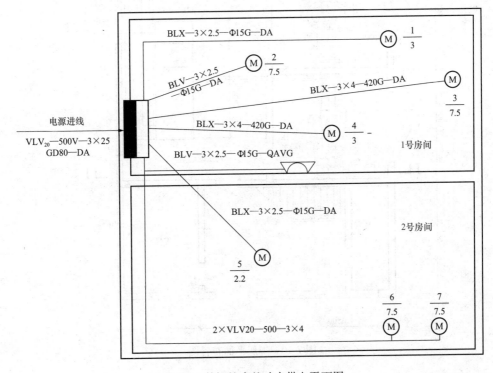

图 7-9 某锅炉房的动力供电平面图

7.2.3 建筑电气平面布置图识读

1. 电气平面布置图识图要领

建筑电气平面布置图在识读时要注意以下几点。

（1）首先识读该平面布置图所对应的系统图内容，顺着系统图的主线在平面布置和安装图找到对应的设备。

（2）对电气平面布置图的建筑结构和尺寸进行阅读，在此基础上来确定建筑内的电气设备布置及其相互关系。

（3）电气平面布置图为了反映设备的立体尺寸，常用到建筑的剖面图。这就要求在设计电气平面布置和安装图时要确定合适的剖面，在识读电气平面布置和安装图时要对建筑的三视图透视原理有一定的了解。

（4）对于电气平面布置图中看不明白的设备，要结合图纸的设备材料表逐一查找，根据设备材料表中给出的设备名称、规格和数量等信息进行确认。

2. 电气平面布置图识读

一个 10kV 变电站的一层平面布置图、二层平面布置图和变电站 Ⅰ—Ⅰ 剖面图分别如图 7-10～图 7-12 所示，变电站的主要设备材料表如表 7-7 所示。

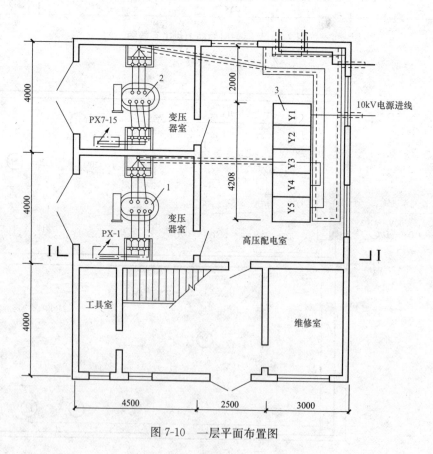

图 7-10 一层平面布置图

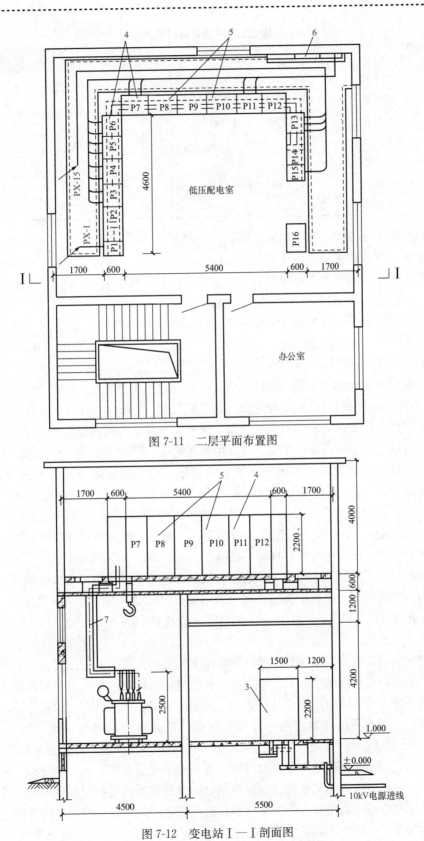

图 7-11　二层平面布置图

图 7-12　变电站Ⅰ—Ⅰ剖面图

表 7-7   变电站的主要设备材料表

编　号	名　称	型号规格	单位	数量	备　注
1	变压器	S9—500/10，10/0.4kV	台	1	
2	变压器	S9—315/10，10/0.4kV	台	1	
3	高压开关柜	JYN2—10，10kV	台	5	
4	低压配电屏	PGL2	台	13	
5	电容补偿屏	PGJ1—2，112kvar	台	2	
6	电缆梯型架（一）	ZTAN—150/800	m	20	
7	电缆梯型架（二）	ZTAN—150/400、90DT—150/400	m	15	

该变电站的平面布置图和立面布置图识读过程如下。

（1）总体布置。首先结合该变电站的主接线系统图，了解该变电站是一个 10/0.4kV 的独立变电站。从平面布置图上可以看出，该变电站分上下两层，一层为 10kV 高压配电室和 10/0.4kV 变压器室，二层为 0.4kV 低压配电室。

（2）变电站进出线。变电站 10kV 电源进线采用通过电缆沟用电缆在一层进线，10kV 电缆直接进入 Y1 高压开关柜。经变压器变压为 0.4kV 后进入二层的 P1 和 P15 低压配电柜，再经其他低压配电柜向厂区以 0.4kV 的低压供电。

（3）主要设备。10kV 高压配电室的开关柜采用的是 JYN2-10，10kV 型手车式高压开关柜，JYN2-10 型金属封闭移开式开关设备为三相交流 50Hz、3～10kV 单母线分段系统户内成套设备，作为接受和分配网络电能之用，该开关柜的结构用钢板弯制焊接而成，整个柜由外壳和装有滚轮的手车两部分组成。外壳用钢板绝缘分隔成手车室、母线室、电缆室和继电仪表室四个部分，制成金属封闭间隔式开关设备；两台变压器为 S9，10/0.4kV 型变压器，容量分别为 500 和 315kVA；低压配电室采用的是 PGL2 型低压配电屏，PGL2 型交流低压配电屏。适用于发电厂、变电站、厂矿企业中作为交流 50Hz。额定工作电压不超过交流 380V 的低压配电系统中动力、配电、照明之用。为提高负荷的功率因数，低压配电屏中设置了容量为 112kvar 的两块电容自动补偿屏。

（4）剖面图。假想用一个或多个垂直于外墙轴线的铅垂剖切面，将房屋剖开，所得的投影图，称为建筑剖面图，简称剖面图。剖面图用以表示房屋内部的结构或构造形式、分层情况和各部位的联系、材料及其高度等，是与平、立面图相互配合的不可缺少的重要图样之一。

剖面图的数量是根据房屋的具体情况和施工实际需要而决定的。剖切面一般横向，即平行于侧面，必要时也可纵向，即平行于正面。其位置应选择在能反映出房屋内部构造比较复杂与典型的部位，并应通过门窗洞的位置。若为多层房屋，应选择在楼梯间或层高不同、层数不同的部位。剖面图的图名应与平面图上所标注剖切符号的编号一致，如 1-1 剖面图、2-2 剖面图等。建筑剖面图的设计一般是在完成平面图和剖面图的设计之后进行的。

为了展示变电站的立体结构，可以根据需要画出多个剖面图，图 7-12 为 I—I 剖面图，图中的 I—I 剖面位置选在了最能反应设备安装情况的变压器室和配电室部位。该剖面图清楚地展示了电源进线、高压开关柜、变压器、低压配电柜的位置和尺寸，以及变压器和低压配电柜的连接等平面图中未能反应出来的信息。

7.2.4　室内配电装置和线路安装工程图识读

1. 室内配电装置安装规范

进行电气安装时，一定要遵守电气安装规范。室内电气安装常识如下。

（1）在可燃结构的天花顶棚内，不允许装设电容器、电气开关以及其他易燃易爆的用电器具。如在天花顶棚内装设镇流器时，应设金属箱装置。铁箱底与天花板净距应不小于50mm，且应用石棉垫隔热，铁箱与可燃构架净距应不小于100mm，铁箱应与电气管路连成整体。

（2）在天花顶棚内布线时，应在顶棚外设置电源开关，以便必要时切断顶棚内所有电气线路的电源。

（3）电气管路与水管接近或交叉敷设时，电气管路一般应敷设在热水管下面，相互间的净距不应小于0.2m。

（4）金属线管适用范围：除对金属管有严重腐蚀者外，其他室内、外场所均可采用金属管布线。用金属管保护的交流线路，应将同一回路的各相导线穿在同一管内。

（5）潮湿场所以及埋地的金属管布线，线管应采用镀锌水管或煤气钢管，管壁厚度不应小于0.5mm。

（6）为保证钢管配线和难燃管配线的穿线方便，下列情况应装拉线盒或放大管径：①管子全长超过30m且无弯曲或有一个弯曲时；②管子全长超过20m且有两个弯曲时；③管子全长超过12m且有三个弯曲时。

（7）敷设难燃型可挠管，超过下列长度时，其中间应装设分线盒或放大管径：①管子全长超过20m，无弯曲时；②管子全长超过14m，只有一个弯曲时；③管子全长超过8m，有两个弯曲时；④管子全长超过5m，有三个弯曲时。

（8）管子所有连接点（包括接线盒、拉线盒、灯头盒、开关盒等）均应加跨接导线与管路焊接牢固，使管路成一电气整体。跨接导线镀锌铁线的最小截面应不小于6mm²。

（9）金属管配线，其固定点间的距离一般不应大于以下尺寸：①d13——20mm管径的管路，其间距为1m。②d25——32mm管径的管路，其间距为1.5m。③d40——50mm管径的管路，其间距为2m。

（10）难燃管适用于室内场所，对有酸碱腐蚀及潮湿场所尤其适用。难燃管配线中的接线盒、拉线盒、开关盒等，应采用难燃塑料盒，不得采用金属盒代替。难燃型可挠管的连接及入接线盒均应采用专用接头连接。可挠管不允许在高层建筑中作竖向电源引线配管。

（11）管子布线的导线，可采用塑料线或穿管专用的胶麻线等绝缘导线。同类照明的几个回路，可以穿于同一管内，但管内导线总数不应多于8根。穿管的导线总截面（包括外皮）应不超过管内截面的40％。管内不允许有导线接头，所有导线接头应装设接线盒连接。

（12）金属管、难燃管配线的弯曲半径，明敷时不得小于管子直径的6倍。暗敷时不得小于管子直径的10倍。

（13）管路通过伸缩缝或沉降缝时，应加补偿装置。

（14）屋内照明线路的用电设备（包括电灯、风扇、插座等），每一分路一般不超过25具，总容量不超过3000W。每一单相回路的负荷电流一般应不超过15A，并宜采用双极胶壳开关或自动开关控制和保护。

（15）照明开关应采用拉绳开关或墙边开关，不得采用灯头开关（符合安全要求的台灯除外），拉绳开关距地面高度为2～3m，墙边开关距地面高度一般为1.3～1.5m。

（16）插座容量与用电负荷相适应，每一插座只允许接用一个电具，并应有熔断器保护。1kW及以上的用电设备，其插座前应加装闸刀开关控制。插座安装高度一般为1.3～1.5m，如小于1.3m，导线直敷时应加防护板（管），但任何情况下，插座与地面距离不得小于0.15m。

（17）电能表的安装高度应方便装拆和抄表，并应考虑安全。表箱底部对地面的垂直距离一般为1.7～1.9m。

2. 室内配电装置安装图示例

通过变电站等建筑的平面布置图和剖面图，可以了解设备的相互关系、位置和尺寸，但具体设备的安装还需要看设备的安装图。高压开关柜室内进（出）线做法图如图7-13所示，开关柜底座安装及地脚螺栓尺寸图如图7-14所示，DW10-1000自动空气开关墙上安装与母线连接做法图如图7-15所示，10kV隔离开关及操作手柄在侧墙上安装做法如图7-16所示，钢索布线吊塑料护套导线安装做法如图7-17所示。

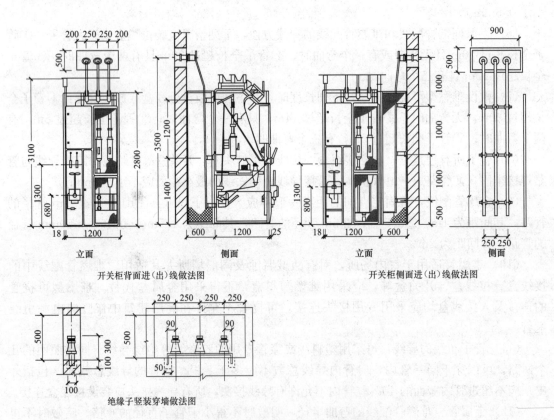

图 7-13　高压开关柜室内进（出）线做法图

注：1. 本图除使用户内穿墙套管外，亦可采用绝缘子竖装穿墙做法。

2. 如采用本方案做为架空线进（出）户时，穿墙套管应改用户外型。

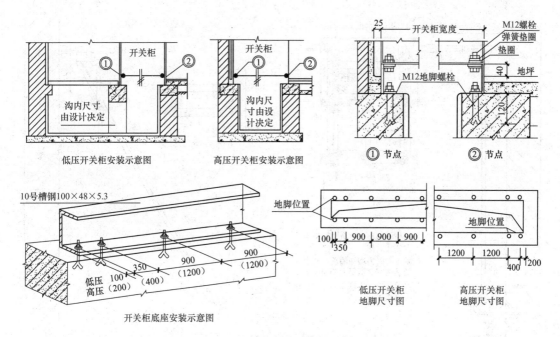

图 7-14 开关柜底座安装及地脚螺栓尺寸图

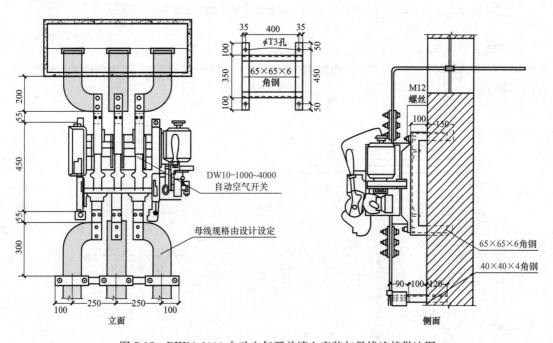

图 7-15 DW10-1000 自动空气开关墙上安装与母线连接做法图

从设备安装图上可以看到设备详细的安装尺寸和安装方法。在进行母线安装时应注意以下几点。

（1）母线表面应光洁平整，不应有裂纹、折皱、夹杂物及变形和扭曲现象。

（2）成套供应的封闭母线、插接母线槽的各段应标致清晰，附件齐全，外壳无变形，内部无损伤。

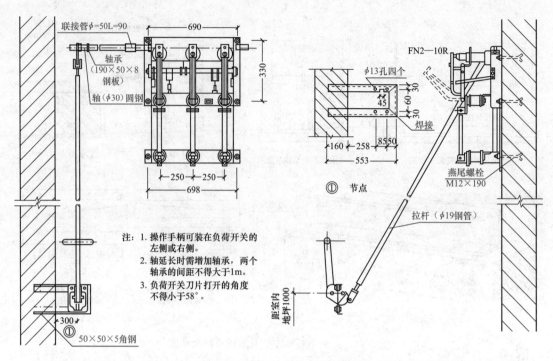

图 7-16　10kV 负荷开关及操作手柄在侧墙上安装图

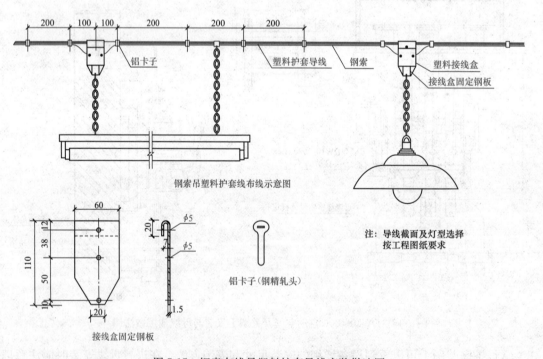

图 7-17　钢索布线吊塑料护套导线安装做法图

（3）母线涂漆的颜色应符合规范规定。

（4）硬母线的连接应采用焊接、贯穿螺栓连接或夹板及夹持螺栓搭接。

（5）母线伸缩节不得有裂纹、断股和褶皱现象；其总截面不应小于母线截面的 1.2 倍。

（6）封闭母线的安装应符合下列规定：

1）支座必须安装牢固，母线应按分段图、相序、编号、方向和标志正确放置，每相外壳的纵向间隙应分配均匀。

2）母线与外壳间应同心，其误差不得超过 5mm，段与段连接时，两相邻段母线及外壳应对准，连接后不应使母线及外壳受到机械应力。

3）封闭母线不得用裸钢丝绳起吊和绑扎，母线不得任意堆放和在地面上拖拉，外壳上不得进行其他作业，外壳内和绝缘子必须擦拭干净，外壳内不得有遗留物。

固定负荷开关及操作手柄时，不得使负荷开关及操作手柄内部受额外应力。

3. 室内配电线路安装规范

敷设在建筑物、构筑物内的配线，称室内配线。它包括明配线和暗配线。明配线包括护套、线管、绝缘子、钢索、线槽配线等。暗配线包括线管配线、母线槽配线、电缆配线等。

室内配电线路一般规定：

（1）所用导线的额定电压应大于线路的工作电压。

（2）导线敷设时，应尽量避免接头。

（3）导线在连接和分支处，不应受机械力的作用，导线与电器端子的连接要牢靠压实。

（4）穿入保护管内的导线，在任何情况下都不能有接头，必须接头时，应把接头放在接线盒、开关盒或灯头盒内。

（5）各种明配线应垂直和水平敷设，且要求横平竖直，其偏差应符合有关规定，一般导线水平高度距地不应小于 2.5m，垂直敷设不应低于 1.8m，否则应加管槽保护，以防机械损伤。

（6）明配线穿墙时应装采用经过阻燃处理的保护管保护，穿过楼板时应用钢管保护，其保护高度与楼面的距离不应小于 1.8m，但在装设开关的位置，可与开关高度相同。

（7）入户线在进墙的一段应采用额定电压不低于 500V 的绝缘导线；穿墙保护管的外侧，应有防水弯头，且导线应弯成滴水弧状后方可引入室内。

（8）电气线路经过建筑物、构筑物的沉降缝或伸缩缝处，应装设两端固定的补偿装置，导线应留有余量。

（9）配线工程施工中，电气线路与管道的最小距离应符合有关规定。

（10）配线工程施工结束后，应将施工中造成的建筑物、构筑物的孔、洞、沟、槽等修补完整。

4. 室内配电线路安装图示例

高压（10kV）架空引入线穿墙做法图如图 7-18 所示，低压引入线装置安装做法图如图 7-19 所示，低压母线穿墙做法图如图 7-20 所示。

7.2.5　建筑电力电缆工程图识读

1. 电力电缆敷设图中的常用图例

常用电缆按构造和作用分为电力电缆、控制电缆、电话电缆、射频同轴电缆、移动式软电缆等，按电压分为 0.5、1、6、10kV 电缆等。电力电缆工程图主要表示电缆的走向、敷设、安装的具体布置和工艺要求，主要有电缆终端头、中间接头施工安装图和电缆敷设平面图。电缆敷设平面图比较简单，主要用于标明电缆的敷设及对电缆的识别。在图上要用电缆

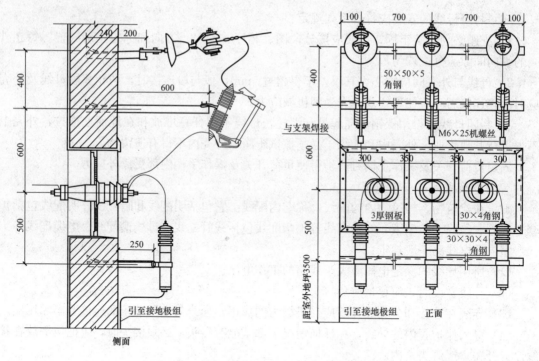

图 7-18 高压（10kV）架空引入线穿墙做法图

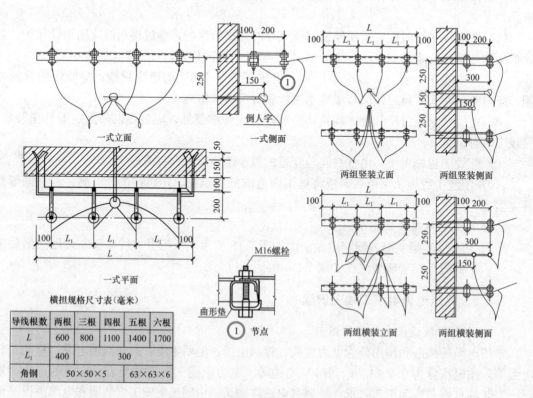

横担规格尺寸表（毫米）

导线根数	两根	三根	四根	五根	六根
L	600	800	1100	1400	1700
L₁	400	300			
角钢	50×50×5			63×63×6	

图 7-19 低压引入线装置安装做法图

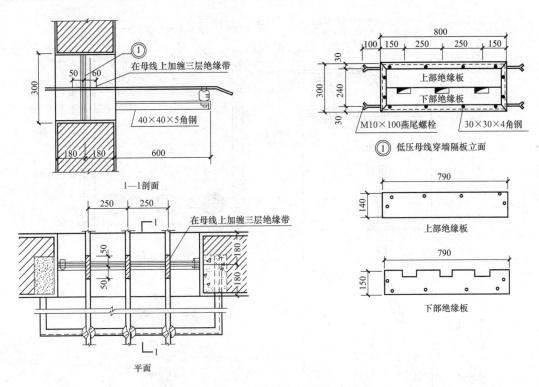

图 7-20　低压母线穿墙做法图

图形符号及文字说明把各种电缆予以区分。电力电缆敷设图中的常用图例如图 7-21 所示。

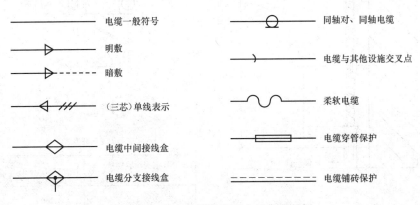

图 7-21　电力电缆敷设图中的常用图例

2. 电缆电缆终端头制作安装图

变压器室电缆终端头及支架安装做法图如图 7-22 所示，室内外低压电缆终端头做法图如图 7-23 所示。

3. 电缆敷设规范和注意事项

电缆敷设前应按下列要求进行检查。

(1) 电缆通道畅通，排水良好。金属部分的防腐层完整。隧道内照明、通风符合要求。

(2) 电缆型号、电压、规格应符合设计。

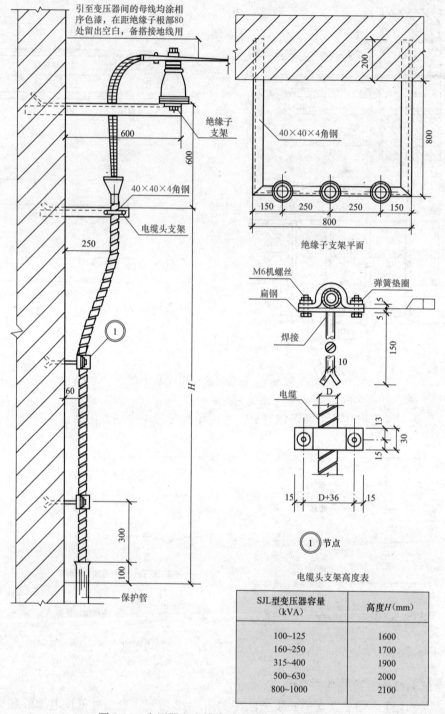

引至变压器间的母线均涂相序色漆，在距绝缘子根部80处留出空白，备搭接地线用

绝缘子支架

40×40×4角钢

电缆头支架

保护管

绝缘子支架平面

M6机螺丝　弹簧垫圈
扁钢
焊接
电缆

① 节点

电缆头支架高度表

SJL型变压器容量 （kVA）	高度H（mm）
100~125	1600
160~250	1700
315~400	1900
500~630	2000
800~1000	2100

图 7-22　变压器室电缆终端头及支架安装做法图

（3）电缆外观应无损伤、绝缘良好，当对电缆的密封有怀疑时，应进行潮湿判断；直埋电缆与水底电缆应经试验合格。

（4）充油电缆的油压不宜低于 0.15MPa；供油阀门应在开启位置，动作应灵活；压力表指示应无异常；所有管接头应无渗漏油；油样应试验合格。

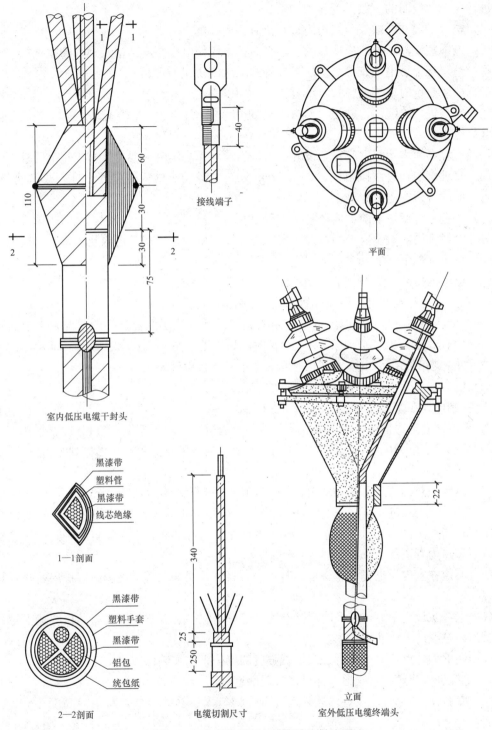

接线端子

平面

室内低压电缆干封头

黑漆带
塑料管
黑漆带
线芯绝缘

1—1剖面

黑漆带
塑料手套
黑漆带
铝包
统包纸

2—2剖面

电缆切割尺寸

立面

室外低压电缆终端头

图 7-23　室内外低压电缆终端头做法图

（5）电缆放线架应放置稳妥，钢轴的强度和长度应与电缆盘重量和宽度相配合。

（6）敷设前应按设计和实际路径计算每根电缆的长度，合理安排每盘电缆，减少电缆接头。

（7）在带电区域内敷设电缆，应有可靠的安全措施。

进行电缆敷设时的一般注意事项如下。

（1）电力电缆在终端头与接头附近宜留有备用长度。

（2）电缆敷设时，电缆应从盘的上端引出，不应使电缆在支架上及地面摩擦拖拉。电缆上不得有铠装压扁、电缆绞拧、护层折裂等未消除的机械损伤。

（3）电缆敷设时应排列整齐，不宜交叉，加以固定，并及时装设标志牌。

（4）电缆进入电缆沟、隧道、竖井、建筑物、盘（柜）以及穿入管子时，出入口应封闭，管口应密封。

（5）直埋电缆埋置深度应符合设计要求，当设计无规定时，要符合施工规范要求。

（6）直埋电缆在直线段每隔 50～100mm 处、电缆接头处、转弯处、进入建筑物等处，应设置明显的方位标志或标桩。

（7）直埋电缆回填上前，应经隐蔽工程验收合格。

另外针对不同的敷设要求和条件，有不同的注意事项。生产厂房内及隧道、沟道内电缆的敷设注意事项如下。

（1）电缆的排列，应符合下列要求：

1）电力电缆和控制电缆不应配置在同一层支架上。

2）高低压电力电缆，强电，弱电控制电缆应按顺序分层配置，一般情况宜由上而下配置，但在含有 35kV 以上高压电缆引入柜盘时，为满足弯曲半径要求，可由下而上配置。

（2）并列敷设的电力电缆，其相互间的净距应符合设计要求。

（3）电缆在支架上的敷设应符合下列要求：

1）控制电缆在普通支架上，不宜超过 1 层，桥架上不宜超过 3 层。

2）交流三芯电力电缆，在普通支吊架上不宜超过 1 层，桥架上不宜超过 2 层。

3）交流单芯电力电缆，应布置在同侧支架上。当按紧贴的正三角形排列时，应每隔 1m 用绑带扎牢。

（4）电缆与热力管道、热力设备之间的净距，平行时不应小于 1m，交叉时不应小于 0.5m，当受条件限制时，应采取隔热保护措施。电缆通道应避开锅炉的看火孔和制粉系统的防爆门；当受条件限制时，应采取穿管或封闭槽盒等隔热防火措施。电缆不宜平行敷设于热力设备和热力管道的上部。

（5）明敷在室内及电缆沟、隧道、竖井内带有麻护层的电缆，应剥除麻护层，并对其铠装加以防腐。

（6）电缆敷设完毕后，应及时清除杂物，盖好盖板。必要时，尚应将盖板缝隙密封。

管道内电缆的敷设注意事项如下。

（1）在下列地点，电缆应有一定机械强度的保护管或加装保护罩：

1）电缆进入建筑物、隧道、穿过楼板及墙壁处。

2）从沟道引至电杆、设备、墙外表面或屋内行人容易接近处，距地面高度 2m 以下的一段。

3）其他可能受到机械损伤的地方。

保护管埋入非混凝土地面的深度不应小于 100mm；伸出建筑物散水坡的长度不应小于 250mm。保护罩根部不应高出地面。

（2）管道内部应无积水，且无杂物堵塞，穿电缆时，不得损伤护层，可采用无腐蚀性的润滑剂（粉）。

（3）电缆排管在敷设电缆前，应进行疏通，清除杂物。

（4）穿入管中电缆的数量应符合设计要求，交流单芯电缆不得单独存入钢管内。

直埋电缆的敷设注意事项如下。

（1）在电缆线路路径上有可能使电缆受到机械性损伤、化学作用、地下电流、振动、热影响、腐殖物质、虫鼠等危害的地段，应采取保护措施。

（2）电缆埋置深度应符合下列要求：

1）电缆表面距地面的距离不应小于 0.7m。穿越农田时不应小于 1m。在引入建筑物、与地下建筑物交叉及绕过地下建筑物处，可浅埋，但应采取保护措施。

2）电缆应埋设于冻土层以下，当受条件限制时，应采取防止电缆受到损坏的措施。

（3）电缆之间，电缆与其他管道、道路、建筑物等之间平行和交叉时的最小净距应符合规定。严禁将电缆平行敷设于管道的上方或下方。

（4）电缆与铁路、公路、城市街道、厂区道路交叉时，应敷设于坚固的保护管或隧道内。电缆管的两端宜伸出道路路基两边各 2m，伸出排水沟 0.5m，在城市街道应伸出车道路面。

（5）直埋电缆的上、下部应铺以不小于 100mm 厚的软土或沙层，并加盖保护板，其覆盖宽度应超过电缆两侧各 50mm，保护板可采用混凝土盖板或砖块。软土或沙子中不应有石块或其他硬质杂物。

（6）直埋电缆在直线段每隔 50~100m 处、电缆接头处、转弯处、进入建筑物等处，应设置明显的方位标志或标桩。

（7）直埋电缆回填土前，应经隐蔽工程验收合格。回填土应分层夯实。

4. 电缆安装敷设图示例

电缆敷进出入变、配电所采用桥架和挑架敷设时安装做法示意图如图 7-24 所示。

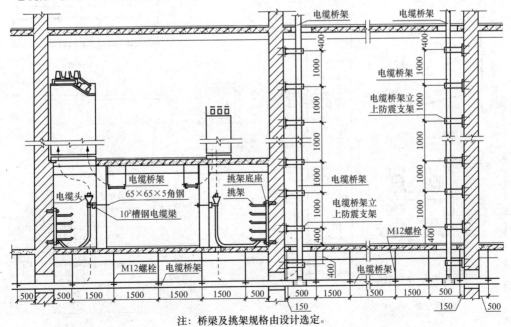

注：桥梁及挑架规格由设计选定。

图 7-24　电缆敷进出入变、配电站采用桥架和挑架敷设时安装做法示意图

电缆敷设在隧道型电缆沟内和进出入建筑物的安装做法图如图 7-25 所示，角钢电缆挑架安装做法图如图 7-26 所示。

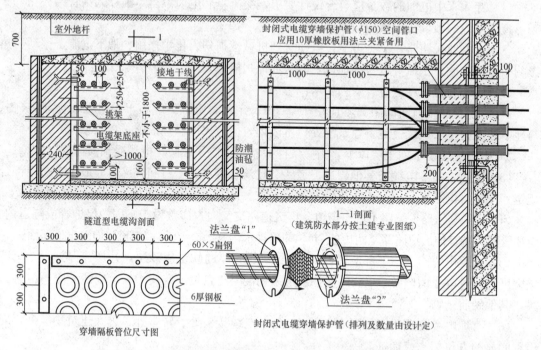

图 7-25　电缆敷设在隧道型电缆沟内和进出入建筑物的安装做法图

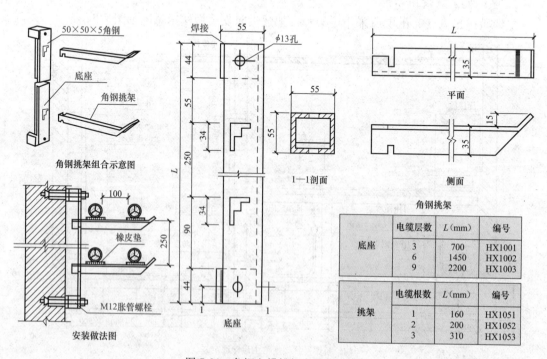

角钢挑架			
底座	电缆层数	L(mm)	编号
	3	700	HX1001
	6	1450	HX1002
	9	2200	HX1003

	电缆根数	L(mm)	编号
挑架	1	160	HX1051
	2	200	HX1052
	3	310	HX1053

图 7-26　角钢电缆挑架安装做法图

5. 电缆支架的配制与安装注意事项

电缆支架的配制与安装注意事项如下。

(1) 电缆支架的加工应符合下列要求：

1) 钢材应平直，无明显扭曲。下料误差应在 5mm 范围内，切口应无卷边、毛刺。

2) 支架应焊接牢固，无显著变形。各横撑间的垂直净距与设计偏差不应大于 5mm。

3) 金属电缆支架必须进行防腐处理。位于湿热、盐雾以及有化学腐蚀地区时，应根据设计作特殊的防腐处理。

(2) 电缆支架的层间应符合最小允许距离。且层间净距不应小于两倍电缆外径加 10mm，35kV 及以上高压电缆不应小于 2 倍电缆外径加 50mm。

(3) 电缆支架应安装牢固，横平竖直，托架支吊架的固定方式应按设计要求进行。各支架的同层横档应在同一水平面上，其高低偏差不应大于 5mm。托架支吊架沿桥架走向左右的偏差不应大于 10mm。在有坡度的电缆沟内或建筑物上安装的电缆支架，应有与电缆沟或建筑物相同的坡度。

(4) 组装后的钢结构竖井，其垂直偏差不应大于其长度的 2/1000，支架横撑的水平误差不应大于其宽度的 2/1000；竖井对角线的偏差不应大于其对角线长度的 5/1000。

(5) 电缆桥架的配制应符合下列要求：

1) 电缆梯架（托盘）、电缆梯架（托盘）的支（吊）架、连接件和附件的质量应符合现行的有关技术标准。

2) 电缆梯架（托盘）的规格、支吊跨距、防腐类型应符合设计要求。

(6) 梯架（托盘）在每个支吊架上的固定应牢固；梯架（托盘）连接板的螺栓应紧固，螺母应位于梯架（托盘）的外侧。铝合金梯架在钢制支吊架上固定时，应有防电化腐蚀的措施。

(7) 当直线段钢制电缆桥架超过 30m、铝合金或玻璃钢制电缆桥架超过 15m 时，应有伸缩缝，其连接宜采用伸缩连接板；电缆桥架跨越建筑物伸缩缝处应设置伸缩缝。

(8) 电缆桥架转弯处的转弯半径，不应小于该桥架上的电缆最小允许弯曲半径的最大者。

(9) 电缆支架应安装牢固，横平竖直；托架支吊架的固定方式应按设计要求进行。

7.3 建筑照明图的识读

7.3.1 建筑照明的基本知识

1. 照明方式和照明种类

(1) 照明方式。照明方式分一般照明、局部照明和混合照明。其中一般照明是指在某个场所照度基本上均匀的照明。对于局部地点需要高照度并对照射方向有要求时，宜采用局部照明。混合照明是指一般照明与局部照明共同组成的照明。如机修、精密仪表、制图等场所需要局部加强照明的地点，均需设置局部照明。

(2) 照明种类。照明种类分工作照明和事故照明。其中在工作时能保证规定视觉条件的照明称为工作照明，它装设在屋内所有场所，以及在夜间有工作和活动的露天场所。工作照明由于某种故障而熄灭后，为了继续工作或从房间内疏散人员而设置的照明称为事故照明。

2. 常用电光源及其照明控制电路

照明用光源分为热辐射光源与气体放电光源两类。其中利用物体加热辐射发光的原理所制造的光源称为热辐射光源，常见的有白炽灯、碘钨灯等；利用气体放电发光原理所制造的光源称为气体放电光源，常见的有荧光灯、高压汞灯、管形氙灯等。

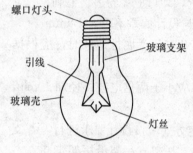

图 7-27 白炽灯的结构图

（1）白炽灯。白炽灯结构如图 7-27 所示。

白炽灯的灯丝出线端有螺口式和插口式两种，图 7-4 所示为螺口灯头白炽灯的结构。白炽灯的优点是光色好，寿命较长，无需配件，使用方便。其缺点是电源电压变化会影响灯泡寿命和光效，灯丝温度高，耐震性差。

白炽灯常用控制电路如图 7-28 所示。

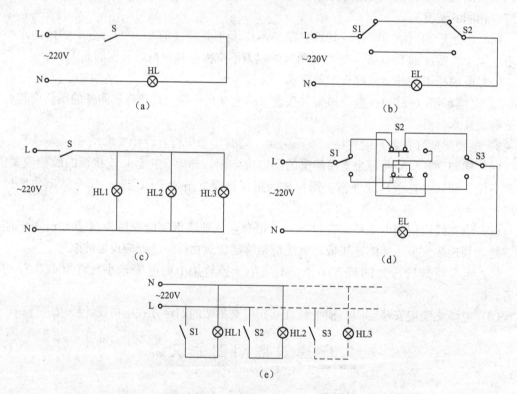

图 7-28 白炽灯常用控制电路

（a）一只单连开关控制一盏白炽灯的电路；（b）两只双连开关控制一盏白炽灯的电路；（c）一只单连开关控制多盏白炽灯的电路；（d）三地控制一盏白炽灯的电路；（e）每只单连开关控制一盏白炽灯的电路

以图 7-28（b）为例，通过该电路可以实现将两个双连开关 S1 和 S2 分别安装于不同的地方，扳动任何一个开关都可以控制白炽灯。

（2）荧光灯。荧光灯又称日光灯，主要由灯管、镇流器、启辉器、灯架、灯座等组成。其中灯管由玻璃管、灯丝、灯丝引出脚等组成。荧光灯的玻璃管内抽成真空后充入水银和氢气，常用的有 6、8、12、15、20、30W 和 40W 等规格。

启辉器由氖泡、小电容、出线脚和外壳构成，启辉器有 4～8W、15～20W、30～40W 和通用型 4～40W 等多种规格。小电容和启辉器两端并联，能使启辉器工作时减少对无线电的干扰。

镇流器主要由铁心和电感线圈组成，它与日光灯管串联。其作用有两个，一是它能产生一个自感电动势，使日光灯管放电点燃。在日光灯管点燃后它起到限制灯管电流的作用；二是当启辉器断路时，镇流器可瞬时产生自感电动势使灯管发光。荧光灯的常用接线电路如图 7-29 所示。

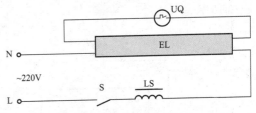

图 7-29　荧光灯的常用接线电路

当荧光灯通电后，电源电压经镇流器、灯丝，在启辉器的动、静触片间产生电压，引起辉光放电，放电时产生的热量使动触片膨胀，与静触片相接，从而接通电路，使灯丝预热并发射电子。此时，由于动、静触片的接触，使两片间电压为零而停止辉光放电，动触片冷却并复位脱离静触片。断开瞬间，镇流器两端由于产生自感现象而出现反电动势，此电动势加在灯管两端，使灯管内的惰性气体被电离而引起两极间弧光放电，激发产生紫外线，紫外线激发灯管内壁上的荧光粉，从而发出近似日光的灯光。

与白炽灯相比，荧光灯的优点是效率高、寿命长、发光表面温度低。缺点是功率因数低（仅 0.5 左右），附件多，故障高。荧光灯广泛应用于办公室、会议室、居室等照度要求高，需辨别色彩的室内照明。

另外，荧光灯在特殊环境下的接线电路如图 7-30 所示。

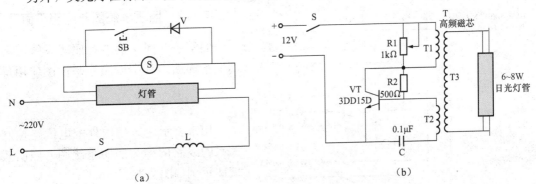

（a）　　　　　　　　　　　　　　　　　　（b）

图 7-30　荧光灯在特殊环境下的接线电路
（a）低温低压下的荧光灯接线图；（b）旅行直流荧光灯接线图

（3）高压汞灯。高压汞灯又称高压水银荧光灯，其发光原理与荧光灯相同。高压汞灯常用接线电路如图 7-31 所示。

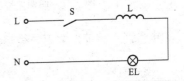

高压汞灯的优点是效率高、寿命长、耐震。缺点是功率因数低、起动时间长、不能连续起闭，适用于悬挂高度 5m 以上的大面积室内外照明。

图 7-31　高压汞灯常用接线电路

（4）氙灯。氙灯是一种弧光放电灯，分为长弧和短弧两种。氙灯常用接线电路如图 7-32 所示。

氙灯的优点是光色接近日光，光谱能量分布不随电流而变化，寿命长，发光效率高。缺点是需要起动触发器和冷却设备。氙灯适于要正确辨色的广场、车站、码头等大面积照明。

（5）高压钠灯。高压钠灯是由于高压钠蒸气放电而发光。高压钠灯常用接线电路如图7-33所示。

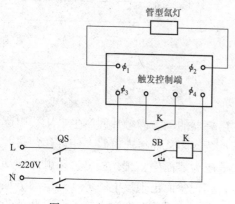

图 7-32　氙灯常用接线电路

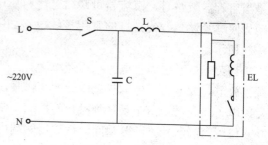

图 7-33　高压钠灯常用接线电路

高压钠灯优点是光效高、寿命长、透雾性好。缺点是电源电压变化会影响光效、光色，易引起灯自灭。高压钠灯适用于街道、广场等大面积照明。

7.3.2　照明系统图和照明平面图

建筑照明图主要包括照明系统图和照明平面图，其中以照明平面图应用最广。

1. 照明系统图

用来表示建筑物内外配电线路控制关系的线路图称为照明系统图，照明系统图示例如图7-34所示。

照明系统图需要表达的内容有以下几项。

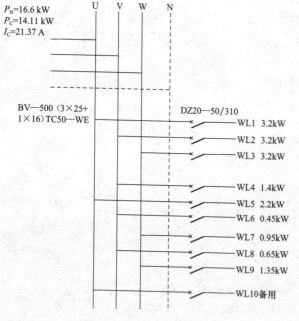

图 7-34　照明系统图示例

（1）电缆或架空线路进线的回路数、电缆型号规格、导线或电缆的敷设方式及其穿管线径等。常用导线敷设方式的符号见表7-8，管线敷设部位标注的符号见表7-9。

表 7-8　　　　　　　　　　　　　　常用导线敷设方式的符号

序　号	敷设方式	代　号
1	穿电线管敷设	TC
2	穿阻燃塑料管敷设	PVC
3	穿硬聚氯乙烯管敷设	PC

续表

序　号	敷设方式	代　号
4	穿阻燃半硬聚氯乙烯管敷设	FPC
5	用电缆桥架敷设	CT
6	用绝缘子敷设	K
7	用塑料线槽敷设	PR
8	用钢线槽敷设	SR
9	导线或电缆穿焊接钢管敷设	SC
10	用塑料夹敷设	PCL

表 7-9　　　　　　　　　　　　　　　　　管线敷设部位标注的符号

序　号	敷设方式	代　号
1	沿柱或跨柱敷设	CLE
2	沿墙面敷设	WE
3	沿钢索敷设	SR
4	在能进入的吊顶内敷设	ACE
5	沿天棚面或顶板面敷设	CE
6	暗敷设在地面或地板内	FC
7	暗敷设在屋面或顶板内	CC
8	暗敷设在梁内	BC
9	暗敷设在柱内	CLC
10	暗敷设在墙内	WC
11	暗敷设在不能进入的吊顶内	ACC

以图 7-34 为例，电源进线标注的是 BV—500（$3 \times 25 + 1 \times 16$）TC50—WE，表示该线路采用的是（BV）铜芯塑料绝缘线，其中三根 $25mm^2$，一根 $16mm^2$。（TC）穿电线管敷设，管径 50mm，且（WE）沿墙面敷设。

（2）总开关及熔断器的型号规格、出线回路数量、用途及各支路的分相情况等。以图 7-34 为例，各支路采用的是 DZ20—50/310 低压断路器。

（3）在照明系统图上应标注设备的总功率 P_N、需要系数 K_C、计算功率 P_C、计算电流 I_C 及配电方式等用电参数。照明装置需要系数见表 7-10。

表 7-10　　　　　　　　　　　　　　　　　照明装置需要系数

工作场所	K_C 值	
	正常照明	事故照明
主厂房	0.9	1.0
主控制楼、室内配电装置	0.85	1.0
中心修配厂、化学水处理室	0.85	—
办公楼、化验室、材料库	0.8	—
室外照明	1.0	—

用电参数也可以通过表格的形式表示。

（4）技术说明、设备材料明细表等。

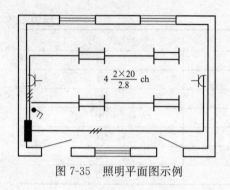

图 7-35　照明平面图示例

2. 照明平面图

照明平面图示例如图 7-35 所示。

照明平面图需要表达的内容主要有：电源的进线位置，导线根数和敷设方式，灯具的位置、型号、安装方式，各种用电设备的位置等。

照明平面图中照明器具采用图形符号和文字标注相结合的表示方法。

文字标注表示为

$$a-b\frac{c\times d}{e}f \tag{7-1}$$

式中　a——同类型照明器具的套数；

　　　b——灯具类型的代号；

　　　c——照明器具内安装的灯泡或灯管的数量；

　　　d——每个灯泡或灯管的瓦数；

　　　e——照明器具底部距地面的高度；

　　　f——照明器具安装方式代号。

如室内荧光灯处标有 $4\frac{2\times 20}{2.8}$ch，表示的意义为：4 组灯具，每组灯具内有 2 个灯管，每个灯管的功率为 40W，灯具距地面的高度是 2.8m，ch 表示采用吊链吊装。

其中常用照明灯具及信号器件的图形符号见表 7-11，电光源种类的文字代号见表 7-12，灯具安装方式的标注文字符号见表 7-13。

表 7-11　　　　　　　　常用照明灯具及信号器件的图形符号

名　称	图形符号	名　称	图形符号
灯的一般符号	⊗	聚光灯	⊙→
蜂鸣器	▽	泛光灯	⊙⤣
天棚灯	◗	荧光灯一般符号 三管荧光灯 五管荧光灯	
安全灯	⊖		
闪光型信号灯	⊗	深照型灯	Ⓐ
电喇叭		广照型灯	Ⓐ
电铃		防水防尘灯	⊗
局部照明灯	⊙	球形灯	●
电警笛、报警器	⇧	在专用电路上的事故照明灯	✕
		自带电源的事故照明装置（应急灯）	⊠
防爆灯	●	花灯	⊗
		弯灯	◖○
投光灯一般符号	⊙	壁灯	◖

表 7-12　　　　　　　　　　　　电光源种类的文字代号

序　号	电光源类型	文字代号	序　号	电光源类型	文字代号
1	钠灯	Na	7	弧光灯	ARC
2	汞灯	Hg	8	荧光灯	FL
3	氖灯	Ne	9	白炽灯	IN
4	氙灯	Xe	10	红外线灯	IR
5	碘钨灯	I	11	紫外线灯	UV
6	电发光灯	EL	12	发光二极管	LED

表 7-13　　　　　　　　　　　　灯具安装方式的标注文字符号

序　号	名　　称	文字符号	
		新代号	旧代号
1	管吊式	P	G
2	壁装式	W	B
3	固定线吊式	CP1	X1
4	防水线吊式	CP2	X2
5	线吊式	CP	X
6	自在器线吊式	CP	X
7	嵌入式（嵌入不可进入的顶棚）	R	R
8	顶棚内安装（嵌入可进入顶棚）	CR	DR
9	柱上安装	CL	Z
10	吸顶式或直附式	S	D
11	吊线器式	CP3	X3
12	链吊式	ch	L
13	墙壁内安装	WR	BR
14	台上安装	T	T
15	支架上安装	SP	J
16	座装	HM	ZH

7.3.3　建筑照明图识读举例

建筑照明图一般有建筑平面图和电路系统图，首先看一个简单的建筑照明图，如图 7-36 所示。图中共有 3 盏 60W 的照明灯在房顶布置，分别由三个开关控制。

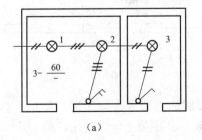
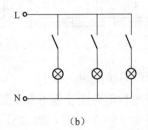

（a）　　　　　　　　　　　　　（b）

图 7-36　建筑照明图示例

（a）平面图；（b）电路图

某建筑物标准层的电气照明系统图如图 7-37 所示，其负荷统计表见表 7-14，其电气照明平面图如图 7-38 所示。

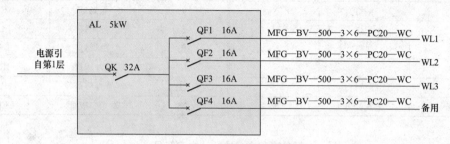

图 7-37　电气照明系统图

表 7-14　负荷统计表

线路编号	负荷位置	负荷统计			
		灯具	电扇	插座	计算负荷
		个	只	个	kW
1	1 号房间、走廊、楼道	9	2	—	0.66
2	4、5、6 号房间	6	—	3	0.42
3	2、3、7 号房间	12	3	2	1.33

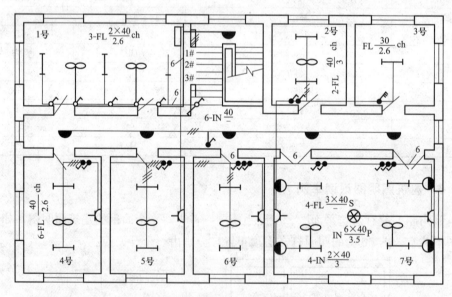

图 7-38　电气照明平面图

该建筑的照明系统图识读如下：

由照明系统图和负荷统计表可知，该楼层的电源来自第 1 层，单相～220V，经照明配电箱 XM1-16 分成（1～4）MPG 照明分干线，其中第 4 条为备用，前 3 条引向 1～7 号各室和走廊，低压短路器 QF1～QF4 的型号为 C45N。

该建筑的照明平面图识读如下：

（1）照明线路。结合照明平面图和施工说明可知，共有三种规格的照明线路，分别是：总线 PG-BV-500-3×10-TC25-WC，分干线 MFG-BV-500-2×6-PC20-WC 和 MFG-BV-500-3×6-PC20-WC，支线 BV-500-2×2.5-PVC15-WC 和 BV-500-3×2.5-PVC15-WC。以分干线为例，表示用的是两根截面为 $6mm^2$、额定电压 500V 塑料绝缘导线，采用直径 20mm 的硬度塑料管，沿墙壁暗敷。

可以看到虽然电源是单相～220V，但插座除相线和中性线外，还需要地线，所以室内的导线需要有两芯和三芯两种。

（2）照明设备。由电气照明平面图可知，照明设备包括灯具、开关、插座、风扇等。其中灯具有荧光灯、壁灯、花灯、吸顶灯等。

（3）灯具安装方式。由电气照明平面图可知灯具的安装方式有管吊式（P）、链吊式（ch）、吸顶式（S）、壁式（W）等。如第 2 室有"$2-FL\frac{40}{3}ch$"，表示第 2 室有 2 盏荧光灯（FL），每盏灯的功率是 40W，安装高度为 3m，采用链吊式（ch）安装。

（4）安装位置和负荷分配。设备、管线的安装位置由平面图中标注的定位轴线尺寸来确定。如果是 U、V、W 三相分别供电，设计时要考虑各相负荷的均衡。本例中虽然电源是单相～220V，配电箱各条出线均为同一相电源，设计配电箱各条出线时，也尽量要保持出线负荷的基本均衡。由负荷统计表可知，3 条照明分干线所带负载分别为 0.66、0.42kW 和 1.33kW，虽然从数值上看负荷不太均衡，但要考虑到负荷的同时系数，例如 7 号房间的花灯、壁灯、荧光灯一般不会同时打开，所以第 3 条照明分干线的实际负荷不会比另两条差别很多，设计时考虑了负载分配的基本均衡。在选择导线时，要充分考虑到插座可能带的负荷，并留有一定的余量。

7.4　建筑防雷接地工程图识读

7.4.1　防雷接地及相关设备

1. 雷电过电压

雷电过电压又称大气过电压，它是由于电力系统内的设备或构筑物遭受直接雷击或雷电感应而产生的过电压。雷电过电压所产生的雷电冲击波，其电压幅值可高达上亿伏，电流幅值可高达几十万安，对电力系统设备和人员危害很大，必须采取措施加以防护。

雷电过电压的基本形式有直击雷过电压、感应过电压和雷电侵入波三种。直击雷过电压是由雷电直接击中电气设备、线路或建筑物造成，强大的雷电流通过被击物体，产生具有极大破坏作用的热效应和机械力效应，伴之还有电磁效应和对附近物体的闪络放电。直击雷过电压是破坏最为严重的雷电过电压；感应过电压是由于雷云在架空线路或其他物体上方，雷云在放电时所产生的过电压。其中，在高压线路可达几十万伏，低压线路也可达几万伏；雷电侵入波是由于直击雷或感应雷所产生的高电位雷电波，沿架空线或金属管道侵入变配电所或用户而造成危害。由雷电侵入波造成的雷害事故占整个雷害事故的一半以上。

2. 防雷接地装置

为把雷电流迅速导入大地以防止雷害为目的的接地叫防雷接地。防雷接地设备包括接闪器或避雷器、引下线和接地装置几部分。

（1）接闪器。接闪器是专门用于接受直击雷闪的金属物体。接闪的金属杆，称为避雷针；接闪的金属线，称为避雷线（或架空地线）；接闪的金属带、金属网，称为避雷带、避雷网。所有接闪器都必须经过引下线与接地装置相连。布置接闪器时，应优先采用避雷网或避雷带。

1）避雷针。避雷针一般用镀锌圆钢或镀锌焊接钢管制成。避雷针通常安装在构架、支柱或建筑物上，其下端经引下线与接地装置焊接。避雷针的保护范围，以它能防护直击雷的空间来表示。

2）避雷线。避雷线架设在架空线路的顶部，用以保护架空线路免遭直击雷侵害。

3）避雷带和避雷网。避雷带和避雷网普遍用来保护较高的建筑物免受直击雷击。避雷带一般沿屋顶周围装设，高出屋面 100～150mm，支持卡间距 1～1.5m。装在烟囱、水塔顶部的环状避雷带又叫避雷环。避雷网除沿屋顶周围装设外，必要时屋顶上面还用圆钢或扁钢纵横联成网。

避雷带和避雷网一般采用圆钢或扁钢，其尺寸不应小于下列数值：圆钢直径为 8mm；扁钢截面为 48mm^2；扁钢厚度为 4mm。烟囱顶上的避雷环尺寸不应小于：圆钢直径 12mm；扁钢截面 100mm^2；扁钢厚度 4mm。

（2）避雷器。避雷器用来防止雷电所产生的大气过电压沿架空线路侵入变电站或其他建筑物内，危及被保护设备的绝缘。

（3）引下线。接地线（引下线）是雷电接收装置与接地装置连接用的金属导体。它的作用是把雷电接收装置上的雷电流传递到接地装置上，接地线一般采用圆钢或扁钢组成；引下线采用镀锌圆钢或镀锌扁钢（一般采用镀锌扁钢），其尺寸不应小于下列数值：圆钢直径为 8mm；扁钢截面为 48mm^2；扁钢厚度为 4mm。烟囱上的引下线尺寸不应小于下列数值：圆钢直径为 12mm；扁钢截面为 100mm^2；扁钢厚度为 4mm。焊接处应涂防腐漆。

（4）接地装置。接地电气设备的某部分与土壤之间的良好电气连接，称为接地。广义上的接地体包括接地装置和装置周围的土壤或混凝土，作用是把雷击电流有效地泄入大地。一般情况下，与土壤直接接触的金属物体，称为接地体或接地极。专门为接地而装设的接地体，称为人工接地体，有垂直接地体和水平接地体两种。

垂直接地体采用圆钢、钢管、角钢等，一般多采用角钢（通常用艺∠50mm×5mm），垂直接地体的长度一般为 2.5m。水平接地体用扁钢、圆钢等，一般用扁钢（通常用 40mm×4mm）。人工接地体的尺寸不应小于下列数值：圆钢直径为 10mm；扁钢截面为 100mm^2；扁钢厚度为 4mm；角钢厚度为 4mm；钢管壁厚为 3.5mm。接地体应镀锌，焊接处涂防腐漆。为了减小相邻接地体的屏蔽效应，垂直接地体的距离及水平接地体间的距离一般为 5m。接地体埋设深度不宜小于 0.7m（不得小于当地冻土层深度）。

连接接地体与设备接地部分的导线，称为接地线，一般采用镀锌或涂防腐漆的扁钢、圆钢。接地装置、接地线和接地体合称接地装置。

由若干接地体在大地中互相连接而组成的总体，称为接地网。按规定，接地干线应采用不少于两根导体在不同地点与接地网连接。

交流电气用具、管线的接地装置，首先应利用与大地有可靠连接的，没有燃烧及爆炸危险的各种金属结构管道和设备作为自然接地体（如给排水管、钢筋混凝土建筑物的基础）。禁止使用金属软管、保温管的金属网和低压照明网路导线外表的铝皮作接地线。

7.4.2　避雷针保护范围计算及其制作图识读

1. 避雷针保护范围

对避雷针保护范围的计算有折线法和滚球法两种，两者的作图方法及保护范围并不相同。现在两种方法都要使用。

（1）折线法计算单只避雷针的保护范围。单只避雷针的保护范围示意图如图 7-39 所示。

设 h 为避雷针的高度（m），h_x 为被保护建筑或设备的高度（m），h_a 为避雷针的有效高度（m），避雷针在平面上的保护半径为 r_a，高度 h_x 水平面上的保护半径为 r_x。

$$r_a = 1.5h \text{(m)} \tag{7-2}$$

当 $h_x \geqslant h/2$ 时，$r_x = (h - h_x)P = h_a P$（m）　(7-3)

当 $h_x < h/2$ 时，$r_x = (1.5h - 2h_x)P$（m）　(7-4)

式中，P 为高度影响系数，当 $h < 30$m 时，$P = 1$。

当 $30 < h \leqslant 120$m 时，$P = \dfrac{5.5}{\sqrt{h}}$。

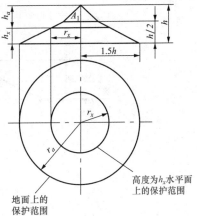

图 7-39　单只避雷针的保护范围计算

（2）滚球法计算单只避雷针的保护范围。滚球法是一种计算接闪器保护范围的方法。它的计算原理为以某一规定半径的球体，在装有接闪器的建筑物上滚过，滚球体由于受建筑物上所安装的接闪器的阻挡而无法触及某些范围，把这些范围认为是接闪器的保护范围。

下面讨论以避雷针作为接闪器的情况。常规单避雷针针对这种情况的保护范围沿竖直轴具有完全轴对称性，任选一个通过竖直轴的轴线剖面，滚球为一个半径为 h_r 的球沿 $\theta = 0$ 的地面滚动，当它遇到高度 h 避雷针时被阻碍，让它翻过针尖继续向前滚。滚球离开避雷针后即可看到滚球无法触及的范围就是滚球外圆运动轨迹的内包络线与地面间的范围。这就是该剖面上的保护范围。由于保护范围沿竖直轴具有完全轴对称性，令该包络线沿竖直轴旋转得到的实体就是实际空间的保护范围。如果被保护的建筑物完全在该实体的范围内，则认为这样的保护是有效的。用滚球确定单只避雷针保护范围的示意图如图 7-40 所示。

（3）两只等高避雷针的保护范围计算。两只等高避雷针的保护范围如图 7-41 所示。

两个等高避雷针外出的保护范围按单只避雷针保护范围计算。设 D 为两避雷针之间的距离（m），h_x 为两针之间北保护平面高度（m），b_x 为水平面上保护宽度的一半（m），P 为高度影响系数，则

$$h_o = h - \frac{D}{7P} \text{ (m)} \tag{7-5}$$

$$b_x = 1.5(h_o - h_x) \text{ (m)} \tag{7-6}$$

2. 避雷针保护范围平面图

在设计变电站防雷接地图时，应根据要保护免受雷击建筑和设备的要求，计算避雷针的保护范围，已确定所用避雷针的高度、数量和位置。某 10kV 变电所避雷针保护范围平面图如图 7-42 所示。

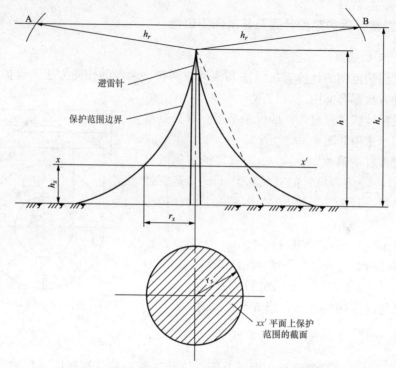

图 7-40　用滚球确定单只避雷针保护范围的示意图

h—避雷针高度；h_x—被保护物高度；r_x—保护半径；h_r—滚球半径

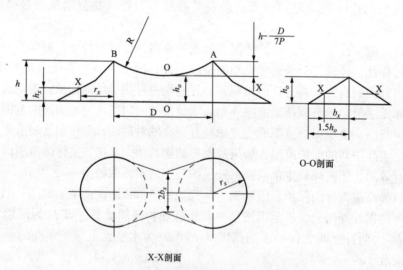

图 7-41　两只等高避雷针的保护范围计算

从图中可以看出，该 10kV 变电站的高压部分为室外高压配电装置，布置在变电站北部，两台主变压器 T1 和 T2 在变电站的中部，低压配电室在布置在变电站南部。10kV 高压架空进线由北部而来，在变电站北墙 20m 左右处为进线的终端杆。1、2、3 号避雷针和架空进线终端杆共同组成了对变电站免受直击雷的保护网。其中变电站设备和建筑要求被保护高度为 7m；避雷针 N1、N2、N3 的针高为 17m，单只针保护半径为 11.3m；终端杆针高12m，保护半径为 4.8m。

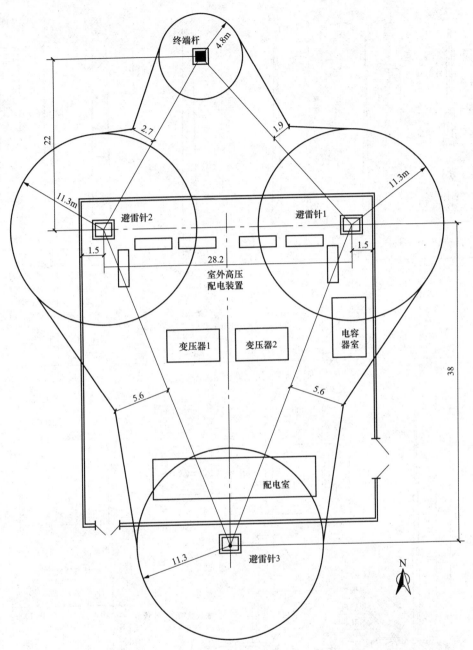

图 7-42　变电站避雷针保护范围平面图（单位：m）

从图中被保护范围看，由于变电站的东南角和西南角没有设备和建筑，避雷针和架空进线终端杆组成的保护网并不涵盖这两部分。

3. 避雷针做法图识读

独立式避雷针做法图如图 7-43 所示。

对于高大和重要的建筑，根据需要有时避雷针需直接安装在建筑顶上，避雷针在平屋顶安装做法图如图 7-44 所示。

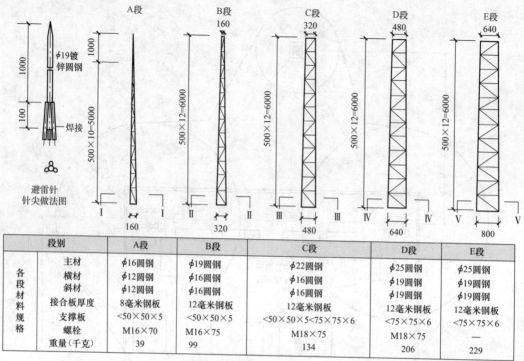

图 7-43　独立式避雷针做法图

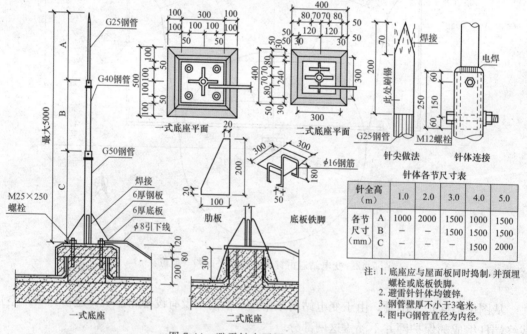

图 7-44　避雷针在平屋顶安装做法图

7.4.3　变电站防雷接地平面布置图

初步设计阶段的建筑防雷工程一般不绘图，施工图设计阶段需绘制出建筑物与构筑物防雷顶视平面图与接地平面图。图中需绘出避雷针、避雷带、接地线和接地极、断接卡等的平面位置，表明材料规格、相对尺寸等。需利用建筑物与构筑物钢筋混凝土内的钢筋作防雷接闪器、引下线和接地装置时，应标出连接点、预埋件及敷设形式。

图中需说明防雷等级和采取的防雷措施，以及接地装置形式、接地电阻值、接地极材料规格和埋设方法。利用桩基、钢筋混凝土基础内的钢筋作接地极时需说明应采取的措施。某10kV 变电站防雷接地平面布置图如图 7-45 所示。

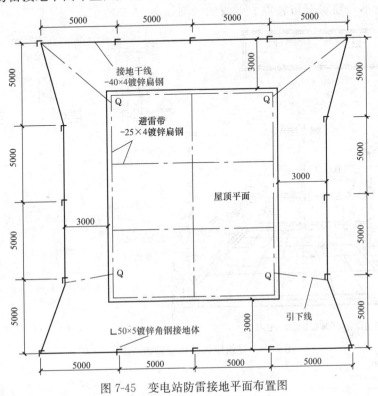

图 7-45 变电站防雷接地平面布置图

该图识读过程如下：

该 10kV 变电站为一室内变电站，其防雷接地平面布置图较为简单。由于变电站建筑较低，没有使用避雷针，而是采用了屋顶装设避雷带的方式来防止雷击。由于建筑物房顶面积较大，在屋顶上面还用扁钢纵横联成避雷网。屋顶避雷带采用—25×4 镀锌扁钢暗敷在天沟边沿顶上和屋顶隔热层上，避雷带引下线 Q 采用—25×4 镀锌扁钢敷设在外墙粉层内；室外接地网埋深不小于 0.7m，接地体采用 L50×5 镀锌角钢，每根 2.5m；室外接地线采用—40×4 镀锌扁钢，所有接头均为焊接，所以焊缝处应刷两道防腐漆。

该接地装置采用综合接地网，其接地电阻应小于 1Ω，该图所用的设备材料表如表 7-15所示，材料表中包括了室内外所有的避雷和接地装置的材料的数量，在施工时应实测变电站接地网接地电阻的电阻，达不到电阻要求时应增加接地体，直到满足要求为止。

表 7-15 设备材料表

序 号	名 称	规 格	单 位	数 量	备 注
1	镀锌扁钢	—25×4	m	500	
2	镀锌扁钢	—40×4	m	200	
3	镀锌角钢	L50×5	m	60	16×2.5m 以上

7.4.4 建筑屋顶防雷装置做法图识读

建筑物的防雷装置包括接闪装置、引下线和接地装置三个部分。其防雷的原理是通过金属制成的接闪装置将雷电吸引到自身，并安全导入大地，从而使附近的建筑物免受雷击。建筑屋顶防雷装置做法图如图7-46和图7-47所示，仿古建筑屋顶防雷装置安装做法图如图7-48所示，建筑避雷装置引下线做法图如图7-49所示。

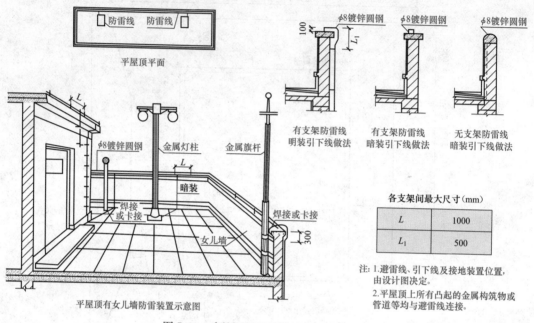

图 7-46　建筑屋顶防雷装置做法图（一）

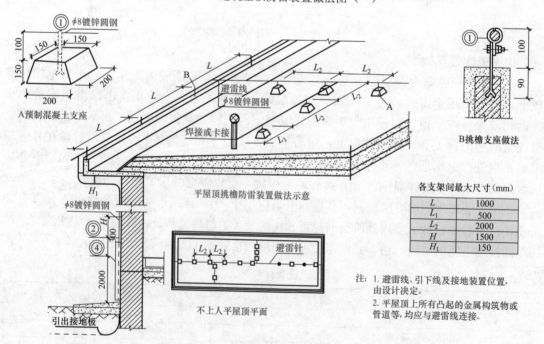

图 7-47　建筑屋顶防雷装置做法图（二）

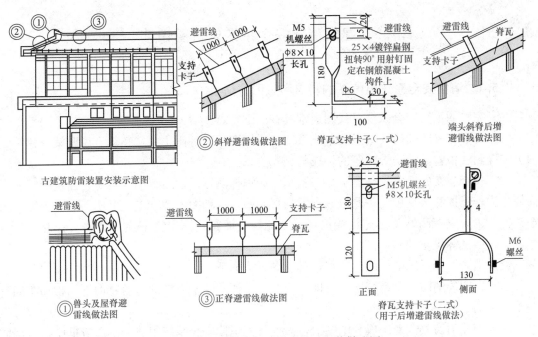

图 7-48　仿古建筑屋顶防雷装置安装做法图

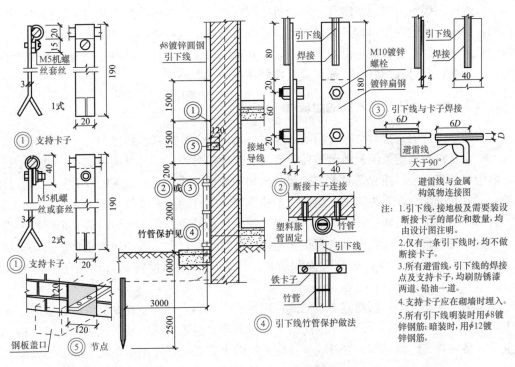

图 7-49　建筑避雷装置引下线做法图

211

7.5　建筑消防安全系统电气图识读

7.5.1　消防安全系统电气图的特点和识图方法

一套完整的消防安全系统电气图通常具备以下特点。

（1）具有完整的消防安全系统组成系统图或框图。这种图主要从整体上说明某一建筑物内火灾探测、报警、消防设施等的构成与相互关系。

（2）具有翔实的火灾探测器平面布置图。火灾探测器平面布置图通常是将建筑物某一平面划分为若干探测区域后而按此区域布置的平面图。这种图类似于电气照明平面布置图。由于建筑物内火灾探测器及其连接线很多，因此，平面布置图中详细显示了火灾探测器、导线、分接线盒等设备的布局。

针对消防安全系统电气图的特点，其识图方法如下。

（1）在阅读消防安全系统电气图前，应对装备消防安全系统的建筑物内部结构和布局有一个整体的了解。

（2）阅读消防安全系统成套电气图，必须首先识读安全系统组成系统图或框图，对消防安全系统的基本原理和操作步骤有个详细的了解。

（3）由于消防安全系统的电气部分广泛使用了电子元件、装置和线路，因此将安全系统电气图归类于弱电电气工程图，对于其中的强电部分则可分别归类于电力电气图和电气控制电气图，阅读时可以分类进行。

（4）现代高级消防安全系统都采用微机控制，消防安全微机控制系统将火灾探测器接入微机的检测通道的输入接口端，微机按用户程序对检测量进行处理，当检测到危险或着火信号时，就给显示通道和控制通道发出信号，使其显示火灾区域，启动声光报警装置和自动灭火装置。因此，看这种图时，要抓住微机控制系统的基本环节。

7.5.2　建筑消防安全系统的组成

一个功能完全的火灾自动报警消防系统，都是由两个分支系统组成的，一个是自动报警系统，一个是自动消防系统。前者是后者启动工作的信号源，后者是前者的执行单元，是前者功能的延续和完善。前者是对火灾初起的探知和警报，后者是对火灾的及时扑灭和有效的防护。二者紧密配合，互为因果，组成一个功能完善的自动报警消防系统。

自动消防系统由消防控制室、消防控制设备、自动消防设备等部分组成。消防控制设备安装于消防控制室内，接收来自火灾报警系统的火警信号，发出联动控制指令，启动安装在火灾现场的自动消防设备，进行灭火和防护。所以消防控制设备是自动消防系统的核心部分。

系统的工作原理是，探测器不断向监视现场发生检测信号，监视烟雾浓度、温度、火焰等火灾信号，并将探测到的信号不断送给火灾报警器。当建筑物内某一现场着火或已构成着火危险，各种对光、温、烟、红外线等反应灵敏的火灾探测器便把从现场实际状态检测到的信息（烟气、温度、火光等）以电气或开关信号形式立即送到报警器，报警器将代表烟雾浓度、温度数值及火焰状况的电信号与报警器内存储的现场正常整定值进行比较，判断确定火灾。当确认发生火灾时，在报警器上发出声光报警，并显示火灾发生的区域和地址编码并打印出报警时间、地址等信息，同时向火灾现场发出声光报警信号。值班人员打开火灾应急广播，通知火灾发生层及相邻两层人员疏散，各出入口应急疏散指示灯亮，指示疏散路线。为防止探测器或火警线路发生故障，现场人员发现火灾时也可手动启动报警按钮或通过火警对讲电话直接向消防控制室报警。

在火灾报警器发生报警信号的同时，另一路指令设于现场的火警控制器开启各种消防设备，火警控制器可实现手动/自动控制消防设备，如关闭风机、防火阀、非消防电源、防火卷帘门、迫降消防电梯；开启防烟、排烟（含正压送风机）风机和排烟阀；打开消防泵、喷淋水、喷射灭火剂，显示水流指示器、报警阀、闸阀的工作状态等。以上控制均有反馈信号到火警控制器上。为了防止系统失灵和失控，在各现场附近还设有手动开关，用以手动报警和执行器手动动作。

上述工作原理用框图表示如图 7-50 所示。

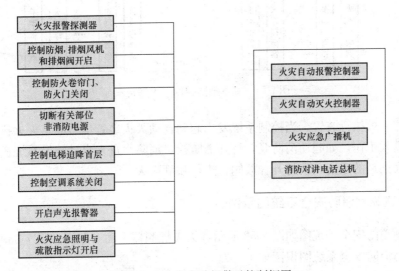

图 7-50　火灾自动报警及控制框图

一个基本的消防控制系统如图 7-51 所示。

构成消防安全系统的主要电气元件、装置和线路有以下几部分。

（1）火灾探测器。火灾探测器是自动控制系统的检测元件，根据传感器器件的不同，它可分为感烟式、感温式、光电式和可燃气体式四大类。它的功能是检测即将着火或已经着火的信号，并将该信号转换为开关量或模拟量电信号。

（2）控制系统。控制系统是消防安全系统的核心部分，起到检测、处理、控制的作用。控制系统根据其是否装有自动灭火系统，可分为火灾自动报警装置和火灾自动报警灭火系统。前者只能给出火灾声光报警，后者不但能给出声光报警，而且可使自动灭火系统投入工作。现在，在消防报警系统中不具有任何联动控制功能的报警控制系统是没有太大的实际意义的。事实上，纯报警而没有联动控制能力的报警控制器产品也是不多的。

（3）声光报警显示器。声光报警显示器是显示火灾事故发生的时间、地点，并发出报警的装置，它包括声光报警设备（如火灾蜂鸣器、火灾警铃、火灾事故广播等）和显示设备（如火灾信号灯、光字牌、CRT 等）。

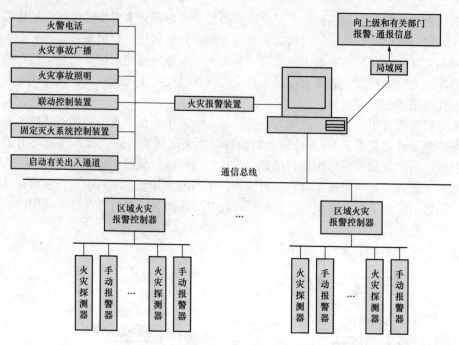

图 7-51　基本消防控制系统结构图

（4）消防灭火执行装置。当控制系统发出起动自动灭火装置信号时，灭火执行装置就控制灭火设施投入工作，如起动消防泵，打开消防栓，消防水进入自动喷淋系统进行灭火；对于采用化学灭火剂的系统，就打开释放阀，进行喷洒灭火。

7.5.3　建筑物消防安全系统图示例

某建筑物消防安全系统图如图 7-52 所示，火灾探测器平面布置图如图 7-53 所示。

该建筑物消防安全系统图识读如下。

（1）图中符号：S—感烟探测器，H—感温探测器。

（2）由建筑物消防安全系统图可见，该建筑物的消防安全系统主要由火灾探测系统、火灾判断系统、通报与疏散诱导系统、灭火设施由自动喷淋系统和排烟装置及监控系统组成。其中火灾探测系统主要由分布在 1～23 层各个区域的多个探测器网络构成；火灾判断系统主要由各楼层区域报警器和大楼集中报警器组成；通报与疏散诱导系统由消防紧急广播、事故照明、避难诱导灯、专用电话等组成；灭火设施由自动喷淋系统组成，当火灾广播之后，延时一段时间，总监控台就使消防泵起动，建立水压，并打开着火区域消防水管的电磁阀，使消防水进入喷淋管路进行喷淋灭火；排烟装置及监控系统由排烟阀门、抽排烟机及其电气控制系统组成。

（3）由火灾探测器平面布置图可见，该建筑物一层平面有三大间组成。但由于 1-2-3 间隔内有突出的梁隔开，因此划分了 1-2 和 2-3 两个探测区域。这里的探测区域是指在有热气流或烟雾能充满的区域。加上 3-4 和 4-5 间隔的探测区域，每层共设了 4 个探测区，每个探测区各装了 3 个感烟探测器（S）和了一个感温探测器（H）。探测器线路采用 PVC 管屋顶暗敷。

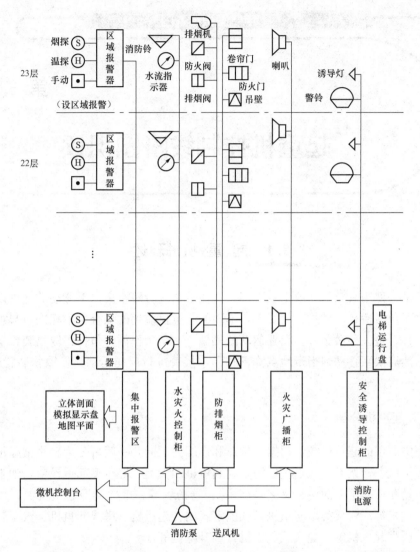

图 7-52 建筑物消防安全系统图

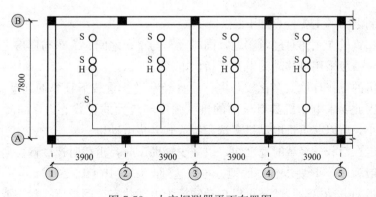

图 7-53 火灾探测器平面布置图

第 8 章

起重机控制线路图识读

8.1 起重机概述

起重机是一种用来起吊和放下重物，可以使重物进行短距离水平移动的起重设备。起重机的类型主要包括桥式、塔式、门式等，不同的起重机应用的场合各不相同。起重机属于起重机械的一种，是一种做循环、间歇运动的机械。一个工作循环包括：取物装置从取物地把物品提起，然后水平移动到指定地点降下物品，接着进行反向运动，使取物装置返回原位，以便进行下一次循环。

8.1.1 起重机分类

在工程中所用的起重机械，根据其构造和性能的不同，一般可分为轻小型起重设备、桥式类型起重机械、臂架类型起重机、缆索式起重机四大类。轻小型起重设备，如千斤顶、气动葫芦、电动葫芦、平衡葫芦（又名平衡吊）、卷扬机等。桥架类型起重机械，如梁式起重机、龙门起重机等。臂架类型起重机，如固定式回转起重机、塔式起重机、汽车起重机、轮胎起重机、履带起重机等。缆索式起重机，如升降机等。

8.1.2 起重机控制系统的特点

起重机控制电路的主要特点如下：

（1）由于起重机在工作时经常移动，同时大车与小车之间、大车与厂房之间都存在着相对运动，因此，一般采用可移动的电源设备供电。

（2）起重机的工作环境大多比较恶劣，而且经常进行重载下频繁的起动、制动、反转、变速等操作，因此要求电动机具有较高的机械强度和较大的过载能力，同时要求起动转矩大、起动电流小，所以起重机电动机多选用绕线式异步电动机。

（3）起重机在空载、轻载时速度快，以减少辅助工时，重载时速度慢。所以普通的起重机调速范围一般为 3：1，要求较高的地方可以达到 5：1～10：1。

（4）起重机的电动机运行状态可以自动转换为电动状态、倒拉反接状态或再生发电制动状态。

（5）起重机有十分安全可靠的制动装置和电气保护环节。

8.1.3　起重机控制系统的识图方法

起重机控制系统电路图相对都比较复杂，因此，在对其进行识读时应掌握一定的方法。

（1）熟悉起重机所用电气设备的组成。

起重机所用电气设备一般由三大部分组成。其中第一部分是供配电与保护设备，主要由电源进线保护开关、保护柜（屏）或总电源柜（屏）以及相应的操作及指示器件等组成。

第二部分是各主要机构、辅助机构的电力拖动与控制设备，主要由起重机各主要机构（如大车、小车、升降等）、辅助机构（如液压夹轨器、液压制动器）的电力拖动与控制，以及相应的安全保护装置（如控制柜、电阻器、制动器的电力驱动器件及操作器件）组成。

第三部分是照明、信号、采暖降温等设施的电气设备，主要由起重机各部分照明、检修照明、驾驶室、电气室、货物现场间的通信、采暖降温等设施的供电与控制设备等组成。

（2）了解起重机的功能和自动控制技术的特点和负载特性。

（3）了解起重机对电气控制的基本要求，如起重机的调速性能及调速方法、起重机的制动方式及各种安全保护环节等。

（4）根据各部分之间的相互关系，将电路划分为若干分电路，然后按工作流程图从起始状态对应的电路开始分析。

8.2　起重机械的电气安全和设置要求

8.2.1　起重机械的安全要求

电动起重机械的电气系统必须保证其传动系统和控制系统的准确、安全、可靠，在紧急情况下能切断电源且安全停车。因此，电动起重机械的安全要求包括以下内容。

1. 对供电电源和线路的要求

（1）起重机的电源一般为交流 380V，由公共交流电源供给。起重电磁铁应有专门的整流供电电源，必要时应配有备用的直流电源。

（2）起重机应由专用馈线供电，当采用软电缆母线时应采用四芯或五芯电缆，除三相电源外，应有专用的工作零线和保护地线；当采用滑线硬母线时，一般应采用三根电源滑线，一根保护地线（导轨代替），专设一根硬母线，作为工作零线。

（3）起重机专用馈线进线端与母线的连接处应设总断路器，总断路器的出线端不得与起重机无关的其他设备连接。

（4）起重机驾驶室内的控制保护配电屏上应有总保护断路器或总保护接触器，且接触器须与熔断器或过流继电器配合使用。短路时可断开电源，并能分断所有机构的动力回路及控制回路。

（5）起重机的控制回路必须能保证吊装等机械功能的实现。要求自动控制和遥控回路控制精度高并且可靠，一旦控制失灵能及时停车。

（6）滑线的位置应位于驾驶室的相反方向，滑线的触面应光滑无锈。

（7）电线和电缆一般选用橡胶绝缘铜芯软电缆。软电缆母线供电的起重机，移动距离大于 10m 时，应装设电缆卷筒或其他收放装置。

（8）不同电压等级、不同机构的导线应分管穿设，照明回路和控制回路应单独敷设。

（9）起重机应设正常照明和可携带式照明，并由专用回路供电。一般应接于驾驶室总保护开关的进线端，以保证总保护开关断开时，照明回路可正常工作。

（10）正常照明回路的电压应不超过 220V，可携带式照明回路的电压应不超过 36V。

（11）驾驶室需设置电热取暖设备时，应采用固定防护式不发光的电热器，且应远离电气元件，电热器一般应用三相供电。

（12）驾驶室总保护开关的工作状态应有明显的信号标志。

（13）驾驶室内应铺设绝缘垫。

（14）任何时刻、任何回路的绝缘电阻应大于 $1.0M\Omega$。

2. 对电气元件和设备的要求

（1）电动机一般应采用绕线异步电动机，其转子采用多级串联电阻起动调速方式。小型起重机一般采用深槽异步电动机或双笼异步电动机。

（2）控制器一般采用凸轮控制器或主令控制器加控制保护屏。小型起重机可采用按钮加接触器的控制。

（3）起动电阻一般选用铸铁片电阻、康铜丝电阻或铁铬铝丝电阻。

（4）起重电磁铁一般选用 WM1 型起重电磁铁，制动电磁铁一般选用交流 MZD1 或 MZS1 型制动电磁铁。

（5）所有低压电器都应满足起重机的工作要求。

8.2.2 起重机械的电气安全装置设置要求

电动起重机械的电气安全装置设置要求包括以下内容。

（1）总断路器或主隔离开关与熔断器配合组件能满足起重机大工作电流的需要，并能切断短路电流及过负荷电流。

（2）紧急断电开关设在司机操作方便的地方，当紧急情况出现的时候，可迅速切断总电源或总控制回路的电源，并使起重机制动。

（3）起重机一般有三种短路保护，包括总电源的短路保护、每台电机的短路保护、控制操作回路的短路保护。

（4）失压保护是经过接触器的电压线圈实现的，当供电电源中断时，失压保护可使电源自动切断，欠电压时电动机不能起动。

（5）零位保护是利用凸轮或主令的零位触头串联在控制回路中来实现的。当恢复供电并开始起动时，必须从凸轮或主令控制器的零位开始。

（6）直流电动机及直流供电的能耗制动、涡流制动器调速系统应设失磁保护。

（7）绕线式电动机应在每台电动机设反时限过流保护，而在总电源的中相设立总过电流保护；直流电动机一般用一只过电流继电器保护过流；笼型电动机驱动的小型起重机可不设过流保护。

（8）铸造、淬火起重机的主钩及用晶闸管定子调压、晶闸管供电、直流机组供电调速的起重机起吊机构和变幅机构都应有超速保护。

（9）起重机的大车行走机构和小车行走机构、主钩和副钩提升机构、抓斗的张合机构以及电缆卷筒的放收等机构均应装设限位或行程保护。

（10）驾驶室舱门、横梁栏杆门等处应设安全开关，当门没有关闭时电动机不能起动，以防意外发生。

（11）起重机的金属结构、电气设备的金属外壳、管路及线槽、电缆金属外皮、导轨等正常时不带电而事故时可能带电的所有金属部位均应可靠接地（接零），接地电阻小于 1Ω。

8.3　电动葫芦控制线路图识读

8.3.1　电动葫芦结构

电动葫芦广泛地应用于工矿企业中小型设备的吊运、安装和检修工作中，具有结构简单、使用灵活方便等特点。电动葫芦的结构示意图如图 8-1 所示。

其中环链电动葫芦属轻小型起重机械，具有结构紧凑、体积小、质量轻、操作方便、安全可靠等特点，是起吊重物、装卸工件、维修设备、运送货物的理想工具，广泛用于仓库、码头、建筑业以及现代化生产流水线上，尤其适用于空间较小的场所。钢丝绳电动葫芦具有结构紧凑、自重轻、体积小、操作方便等特点，可以单独固定，也可配套安装在电动或手动单梁、双梁、悬臂、龙门等起重机上使用。

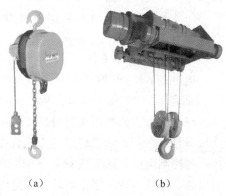

（a）　　　　　　（b）

图 8-1　电动葫芦的外形示意图

（a）环链电动葫芦；（b）钢丝绳电动葫芦

8.3.2　电动葫芦控制线路图

电动葫芦的控制电路图如图 8-2 所示。电动葫芦主要由升降机构和移动机构所组成，其中电动机 1 为升降电动机，电动机 2 为移动电动机。为了防止事故的发生，电动葫芦采用的是点动控制。当操作人员离开时，电动葫芦就会停车。

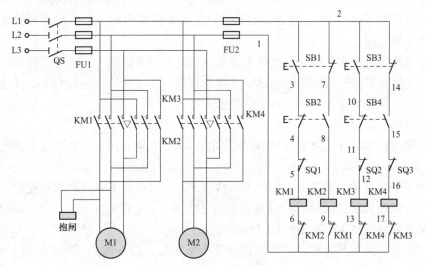

图 8-2　电动葫芦的控制电路图

该电路识读过程如下。

1. 主电路和控制电路的特点

（1）主电路的特点。主电路分成了电动机 M1 和电动机 M2 两个支路。其中电动机 M1 支路通过接触器 KM1、KM2 的主触头到电动机 M1，再从其中两相电源分出 380V 电压控制电磁抱闸，控制吊钩悬挂重物时的升、降、制动等动作。

电动机 M2 支路通过接触器 KM3 和 KM4 的主触头到电动机 M2，控制行车在水平面内沿导轨的前后移动。

（2）控制电路的特点。控制电路部分的电源通过熔断器 FU2 也取自 380V 交流电，由连接 KM1、KM2、KM3、KM4 线圈的四条支路组成。其中以 KM1、KM2 线圈为主体的两条支路控制着吊钩的升降，以 KM3、KM4 线圈为主体的两条支路控制着行车的前后移动。

另外电路中用来对电动葫芦上升、前进、后退进行极限位置保护的是行程开关 SQ1、SQ2 和 SQ3。

2. 保护机构的组成

通过在 KM3 线圈供电线路上串接 SB4 和 KM4 的常闭触头，在 KM4 线圈供电线路上串接 SB3 和 KM3 的常闭触头，构成了对电动葫芦的前进、后退复合联锁。

在前后行程的终点位置分别安装有行程开关 SQ2、SQ3，当移动机构运动到该点时，其撞块碰触行程开关的滚轮时使串人控制电路中的常闭触头断开，从而分断 KM3 线圈或 KM4 线圈的控制电路，这时接触器 KM3 或 KM4 主电路中的常开触头打开，切断了电动机 M2 的电路，电动机 M2 停止转动，避免电动葫芦超越行程。

3. 升降机构和移动机构的控制过程

SB1、SB2、SB3、SB4 分别为重物上升按钮、重物下降按钮、前进按钮、向后按钮，按动相应的按钮，可以控制电动葫芦的升降和移动动作。

（1）升降机构的控制过程。

重物上升的控制过程：当需要提升重物时，可按下上升按钮 SB1→接触器 KM1 线圈得电→KM1 主触点闭合→接通电动机 M1 和电磁抱闸电源→电磁抱闸松开闸瓦→电动机 M1 通电正转并开始提升重物上升。同时 SB1 的动断触头（2-7）和 KM1 的动断辅助触头（9-1）断开，将控制吊钩下降的 KM2 控制电路联锁，从而保证在控制上升电路接通的情况下，控制上升电路是断开的。

在提升重物的过程中需要一直按住上升按钮 SB1。当重物提升到指定高度时，松开上升按钮 SB1→接触器 KM1 线圈断电→KM1 主触点释放→主电路断开电动机 M1 且电磁抱闸断电→闸瓦合拢→闸瓦对电动机 M1 制动使其迅速停止。

重物下降的控制过程：

按下下降按钮 SB2→接触器 KM2 线圈得电→KM2 主触点闭合→松开电磁抱闸且电动机 M1 反转，重物开始下降。

在下降重物的过程中需要一直按住下降按钮 SB2。当重物下降到要求高度时，松开下降按钮 SB2→接触器 KM2 线圈断电→KM2 主触点释放→主电路断开 M1 且电磁抱闸断电→闸瓦合拢→闸瓦对电动机 M1 制动使其下降动作停止。

（2）移动机构的控制过程。当需要向前移动重物时，按下前进按钮 SB3→接触器 KM3 线圈电路得电→KM3 主触头闭合→电动机 M2 通电正转使电动葫芦水平前进。

在向前移动重物的过程中需要一直按住前进按钮 SB3。当需要停止向前运行时，松开向前按钮 SB3→接触器 KM3 线圈断电→接触器 KM3 主触头打开→电动机 M2 断电使移动机构停止运行。

当需要向后移动重物时，按下向后按钮 SB4→接触器 KM4 线圈得电→KM4 主触头闭合→接通电动机 M2 反转电路使 M2 反转→电动葫芦后退。

在向后移动重物的过程中需要一直按住向后按钮 SB4。当需要停止后退运行时，松开向后按钮 SB4→接触器 KM4 线圈断电→KM4 主触头打开→M2 停止转动使移动机构停止运行。

8.4　桥式起重机控制线路图识读

8.4.1　桥式起重机结构

桥式起重机是桥架在高架轨道上运行的一种桥架型起重机，又称天车。桥式起重机的桥架沿铺设在两侧高架上的轨道纵向运行，起重小车沿铺设在桥架上的轨道横向运行，构成一矩形的工作范围，就可以充分利用桥架下面的空间吊运物料，不受地面设备的阻碍。

桥式起重机广泛地应用在室内外仓库、厂房、码头和露天贮料场等处。桥式起重机可分为普通桥式起重机、简易梁桥式起重机和冶金专用桥式起重机三种。桥式起重机的实例图如图 8-3 所示。

普通桥式起重机主要由大车（桥梁、桥架金属结构）、小车（移动机构）和起重提升机构组成。其中大车在轨道上行走，大车上有供小车运动的轨道，小车在大车上可做横向运动，小车的电源由大车的小滑线引入。小车上装有提升机，可以使起重机在大车行走的范围内起吊重物。

图 8-3　桥式起重机

起升机构包括电动机、制动器、减速器、卷筒和滑轮组。电动机通过减速器，带动卷筒转动，使钢丝绳绕上卷筒或从卷筒放下，以升降重物。小车架是支托和安装起升机构和小车运行机构等部件的机架，通常为焊接结构。

起重机运行机构的驱动方式可分为两大类：一类为集中驱动，即用一台电动机带动长传动轴驱动两边的主动车轮；另一类为分别驱动，即两边的主动车轮各用一台电动机驱动。中、小型桥式起重机较多采用制动器、减速器和电动机组合成一体的"三合一"驱动方式，大起重量的普通桥式起重机为便于安装和调整，驱动装置常采用万向联轴器。

起重机运行机构一般只用四个主动和从动车轮，如果起重量很大，常用增加车轮的办法来降低轮压。当车轮超过四个时，必须采用铰接均衡车架装置，使起重机的载荷均匀地分布在各车轮上。

桥架的金属结构由主梁和端梁组成，分为单主梁桥架和双梁桥架两类。单主梁桥架由单根主梁和位于跨度两边的端梁组成，双梁桥架由两根主梁和端梁组成。

主梁与端梁刚性连接，端梁两端装有车轮，用以支承桥架在高架上运行。主梁上焊有轨道，供起重小车运行。桥架主梁的结构类型较多，比较典型的有箱形结构、四桁架结构和空腹桁架结构。

箱形结构又可分为正轨箱形双梁、偏轨箱形双梁、偏轨箱形单主梁等几种。正轨箱形双梁是广泛采用的一种基本形式，主梁由上、下翼缘板和两侧的垂直腹板组成，小车钢轨布置在上翼缘板的中心线上，它的结构简单，制造方便，适于成批生产，但自重较大。

偏轨箱形双梁和偏轨箱形单主梁的截面都是由上、下翼缘板和不等厚的主副腹板组成，小车钢轨布置在主腹板上方，箱体内的短加劲板可以省去，其中偏轨箱形单主梁是由一根宽翼缘箱形主梁代替两根主梁，自重较小，但制造较复杂。

四桁架式结构由四片平面桁架组合成封闭型空间结构，在上水平桁架表面一般铺有走台板，自重轻，刚度大，但与其他结构相比，外形尺寸大，制造较复杂，疲劳强度较低，已较少生产。

空腹桁架结构类似偏轨箱形主梁，由四片钢板组成一封闭结构，除主腹板为实腹工字形梁外，其余三片钢板上按照设计要求切割成许多窗口，形成一个无斜杆的空腹桁架，在上、下水平桁架表面铺有走台板，起重机运行机构及电气设备装在桥架内部，自重较轻，整体刚度大，这在中国是较为广泛采用的一种型式。

普通桥式起重机主要采用电力驱动，一般是在司机室内操纵，也有远距离控制的。起重量可达五百吨，跨度可达 60m。

起吊重量在 10t 以下的桥式起重机，只有一个吊钩，需要用一台电动机拖动，起吊重量在 10t 以上的桥式起重机，有两个吊钩，一个称为主钩，另一个称为副钩，并且需要用两台电动机拖动。为了保证电动机有一定的调速范围，具有足够大的起动转矩，桥式起重机所使用的电动机是绕线式异步电动机，采用转子串电阻的方法起动和调速。

大车移动时如果用一台电动机拖动，电动机一般安装在大车的中间，将轴连在大车两端的行走机构上。大车移动时如果用两台电动机拖动，电动机一般安装在大车的两端，采用并联连接，受同一控制机构控制，保证了同步性。

8.4.2　桥式起重机控制线路图

图 8-4 所示的是 10t 桥式起重机的控制电路图。该电路识读过程如下。

1. 电路结构分析

（1）该电路的电源总开关是 QS1，凸轮控制器 AC1、AC2 和 AC3 分别控制着吊钩电动机 M1、小车电动机 M2 和大车电动机 M3、M4。

（2）电源总开关 QS1、熔断器 FU、主接触器 KM、过电流继电器 KA1～KA4 以及紧急开关 QS2 都安装在控制柜上。凸轮控制器、主令控制器和控制柜都安放在操作室内，便于实际操作。

（3）桥式起重机采用的制动是电磁抱闸制动，当电动机通电时，电磁抱闸制动器的线圈得电，此时闸瓦和闸轮分开，电动机可以自由转动。当电动机断电时，电磁抱闸制动器的线圈失电，此时闸瓦抱住闸轮，电动机制动停止运行。

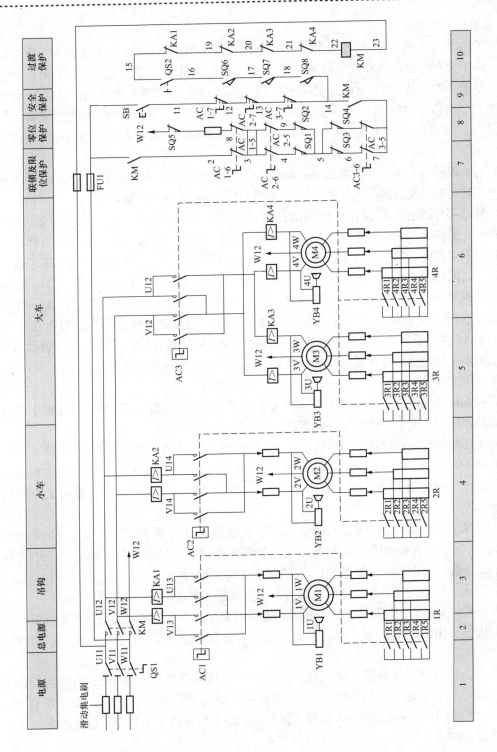

图 8-4 10t桥式起重机的控制电路图

2. 保护机构的组成

（1）吊钩电动机 M1 用于吊装物体，小车电动机 M2 用于小车行走，M3 和 M4 是大车电动机，用于大车行走；凸轮控制器 AC1、AC2、AC3 分别用于控制吊钩、小车和大车电动机；电阻器 1R、2R、3R、4R 分别用于控制吊钩、小车和大车起动调速；电磁制动器 YB1 用来制动吊钩电动机 M1，YB2 用来制动小车电动机 M2，YB3 和 YB4 分别用来制动大车电动机 M3 和 M4；起动按钮 SB 用于启动主接触器 KM；主接触器 KM 用于接通吊钩、小车和大车电源。

（2）起重机的整个保护环节由交流控制柜来实现，过电流继电器 KA1～KA4 用于过流保护，可实现对电动机的过电流保护，熔断器 FU 用作控制电路的短路保护。

（3）移动部分的行程限位保护使用的是位置开关，SQ1～SQ4 为大、小车位置开关，SQ5 为吊钩上升位置开关，SQ6 为舱门安全开关，SQ7 和 SQ8 为横梁安全开关。当移动机构运动到极限位置时，其撞块碰触位置开关，使电动机 M2 断电停止转动，从而保证了设备的安全运行，同时也避免了事故的发生。驾驶室的舱门盖口装有安全位置开关 SQ6，横梁的栏杆门处装有安全位置开关 SQ7 和 SQ8，QS1 为电源总开关，QS2 为紧急开关，用于发生紧急情况时断开电路。这些开关均使用动合触头和小车、大车、吊钩的过电流继电器 KA1～KA4 的动断触头相串联。当驾驶室的舱门或横梁的栏杆门打开时，主接触器 KM 的线圈失电不工作。这样，使得电动机不能得电运行，保证了人身的安全。

3. 控制过程分析

桥式起重机控制电路主接触器 KM 和凸轮控制器 AC1、AC2、AC3 在控制电路中起着非常重要的作用，下面主要介绍主接触器和凸轮控制器的控制过程。

（1）主接触器的控制过程。起重机运行前，将凸轮控制器的手柄应置于 "0" 位→零位联锁触头 AC1-7、AC2-7、AC3-7 均处于闭合状态→合上紧急开关 QS2，关好驾驶室的舱门和横梁的栏杆门→位置开关 SQ6、SQ7 和 SQ8 的动合触头处于闭合状态，准备工作进行完毕。

合上电源总开关 QS1→按下起动按钮 SB→主接触器 KM 线圈（10 区）吸合→KM 的主触头（2 区）闭合→两相电源 U12 和 V12 引入各凸轮控制器，同时另一相电源 W12 引入各电动机的定子绕组→松开起动按钮 SB→主接触器 KM 线圈经 2—3—4—5—6—7—14—18—16—19—21—23 形成通路获电。此时操纵各凸轮控制器，电动机就可以工作。

（2）凸轮控制器的控制过程。由于桥式起重机的大车、小车和吊钩的电动机的容量都不是很大，因此采用凸轮控制器控制，控制过程基本相同。下面以吊钩为例来介绍其控制过程。

当总电源接通、主接触器 KM 线圈得电吸合后，转动凸轮控制器 AC1 的手柄应置于 "1" 位→AC1 的主触头 V13-1W 和 U13-1U 闭合→触头 AC1-5（8 区）闭合，AC1-6（7 区）和 AC1-7（9 区）断开→电动机 M1 接通三相电源、串联所有的电阻起动，以最低的转速正转并且带动吊钩上升。

转动凸轮控制器 AC1 的手柄，由 "1" 到 "2"～"5" 位置→AC1 的 5 对动合辅助触头依次闭合→电动机 M1 串联的电阻依次短接→电动机 M1 的转速逐渐升高，直到预定值。

将凸轮控制器 AC1 的手柄转到向下的挡位→触头 V13-1U 和 U13-1W 闭合→电动机 M1 的相序变化→M1 反转并且带动吊钩下降。

切断电源或将凸轮控制器 AC1 的手柄至 "0" 位→电动机 M1 断电，同时电磁抱闸制动器 YB1 断电→电动机因制动迅速停转。

8.5　塔式起重机控制线路图识读

8.5.1　塔式起重机结构

塔式起重机简称塔机，亦称塔吊。塔式起重机是动臂装在高耸塔身上部的旋转起重机。作业空间大，主要用于房屋建筑施工中物料的垂直和水平输送及建筑构件的安装。由金属结构、工作机构和电气系统三部分组成。金属结构包括塔身、动臂和底座等。工作机构有起升、变幅、回转和行走四部分。电气系统包括电动机、控制器、配电柜、连接线路、信号及照明装置等。塔式起重机的实例图如图 8-5 所示。

塔式起重机的动臂形式分水平式和压杆式两种。动臂为水平式时，载重小车沿水平动臂运行变幅，变幅运动平衡，其动臂较长，但动臂自重较大。动臂为压杆式

图 8-5　塔式起重机的实例图

时，变幅机构曳引动臂仰俯变幅，变幅运动不如水平式平稳，但其自重较小。

塔式起重机的起重量随幅度而变化。起重量与幅度的乘积称为载荷力矩，是这种起重机的主要技术参数。通过回转机构和回转支承，塔式起重机的起升高度大，回转和行走的惯性质量大，故需要有良好的调速性能，特别起升机构要求能轻载快速、重载慢速、安装就位微动。一般除采用电阻调速外，还常采用涡流制动器、调频、变极、可控硅和机电联合等方式调速。

为了确保安全，塔式起重机具有良好的安全装置，如起重量、幅度、高度和载荷力矩等限制装置，以及行程限位开关、塔顶信号灯、测风仪、防风夹轨器、爬梯护身圈、走道护栏等。司机室要求舒适、操作方便、视野好和有完善的通信设备。

房建中常用的塔机简介如下。

(1) 塔机的金属结构。塔机的金属结构由起重臂、塔身、转台、承座、平衡臂、底架、塔尖等组成。

起重臂构造型式为小车变幅水平臂架，再往下分又有单吊点、双吊点和起重臂与平衡臂连成一体的锤头式小车变幅水平臂架。单吊点是静定结构，双吊点是超静定结构。锤头式小车变幅水平臂架，装设于塔身顶部，状若锤头，塔身如锤柄，不设塔尖，故又叫平头式。平头式的具有结构形式更简单，更有利于受力，减轻自重，简化构造等优点。小车变幅臂架大都采用正三角形的截面。

塔身结构也称塔架，是塔机结构的主体。现今塔机均采用方形断面，断面尺寸应用较广的有：1.2m×1.2m、1.4m×1.4m、1.6m×1.6m、2.0m×2.0m；塔身标准节常用尺寸是

2.5m 和 3m。塔身标准节采用的连接方式，应用最广的是盖板螺栓连接和套柱螺栓连接，其次是承插销轴连接和插板销轴连接。标准节有整体式塔身标准节和拼装式塔身标准节，后者加工精度高，制作难，但是堆放占地小，运费少。

塔尖的功能是承受臂架拉绳及平衡臂拉绳传来的上部荷载，并通过回转塔架、转台、承座等的结构部件式直接通过转台传递给塔身结构。自升塔顶有截锥柱式、前倾或后倾截锥柱式、人字架式及斜撑架式。

凡是上回转塔机均需设平衡重，其功能是支承平衡重，用以构成设计上所要求的作用方面与起重力矩方向相反的平衡力矩。

（2）塔机的零部件。每台塔机都要用许多种起重零部件，其中数量最大、技术要求严而规格繁杂的是钢丝绳。塔机用的钢丝绳按功能不同有：起升钢丝绳、变幅钢丝绳、臂架拉绳、平衡臂拉绳、小车牵引绳等。变幅小车是水平臂架塔机必备的部件。整套变幅小车由车架结构、钢丝绳、滑轮、行轮、导向轮、钢丝绳承托轮、钢丝绳防脱辊、小车牵引绳张紧器及断绳保险器等组成。其他的零部件还有滑轮、回转支承、吊钩和制动器等。

（3）塔机的工作机构。塔机的工作机构有五种：起升机构、变幅机构、小车牵引机构、回转机构和大车走行机构（行走式的塔机）。

（4）塔机的电气设备。塔机的主要电气设备包括：①电缆卷筒—中央集电环；②电动机；③操作电动机用的电器，如控制器、主令控制器、接触器和继电器。④保护电器，如自动熔断器，过电流继电器和限位开关等。⑤主副回路中的控制、切换电器，如按钮、开关和仪表等。⑥属于辅助电气设备的，有照明灯、信号灯、电铃等。

（5）塔机的液压系统。塔机液压系统中的主要元器件是液压泵、液压油缸、控制元件、油管和管接头、油箱和液压油滤清器等。

（6）塔机的安全装置。安全装置是塔机不可少的关键设备之一，可以分为：限位开关（限位器），超负荷保险器（超载断电装置），缓冲止挡装置，钢丝绳防脱装置，风速计，紧急安全开关，安全保护音响信号。限位开关按功能有：吊钩行程限位开关，回转限位开关，小车行程限位开关，大车行程限位开关。

8.5.2　塔式起重机控制线路图

塔式起重机主要应用于高层建筑的施工，下面以 TQ60/80 塔式起重机为例，来介绍其电路的识读。TQ60/80 塔式起重机的主电路和控制电路如图 8-6 和图 8-7 所示。

1. 电路结构分析

（1）起重机上共有 6 台电动机，其中 5 台（M1、M2、M3、M4、M5）为绕线转子型异步电动机，1 台（M）为笼型异步电动机。电动机 M1 为提升电动机，电动机 M2 和 M3 为行车电动机，电动机 M4 为回转电动机，电动机 M5 为变幅电动机。笼型异步电动机 M 接在 M1 制动用的制动器上，起制动作用。

（2）接触器 KM11 和 KM12 控制电动机 M1 的正反转，凸轮控制器 QC、自耦变压器 TA、接触器 KM0 和电动机 M 组成电动机 M1 的制动电路。电动机 M1 采用转子绕组串电阻起动和调速，当电动机 M1 通过接触器 KM1、KM11、KM12 的动合触点得电后，使得制动电动机 M 得电，此时制动器松闸；当电动机 M1 失电后，制动电动机 M 也失电，此时制动器刹死。作为自耦变压器 TA，其上的电压不同，使得电动机 M 上的电压也不同，电动

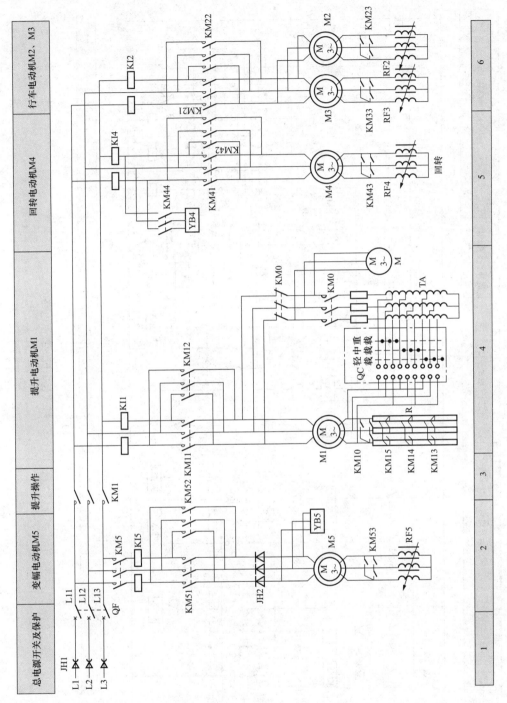

图 8-6 塔式起重机的主电路

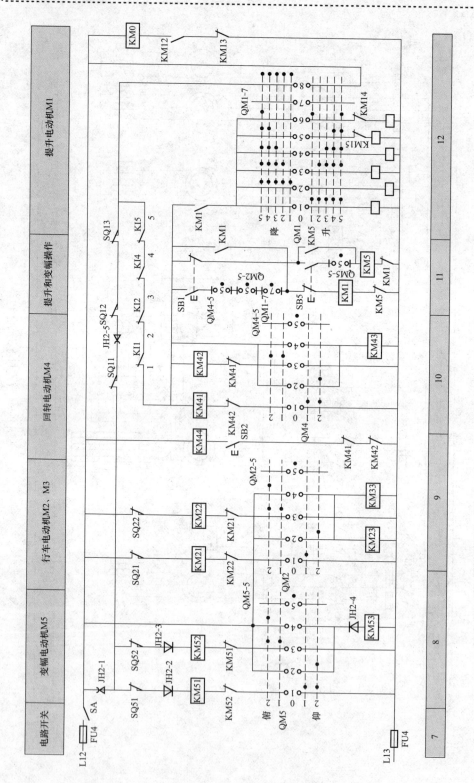

图 8-7 塔式起重机的控制电路

机 M 的转速不同。M 的转速高，制动器就刹得松些；M 转速低，制动器就刹得紧些。

行车电动机 M2、M3 的工作状态由主令控制器 QM2 通过接触器 KM21、KM22、KM23 和 KM33 来实现转换，其中接触器 KM21、KM22 用来控制 M2、M3 的正反转。行车电动机 M2、M3 采用转子绕组串频敏电阻器起动和调速。

（3）回转电动机 M4 的工作状态由主令控制器 QM4 通过接触器 KM41、KM42、KM43 和 KM44 来实现转换，其中接触器 KM41 和 KM42 控制 M4 的正反转，同行车电动机 M2 和 M3 一样，回转电动机 M4 采用转子绕组串频敏电阻器进行起动和调速，接触器 KM43 用来短接频敏变阻器 RF4，电动机 M1 的制动受接触器 KM44 控制。

变幅电动机 M5 的工作状态由主令控制器 QM5 通过接触器 KM51、KM52 和 KM53 来实现转换。其中接触器 KM51、KM52 控制 M5 的正反转，接触器 KM53 用于短接频敏变阻器 RF5。YB5 为 M5 的制动抱闸，M5 得电时松闸，M5 失电时抱闸。

（4）行车电动机 M2、M3 的行走限位控制通过行程开关 SQ21、SQ22 来实现，变幅电动机 M5 的限位控制通过行程开关 SQ51、SQ52 来实现。SQ11 为超高限位行程开关，SQ12 为脱槽保护开关，SQ13 为超重保护开关，当出现超高、脱槽、超重时，SQ11、SQ12 和 SQ13 的动断触点断开，使接触器 KM1、KM5 不能得电，塔吊就不能进行回转或提升操作，避免了事故的发生。

2. 控制过程分析

起重机运行前，合上开关 QF→合上事故紧急急停开关 SA→控制电路通电→主令控制器 QM1、QM2、QM4 和 QM5 都置于"0"位。

当需要提升重物时，按下起动按钮 SB1→接触器 KM1 得电并自锁→3 区的 KM1 的主触头闭合→电动机 M1、M2、M3 和 M4 得电→通过主令控制器 QM1、QM2 和 QM4 控制电动机的工作状态。（由于此时 KM1 的动断触点断开，KM5 不能得电，M5 不得电）

当进行变幅操作时，先将 QM5 置于"0"位→按下起动按钮 SB5→接触器 KM5 得电吸合并自锁→2 区的 KM5 主触点闭合→变幅电动机 M5 通电→通过主令控制器 QM5 来控制 M5 的工作状态。（此时 KM1 不能得电，实现连锁，使电动机 M1、M2、M3 和 M4 不能工作）

附录 A　常用电气图用图形符号

图形符号	说　明	图形符号	说　明
- - - - -	直流		电缆密封终端头多线表示
～	交流（低频）		电阻器的一般符号
N	中性（中性线）		可变电阻器可调电阻器
M	中间线		电容器的一般符号
+	正极性		电感器、绕组线圈、扼流圈
—	负极性		半导体二极管的一般符号
	正脉冲		PNP 型半导体管
	负脉冲		集电极接管壳的 NPN 半导体管
	正阶跃函数		三角形联结的三相绕组
	负阶跃函数		开口三角形联结的三相绕组
	接地一般符号		星形联结的三相绕组
	保护接地		中性点引出的星形联结的三相绕组
——	导线、导线组、电线、电缆、电路、线路、母线（总线）一般符号　注：当用单线表示一组导线时，若需示出导线数可加短斜线或画一条短斜线加数字表示　示例：三根导线　示例：三根导线		电机一般符号注：符号内星号必须用规定的字母代替
形式1　形式2	导体的 T 形连接		三相笼型异步电动机
形式1　形式2	导线的双重连接	形式1　形式2	双绕组变压器一般符号
	导线或电缆的分支和合并		三绕组变压器一般符号
	导线的不连接（跨越）		自耦变压器一般符号
	接通的连接片		电抗器一般符号
	断开的连接片		

图形符号	说　明	图形符号	说　明
	电流互感器 脉冲变压器		断路器
	具有两个铁心，每个铁心有一个二次绕组的电流互感器		隔离开关
	在一个铁心上具有两个二次绕组的电流互感器		负荷开关
	电压互感器	形式1　　形式2	动作机构一般符号 继电器线圈一般符号
形式1　　形式2	动合（常开）触点 注：本符号也可用作开关一般符号		熔断器的一般符号
	动断（常闭）触点		火花间隙
	（当操作器件被吸合时）延时闭合的动合触点		避雷器
	（当操作器件被释放时）延时断开的动合触点	(*)	指示仪表一般符号 *被测量的量和单位的文字符号应从 IEC 60027 中选择
	延时闭合的动断触点	[*]	记录仪表一般符号 *被测量的量和单位的文字符号应从 IEC 60027 中选择
	延时断开的动断触点	(A)	电流表
	手动开关的一般符号	(W)	功率表
		(V)	电压表
	按钮开关	(var)	无功功率表
		(cosφ)	功率因数表
	三极开关 单线表示 多线表示	Wh	电能表，瓦时计
	接触器，接触器的主动合触点	varh	无功电能表
	接触器，接触器的主动断触点	⊗	灯一般符号 别名：灯，信号灯

续表

图形符号	说　明	图形符号	说　明
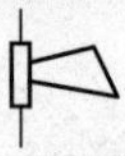	电喇叭		带保护极的三相插座 暗装
	电铃；音响信号装置一般符号		单极开关 暗装
	报警器		双极开关 暗装
	蜂鸣器		三极开关 暗装
规划的 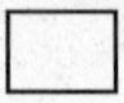　运行的 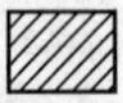	发电站		
 	变电站，配电站		照明引出线位置
	用户端，供电引入设备		墙上照明引出线位置
	配电中心（示出五路配线）		荧光灯一般符号
	连接盒，接线盒		多管荧光灯（图示五管）
	屏、台、箱、柜一般符号		投光灯一般符号
	动力或动力—照明配电箱		
	按钮一般符号		风扇
	单相电源插座一般符号 暗装		

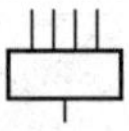

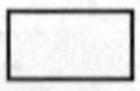

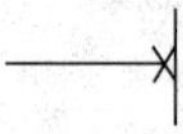

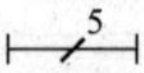

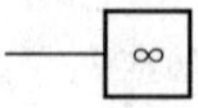

附录 B　常用电气设备用图形符号

序　号	名　称	符　号	应用范围
1	直流电	⎓	适用于直流电设备的铭牌上，及用于表示直流电的端子
2	交流电	∼	适用于交流电设备的铭牌上，及用于表示交流电的端子
3	正号、正极	+	表示使用或产生直流电设备的正端
4	负号、负极	−	表示使用或产生直流电设备的负端
5	电池检测	⊣├	表示电池测试按钮和表明电池情况的灯或仪表
6	电池定位	▭+	表示电池盒（箱）本身和电池的极性和位置
7	整流器	▷∣	表示整流设备及其有关接线端和控制装置
8	变压器	⊗	表示电气设备可通过变压器与电力线连接的开关、控制器、连接器或端子，也可用于变压器包封或外壳上
9	熔断器	▭	表示熔断盒及其位置
10	危险电压	⚡	表示危险电压引起的危险
11	Ⅱ类设备	▢	表示能满足第Ⅱ类设备（双重绝缘设备）安全要求的设备
12	接地	⏚	表示接地端子
13	保护接地	⏚	表示在发生故障时防止电击的与外保护导体相连接的端子，或与保护接地电极相连接的端子
14	接机壳、接机架	⏛	表示连接机壳、机架的端子
15	输入	—⊙	表示输入端
16	输出	⊙→	表示输出端
17	通	∣	表示已接通电源，必须标在电源开关或开关的位置
18	断	○	表示已与电源断开，必须标在电源开关或开关的位置
19	可变性（可调性）	◁	表示量的被控方式，被控量随图形的宽度而增加
20	灯、照明、照明设备	☀	表示控制照明光源的开关
21	亮度、辉度	☀	表示诸如亮度调节器、电视接收机等设备的亮度、辉度控制
22	对比度	◐	表示诸如电视接收机等的对比度控制
23	色饱和度	◍	表示彩色电视机等设备上的色彩饱和度控制

附录 C 电气设备常用基本文字符号

设备、装置和元器件种类	名 称	单字母符号	双字母符号
组件 部件	分离元件放大器	A	
	半导体放大器	A	AD
	集成电路放大器	A	AJ
	磁放大器	A	AM
	电子管放大器	A	AV
	其他地方未规定的组件、部件	A	
非电量到电量变换器或 电量到非电量变换器	热电传感器	B	
	送话器	B	
	拾音器	B	
	电喇叭	B	
	自整角机	B	
	位置变换器	B	BQ
	旋转变换器（测速发电机）	B	BR
	温度变换器	B	BT
	速度变换器	B	BV
电容器	电容器	C	
二进制元件 延迟器件 存储器件	双稳态元件	D	
	单稳态元件	D	
	寄存器	D	
其他元器件	发热器件	E	EH
	照明灯	E	EL
保护器件	避雷器	F	
	熔断器	F	FU
	限电压保护器件	F	FV
发生器 发电机 电源	旋转发电机	G	
	同步发电机	G	GS
	异步发电机	G	GA
	蓄电池	G	GB
信号器件	声响指示器	H	HA
	指示灯	H	IIL
继电器 接触器	瞬时接触继电器	K	KA
	闭锁接触继电器	K	KL
	接触器	K	KM
	极化继电器	K	KP
	簧片继电器	K	KR
	延时有或无继电器	K	KT
电感器 电抗器	感应线圈	L	
	电抗器	L	
电动机	同步电动机	M	MS
	力矩电动机	M	MT

续表

设备、装置和元器件种类	名　称	单字母符号	双字母符号
电力电路的开关器件	断路器	Q	QF
	电动机保护开关	Q	QM
	隔离开关	Q	QS
电阻器	电阻器	R	
	电位器	R	RP
	测量分路器	R	RS
	热敏电阻器	R	RT
控制、记忆、信号电路的开关器件选择器	连接极	S	
	控制开关	S	SA
	按钮开关	S	SB
	压力传感器	S	SP
	位置传感器	S	SQ
	温度传感器	S	ST
变压器	电流互感器	T	TA
	电力变压器	T	TM
	电压互感器	T	TV
调制器变换器	解调器	U	
	变频器	U	
	编码器	U	
	交流器	U	
	整流器	U	
电子管晶体管	二极管	V	VD
	晶体管	V	VT
	晶闸管	V	VT
	电子管	V	VE
传输通信波导天线	导线	W	
	电缆	W	
	母线	W	
	天线	W	
端子插头插座	接线柱	X	
	电缆封端和接头	X	
	连接片	X	XB
	插头	X	XP
	插座	X	XS
电气操作的机械器件	电磁铁	Y	YA
	电磁制动器	Y	YB
	电磁离合器	Y	YC
	电动阀	Y	YM
	电磁阀	Y	YV
终端设备混合变压器滤波器均衡器限幅器	压缩扩展器	Z	
	晶体滤波器	Z	
	网络	Z	

附录 D 电气设备常用辅助文字符号

文字符号	代表的功能、状态	文字符号	代表的功能、状态
A	电流	L	低
A	模拟	LA	闭锁
AC	交流	M	主
ACC	加速	M	中
ADD	附加	N	中性线
ADJ	可调	OFF	断开
AUX	辅助	ON	合
ASY	异步	OUT	输出
B, BRK	制动	P	压力
BK	黑	P	保护
BL	蓝	PE	保护接地
BW	向后	PEN	保护接地与中性线共用
C	控制	PU	保护不接地
CW	顺时针	R	右
CCW	逆时针	R	反
D	延时	RD	红
D	差动	R, RST	复位
D	数字	RES	备用
DC	直流	RUN	运转
DEC	减	S	信号
E	接地	ST	起动
EM	紧急	S, SET	置位、定位
F	快速	STE	步进
FB	反馈	STP	停止
FW	正、向前	SYN	同步
GN	绿	T	温度
H	高	T	时间
IN	输入	TE	无噪声
INC	增	V	电压
IND	感应	V	速度
L	左	WH	白
L	限制	YE	黄

附录 E 常用图形符号和文字符号对照表

类 别	名 称	图形符号	文字符号	类 别	名 称	图形符号	文字符号
开关	单极控制开关		SA	时间继电器	通电延时（缓吸）线圈		KT
	手动开关一般符号		SA		断电延时（缓放）线圈		KT
	三极控制开关		QS		瞬时闭合的动合触头		KT
	三极隔离开关		QS		瞬时断开的动断触头		KT
	三极负荷开关		QS		延时闭合的动合触头		KT
	组合旋钮开关		QS		延时断开的动断触头		KT
	低压断路器		QF		延时闭合的动断触头		KT
	控制器或操作开关	后 前 21 0 12	SA		延时断开的动合触头		KT
接触器	线圈操作器件		KM	电磁操作器	电磁铁的一般符号		YA
	动合主触头		KM		电磁吸盘		YH
	动合辅助触头		KM		电磁离合器		YC
					电磁制动器		YB
	动断辅助触头		KM		电磁阀		YV

类　别	名　称	图形符号	文字符号	类　别	名　称	图形符号	文字符号
非电量控制的继电器	速度继电器动合触头		KS	中间继电器	动断触头		KA
	压力继电器动合触头		KP	电流继电器	过电流线圈	$I>$	KA
位置开关	动合触头		SQ		欠电流线圈	$I<$	KA
	动断触头		SQ		动合触头		KA
	复合触头		SQ		动断触头		KA
按钮	动合按钮		SB	电压继电器	过电压线圈	$U>$	KV
	动断按钮		SB		欠电压线圈	$U<$	KV
	复合按钮		SB		动合触头		KV
	急停按钮		SB		动断触头		KV
	钥匙操作式按钮		SB	电动机	三相笼型异步电动机	M 3~	M
热继电器	热元件		FR		三相绕线型异步电动机	M 3~	M
	动断触头		FR		他励直流电动机	M	M
中间继电器	线圈		KA		并励直流电动机	M	M
					串励直流电动机	M	M
	动合触头		KA	熔断器	熔断器		FU

参 考 文 献

[1]　乔长君. 电工识图快速入门. 北京：中国电力出版社，2013.

[2]　张树臣. 学看电气控制线路图. 北京：中国电力出版社，2012.

[3]　赵玲玲，杨奎河，许海. 电工识图. 北京：金盾出版社，2011.

[4]　秦钟全. 图解电气控制入门. 北京：化学工业出版社，2013.

[5]　陈佳新. 按图索骥学电工线路 388 例. 北京：中国电力出版社，2013.

[6]　乔长君. 怎样看电气图. 北京：中国电力出版社，2011.

[7]　葛剑青. 零起点识读电工基础电气图. 北京：电子工业出版社，2013.

[8]　赵清，苏晓东，赵玉东. 新电工识图. 北京：电子工业出版社，2009.

[9]　朱献清. 电气技术识图. 北京：机械工业出版社，2007.

[10]　张树臣. 建筑电气施工图识图. 北京：中国电力出版社，2010.

[11]　蔡建军. 电工识图. 北京：机械工业出版社，2006.

[12]　杨清德. 电工识图直通车. 北京：电子工业出版社，2011.

[13]　《建筑电气施工图识读入门》编写组. 建筑电气施工图识读入门. 北京：中国建筑工业出版社，
　　　2013.

[14]　郎永强. 维修电工识图入门. 北京：机械工业出版社，2009.

[15]　机械工业职业技能鉴定指导中心. 电工识图. 北京：机械工业出版社，2006.

[16]　王刚领. 一图一解之电气工程施工图识读. 天津：天津大学出版社，2013.

[17]　孙余凯. 轻松看懂电气控制线路图. 北京：中国电力出版社，2012.

[18]　刘光源. 简明电工手册. 上海：上海科学技术出版社，2006.

[19]　张军. 电工识图入门（电工类）（修订版）. 合肥：安徽科学技术出版社，2013.

[20]　谭富胜. 电气工人识图 100 例. 北京：化学工业出版社，2006.

[21]　白公. 怎样阅读电气工程图（第 3 版）. 北京：机械工业出版社，2012.

[22]　商福恭. 实战中来：电工识图（超值双色版）. 北京：中国电力出版社，2013.

[23]　张伯虎. 机床电气识图 200 例. 北京：中国电力出版社，2012.